高等学校 **电气工程及其自动化专业** 应用型本科系列规划教材

供配电系统

（第2版）

主　编　贾渭娟　罗　平
副主编　沈国杰　朱光平
主　审　李佑光

重庆大学出版社

内容提要

本书为"电气工程及其自动化专业应用型本科系列规划教材"之一。本书从应用的角度出发,内容有9章,第1章概要地介绍了供配电系统基础知识;第2章讲述电力负荷及其计算;第3章讲述变配电所及其一次系统;第4章讲述短路故障的分析计算;第5章讲述电气设备的选择与校验;第6章讲述供配电系统继电保护;第7章讲述供配电系统的二次回路和自动装置;第8章讲述供配电系统的电气安全、接地及防雷;第9章讲述照明技术。

本书具有"重基础,突出典型应用"的特点,符合应用型本科对人才培养的需求。

图书在版编目(CIP)数据

供配电系统/贾渭娟,罗平主编.--2版.--重庆:
重庆大学出版社,2019.6(2022.7重印)
高等学校电气工程及其自动化专业应用型本科系列规
划教材
ISBN 978-7-5624-9973-2

Ⅰ.①供… Ⅱ.①贾…②罗… Ⅲ.①供电系统—高
等学校—教材②配电系统—高等学校—教材 Ⅳ.①TM72

中国版本图书馆 CIP 数据核字(2019)第 126518 号

供配电系统

(第 2 版)

主 编 贾渭娟 罗 平
副主编 沈国杰 朱光平
策划编辑:杨粮菊

责任编辑:文 鹏 邓桂华 版式设计:杨粮菊
责任校对:谢 芳 责任印制:张 策
*
重庆大学出版社出版发行
出版人:饶帮华
社址:重庆市沙坪坝区大学城西路 21 号
邮编:401331
电话:(023) 88617190 88617185(中小学)
传真:(023) 88617186 88617166
网址:http://www.cqup.com.cn
邮箱:fxk@ cqup.com.cn(营销中心)
全国新华书店经销
POD:重庆新生代彩印技术有限公司
*
开本:787mm×1092mm 1/16 印张:17.25 字数:431 千
2019 年 6 月第 2 版 2022 年 7 月第 4 次印刷
ISBN 978-7-5624-9973-2 定价:49.80 元

前　言

本书为"电气工程及其自动化专业应用型本科系列规划教材"之一,是电气工程及其自动化专业的一门专业基础课教材。水电相关的专业也可选用,教材内容可根据专业要求和教学时数自行取舍。

近年来,大量应用型本科院校迅猛发展,但是应用型本科院校的教材建设相对落后,本书就是针对应用型本科院校的特点发展而编写的,具有"重基础,突出典型应用"的特点。本书从应用的角度出发,深入浅出,图文并茂,结合例题进行讲解,使得教材内容具有实用性,符合应用型本科对人才培养的需求。

本书概要地介绍了供配电系统的基本知识;系统地讲述了电力负荷计算、变配电所及其一次系统、短路故障分析计算、电气设备选择与校验、继电保护和二次回路及自动装置;讲述了电气安全和照明技术。为便于学生复习和自学,每章末附有思考题和习题。为配合教学和习题需要,书末还附录了一些技术数据图表。

本书由贾渭娟、罗平主编,贾渭娟负责全书的构思和统稿工作。本书共分9章,其中第1,7章由罗平编写;第2,3,5章和附录由贾渭娟编写;第4,6章由李佑光编写;第8,9章由沈国杰编写。李佑光教授不但完成了相应的编写工作,还对全书进行了仔细审阅,并提出了许多宝贵的意见,在此深表感谢!在本书编写过程中,参考了许多相关的教材和文献,在此向所有作者表示诚挚的谢意!同时,本书的出版得到了重庆大学出版社的大力协助,在此一并向他们致以衷心的感谢。

由于编者水平有限,书中难免存在错误和不妥之处,敬请使用本书的广大师生和读者批评指正,本人不胜感激!

编　者
2019 年 1 月

前言

目录

第 **1** 章

概　论

本章概述电力系统和供配电系统的有关基本知识,为学习本课程奠定初步的基础。首先简要讲述供配电系统的意义及课程任务,其次介绍电力系统和供配电系统的基本知识,最后重点讲述电力系统的电压和电能质量及电力系统的中性点运行方式和低压配电系统的接地形式。

1.1　供配电系统的意义及课程任务

电能在人们日常生活中扮演着越来越重要的角色,社会的各行各业都离不开电能。电能是一种清洁、高效、安全、便捷及优质的二次能源,合理使用电力可以节约一次能源。电能易于能量转换,便于远距离输配,易于调整和控制、管理和调度,易于实现生产过程自动化,耗费较低,利于提高经济效益。因此,电能已广泛应用于国民经济、社会生产和人民生活的各个方面,电能已成为现代工业生产和人们生活的主要能源和动力。

如今,电能是工业、农业、国防、交通等部门不可缺少的动力,成为改善和提高人们物质、文化生活的重要因素,一个国家电力工业的发展水平已是反映其国民经济发达程度的重要标志之一。我国电力工业得到迅猛发展,为实现现代化打下了坚实基础。我国已建成并投入运行交流 1 000 kV 特高压输电线路、直流 ±800 kV 特高压输电线路,达到世界领先水平。2011 年年底,我国发电机装机容量达 105 577 万千瓦(kW),居世界第 2 位,发电量达 46 037 亿度(kW·h),居世界第 1 位。工业用电量已占全部用电量的 70% ~80% ,是电力系统的最大电能用户。电能消费即电气化程度已成为表征一个国家现代化进程和人民生活水平的重要标志。电能的合理、正确使用,关系到整个国民经济的发展。因此,搞好电能的生产和供应就显得特别重要。供配电系统的任务就是向用户和用电设备供应和分配电能。作为一名工业电气技术人员应该掌握安全、可靠、经济、合理的供配电能和使用电能的技术。

在工厂里,电能虽然是工业生产的主要能源和动力,但是它在产品成本中所占的比重一般很小(除电化工业外)。例如,在机械工业中,电费开支占产品成本的5%左右。从投资额来看,一般机械类工厂在供电设备上的投资,也仅占总投资的5%左右。电能在工业生产中的重要性,并不在于它在产品成本中或投资额中所占比重的多少,而在于工业生产实现电气化以后可以大大增加产量,提高产品质量,提高劳动生产率,降低劳动成本,减轻工人劳动强度,改善工人的劳动条件,有利于实现生产过程自动化。另外,如果工厂的电能供应突然中断,则对工业生产可能造成严重的后果。例如,某些对供电可靠性要求很高的工厂,即使是极短时间的停电,也会引起重大设备损坏,或引起大量产品报废,甚至可能发生重大的人身伤亡事故,给国家和人民带来经济上甚至政治上的重大损失。

因此,工厂供配电工作对于发展工业生产,实现工业现代化,具有十分重要的意义。由于能源节约是工厂供配电工作的一个重要方面,而能源节约对于国家经济建设具有十分重要的战略意义,因此必须做好工厂供配电工作。

做好供配电工作,对于促进工业生产、降低产品成本,实现生产自动化和工业现代化及保障人民生活有着十分重要的意义。供配电工作要很好地为国民经济服务,并切实搞好安全用电、节约用电和计划用电(俗称"三电")工作,就必须达到下列基本要求:

①安全。在电能的供应、分配和使用中,不应发生人身事故和设备事故。

②可靠。应满足电能用户对供电可靠性即连续供电的要求。

③优质。应满足电能用户对电压和频率等供电质量的要求。

④经济。供配电应尽量做到投资少,年运行费低,尽可能减少有色金属消耗量和电能损耗,提高电能利用率。

⑤合理。在供配电工作中,应合理地处理局部和全局、当前和长远等关系,既要照顾局部和当前利益,又要有全局观念,能照顾大局,适用发展。例如,计划供用电的问题,就不能只考虑一个单位的局部利益,更要有全局观点。按照统筹兼顾、保证重点、择优供应的原则,做好供配电工作。

本课程的任务主要讲述供配电系统相关的基本知识和基本理论,使学生掌握供配电系统的设计和计算方法、管理和运行技能,为学生今后从事供配电技术工作奠定必要的基础。本课程实践性较强,学习时应注重理论联系实际,培养实际应用能力。

1.2 供配电系统概况

供配电系统是电力系统的电能用户,也是电力系统的重要组成部分,供配电系统的任务就是向用户和用电设备供应和分配电能。用户所需的电能,绝大多数是由公共电力系统供给的,故在介绍供配电系统之前,先介绍电力系统的相关知识。

1.2.1 电力系统

(1)电力系统的组成
电能是由电力系统中发电厂生产的,但为了充分利用动力资源,降低发电成本,发电厂往往远离城市和电能用户。例如,火力发电厂大多建在靠近一次能源的地区,水力发电厂一般建在水利资源丰富的、远离城市的地方,核能发电厂厂址也受种种条件限制。因此,电能必须通过输配电线路输送到城市或工业企业。为了减少输电的电能损耗,输送电能时要升压,采用高压输电线路将电能输送给用户,同时为了满足用户对电压的要求,输送到用户之后还要经过降压,而且还要合理地将电能分配到用户或生产车间的各个用电设备。如图 1.1 所示的从发电厂到用户的输送电过程,即是电力系统组成示意图。

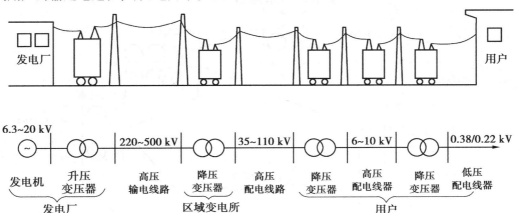

图 1.1 从发电厂到用户的输送电过程示意图

　　电能的生产、输送、分配和使用的全过程,几乎是同时进行的,即发电厂在任何时刻生产的电能等于该时刻用电设备消费的电能与变换、输送和分配环节中损耗的电能之和。因此,各个环节必须连接成为一个整体。将各种类型发电厂中的发电机、升压降压变压器、输电线路,以及各种用电设备组联系在一起构成的统一的整体就是电力系统,用于实现完整的发电、输电、变电、配电和用电,如图 1.2 所示为电力系统示意图,即电力系统是由发电厂(站)、变电所(站)、电力线路和电力(能)用户组成的一个发电、输电、变配电和用电的整体。

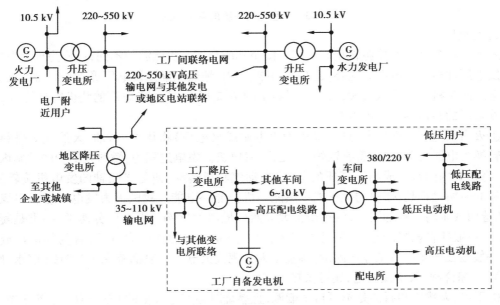

图 1.2 电力系统示意图

　　随着电能应用的普及,电力部门通常要把不同类型的发电厂在公共电网上并联运行。如

图1.3 所示为大型电力系统的系统简图。建立大型的电力系统,可以更经济合理地利用动力资源,提高运行的经济性,减少电能损耗,降低发电成本,保证供电的电能质量,并大大提高供电可靠性,有利于整个国民经济的发展。

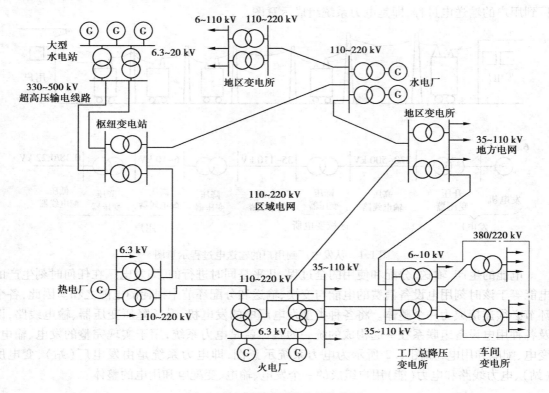

图1.3 大型电力系统的系统简图

1)发电厂

发电厂将各种一次能源转化为电能。按照其所利用一次能源的不同,可分为火力发电厂、水力发电厂和核能发电厂。此外,还有太阳能、风力、地热和潮汐发电厂等类型。目前,我国火力发电厂的装机容量比重最大,占总装机容量的70%以上,水力发电厂的装机容量约占20%,其他发电厂的装机容量约占10%。

①火力发电厂 火力发电厂(又称为火电站或火电厂)将煤炭、石油、天然气等燃料的化学能转换为电能,其主要设备有锅炉、汽轮机、发电机。发电过程为:燃料在锅炉的炉膛内充分燃烧,将锅炉内的水变成高温高压的蒸汽,推动汽轮机转动,使与之联轴的发电机旋转发电。其能量的转换过程是:燃料的化学能→热能→机械能→电能。我国火力发电厂燃料以煤炭为主,随着西气东输工程的竣工,将逐步扩大天然气燃料的比例。火电厂分两类:一类是凝汽式火电厂,一般建在燃料产地,容量可以很大;另一类是兼供热能的火电厂(称为热电厂或热电站),一般建在大城市及工业区附近,容量不大。现代火电厂一般都考虑了"三废(废水、废气、废渣)"的综合利用,不仅发电,还可供热。

由于煤、天然气和石油是不可再生能源,且燃烧时会产生大量的 CO_2,SO_2,氮氧化物,粉尘和废渣等,对环境和大气造成污染。因此,我国正发展超临界火力发电,逐步淘汰小火力发电机组,加快水电站和核电的建设,大力发展绿色能源。

②水力发电厂　水力发电厂（又称为水电站或水电厂）将水的位能转换为电能,主要由水库、水轮机和发电机组成。发电过程为:水库中的水有一定位能,通过压力水管将水引入水轮机,推动水轮机转子旋转,带动与之联轴的发电机发电。其能量的转换过程是:水的位能→机械能→电能。水电厂根据水流形成的方式不同,可分为堤坝式水电厂、引水式水电厂和抽水储能式水电厂等。水力发电具有发电成本较低、不产生污染、运行维护简单等优点,同时还兼有防洪、灌溉、航运、水产养殖等综合效益,因此具有较高的开发价值。

③原子能发电厂　原子能发电厂（又称为核能发电厂或核电站）利用核能来生产电能,其生产过程与火电厂大体相同,只是以核反应堆（原子锅炉）代替了燃煤锅炉,以少量的核燃料代替了大量的煤炭。其能量的转换过程是:核燃料的裂变能→热能→机械能→电能。由于核能是巨大的能源,而且核电站的建设具有重要的经济和科研价值,因此世界上很多国家都很重视核电站的建设,核电占整个发电量的比重逐年增长。

④其他类型发电厂　以太阳能、地热、风力、潮汐等为一次能源的发电厂容量较小,分布在离这些一次能源较近的区域。太阳能是一种十分安全、经济、无污染且取之不尽的能源。太阳能发电厂利用太阳光能或太阳热能来生产电能,它建造在常年日照时间长的地方。风能是一种取之不尽、清洁、价廉和可再生的能源。风力发电厂利用风力的动能来生产电能,它建造在常年有稳定风力资源的地区。地热发电厂利用地表深处的地热能来生产电能,它建造在有足够地热资源的地区。潮汐发电厂利用海水涨潮、落潮中的动能、势能来生产电能,它实质上是一种特殊类型的水电厂,通常建在海岸边或河口地区。

2）变电站

变电站是联系发电厂和电能用户的中间环节,其功能是接受电能、变换电压和分配电能。

为了实现电能的远距离输送和将电能分配到用户,需将发电机电压进行多次电压变换,这个任务由变电站完成。变电站由电力变压器、配电装置和二次装置等构成。按变电站的性质和任务不同,可分为升压变电站和降压变电站,除与发电机相连的变电站为升压变电站外,其余均为降压变电站。升压变电站主要是为了满足电能的输送需要,将发电机发出的电压变换成高电压,一般建在发电厂内。降压变电站主要是将高电压变换为一个合适的电压等级,以满足不同的输电和配电要求。一般降压变电站多建在靠近用电负荷中心的地方,按其在电力系统中的地位和作用不同,降压变电所又分为枢纽变电所、中间（区域）变电所、地区变电所、工厂变电所、车间变电所、终端变电所和用户变配电所。

有一种仅用于接受电能和分配电能而不变换电能电压的场所,电压等级高的输电网中称为开关站,中低压配电网中称为配电所或开闭所,在站或所内只有开关设备,而没有变压器。在直流输电系统中还必须配有换流站,换流站是用于交流电与直流电相互转换的场所。换流站分整流站和逆变站。葛洲坝换流站是中国第一条 500 kV 超高压直流工程的送端站。

①枢纽变电站　枢纽变电站位于电力系统的枢纽点,汇集着电力系统中多个大电源和多回大容量的联络线,连接着电力系统的多个大电厂和大区域,变电容量大。其电压等级（指其高压侧,下同）一般为 330 kV 及以上,且其高压侧各线路之间往往有巨大的交换功率。全站停电后将造成大面积停电,或引起系统解列甚至系统崩溃/瓦解的灾难局面。枢纽变电站对电力系统运行的稳定和可靠性起到重要作用。

②中间变电所　中间变电所一般位于系统的主干环行线路中或系统主要干线的接口处,其电压等级一般为 220 ~ 330 kV,高压侧与枢纽变电所连接,以穿越功率为主,在系统中起交

换功率的作用或使高压长距离输电线路分段。它一般汇集有 2~3 个电源和若干线路,中压侧一般是 110~220 kV,供给所在的多个地区用电并接入一些中、小型电厂。这样的变电所主要起中间环节作用,当全所停电时,将引起区域电网的解列,影响面也比较广。

③地区变电所 地区变电所主要任务是给某一地区的用户供电,一般从 2~3 个输电线路受电。它是一个地区或一个中、小城市的主要变电所,电压等级一般为 110~220 kV,全所停电后将造成该地区或城市供电的紊乱。

④工厂变电所 工厂变电所是大、中型企业的专用变电所,它对工厂内部供电。接受地区变电所的电压等级为 35~220 kV,通常有 1~2 回进线,电压降为 6~10 kV 电压向车间变电所和高压用电设备供电。为了保证供电的可靠性,工厂降压变电所大多设置两台变压器,由单条或多条进线供电,每台变压器容量可从几千伏安到几万伏安。供电范围由供电容量决定,一般在几千米以内。

⑤车间变电所 车间变电所将 6~10 kV 的高压配电电压降为 380/220 V,对低电压用电设备供电。供电范围一般在 500 m 以内。

⑥终端变电所 终端变电所位于输电线路终端,接近负荷点,高压侧电压多为 110 kV 或者更低(如 35 kV),经过变压器降压为 6~10 kV 后直接向一个局部区域用户供电,不承担功率转送任务,其全所停电的影响只是所供电的用户,影响面较小。

⑦用户变配电所 用户变配电所是直接供给用户负载电能的变配电所。它位于高低压配电线路上,高压为 10 kV(有的为 35 kV),低压为 0.38 kV 或 0.66 kV。配电所只配不变。

3)电力线路

电力线路将发电厂、变电站和电能用户连接起来,完成输送电能和分配电能的任务。电力线路有各种不同的电压等级,通常将 220 kV 及以上的电力线路称为输电线路,110 kV 及以下的电力线路称为配电线路。交流 1 000 kV 及以上和直流 ±800 kV 及以上的输电线路称为特高压输电线路,220~800 kV 输电线路称为超高压输电线路。配电线路又分为高压配电线路(35~110 kV)、中压配电线路(1~35 kV)和低压配电线路(1 kV 以下),前者一般作为城市配电网骨架和特大型企业供电线路,中者为城市主要配网和大中型企业供电线路,后者一般为城市和企业的低压配网。

电力线路按照线路架设方法来分,有架空线路和电缆线路两类。架空线路应用广泛,而电缆线路主要用于一些城市配电线路以及跨江过海的输电线路。按照输送电流的种类来分,有交流输电线路和直流输电线路两类。直流输电主要用于远距离输电,连接两个不同频率的电网和向大城市供电。它具有线路造价低、损耗小、运行费用少、调节控制迅速简便和无稳定性问题等优点,但换流站造价高。

4)电能用户

电能用户又称为电力负荷。在电力系统中,所有消耗电能的用电设备或用电单位均称为电能用户。电能用户按行业可分为工业用户、农业用户、市政商业用户和居民用户等。

用户有各种用电设备,它们的工作特征和重要性各不相同,对供电的可靠性和供电的质量要求也不同。因此,应对用电设备或负荷分类,以满足负荷对供电可靠性的要求,保证供电质量,降低供电成本。

(2)动力系统、电力系统和电力网的关系

为了提高供电的可靠性和经济性,将发电厂通过电力网连接起来并联运行,组成庞大的联合动力系统。如图 1.4 所示为动力系统、电力系统和电力网三者之间的关系示意图。

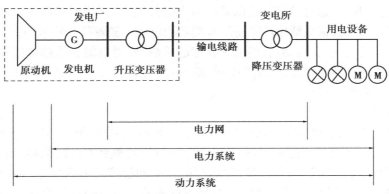

图 1.4　动力系统、电力系统和电力网示意图

1）动力系统

与电力系统相关联的有动力系统。由电力系统、发电厂动力部分及热能系统组成的整体称为动力系统。发电厂动力部分及热能系统包括火力发电厂的锅炉、汽轮机、热力网、用热设备，水力发电厂的水库、水轮机，原子能发电厂的核反应堆、蒸发器等。动力系统是将电能、热能的生产与消费联系起来的纽带。

2）电力系统

电力系统是动力系统的一部分，由发电机、配电装置、变电站、输配电线路及用电设备组成。电力系统的功能是由各个组成环节分别完成电能的生产、变换、输送、分配和消费等任务。

3）电力网（电网）

电力网是电力系统的重要组成部分，由各类变电站和各种不同电压等级的电力线路连接起来组成的统一网络，其作用是将电能从发电厂输送并分配至电能用户。

电力网按其功能的不同可分为输电网和配电网。输电网的电压等级一般在 220 kV 及以上，是输送电能的通道；配电网的电压等级一般在 110 kV 及以下，是分配电能的通道。

电力网按其供电范围、输送功率和电压等级的不同可分为地方电网、区域电网以及超高压远距离输电网络（又称远距离网）3 类。地方网是指电压为 110 kV 及 110 kV 以下的电网，其电压较低，输送功率小，输电距离几十千米以内，主要分布在城市、工矿区、农村等，主要供电给地方变电所，又称为配电网。区域网则把范围较大的发电厂联系起来，且传输功率比较大、输电线路较长、用户类型较多。区域网主要是电压为 220 kV 的电力网。随着经济发展和城市规模的扩大，220 kV 线路进市区也很多见。远距离网是指供电距离在 300 km 以上，电压在 330 kV 及以上的电网，负责将远距离电源中心的电能输送到负荷中心区。同时，超高压电网往往还联系几个区域电力网以形成跨省、跨地区的互联电网，甚至形成跨国电网。

（3）电力系统的特点

1）发电与用电同时实现

由于电能难于存储，电力系统运行时就要求经常保持电源和负荷间的功率平衡；由于发电与用电同时实现，则电力系统中的各环节间联系紧密。因此，电力系统是一个有机的整体，不论变换能量的原动机或发电机，或输送、分配电能的变压器、输配电线路以及用电设备等，只要其中任何一个元件故障，都将影响电力系统的正常工作。

2）与社会、经济生活关系紧密

现代工业、农业、交通运输等广泛依靠电力来进行生产,其他第三产业同样依靠电力进行经济活动。在人们的日常生活中广泛使用各类家用电器。随着科学技术的进步,社会、经济生活中的各个环节的电气化、自动化、信息化程度越来越高,对电能的依赖程度也越来越高。因此电力系统故障不仅影响人们的日常生活、造成经济损失,甚至会酿成极其严重的社会性灾难。曾经发生的大停电事故证实了这一点。

3）暂态过程迅速

电是以光速传输的,电力系统的运行方式发生变化时,系统的电磁暂态过程和机电暂态过程都很迅速。电力系统暂态过程的时间尺度往往只能用微秒(μs)、毫秒(ms),甚至用纳秒(ns)。电力系统中的正常调整和切换、故障时的切除和故障后的恢复等一系列操作,仅仅靠人工手动操作是无法达到满意效果的,甚至是不可能的。只有采用信息技术、自动化技术,配合各种自动装置才能保证迅速、准确地完成各项调整和切换操作任务。

4）电力系统发展是持续扩展和完善的过程

经济发展,电力先行。由于电力需求的持续增长,因此电力系统也随之不断扩展和完善。许多新开发的电力能源中心往往远离负荷中心,需要建设高电压、大容量的输电线路来提高电网的输电能力。电力系统是不断地在原有系统上增加新设备来发展和完善的。

（4）对电力系统的基本要求

根据电力系统的特点,决定了以下对电力系统的基本要求。

1）保证可靠持续的供电

最大限度地满足电力用户的用电需求,可靠持续的供电,是电力系统运行中十分重要的任务。保证可靠持续的供电,首先要保证系统各元件的工作可靠性,要求对电力设备除正常运行维护外,还应进行定期的检修试验。系统还要确保有足够的备用容量,以便在检修或事故等情况下使用。另外,电力系统要提高运行水平,防止误操作的发生,在事故发生后应尽量采取措施以防止事故扩大。特别是在事故发生后,对于某些重要用户(矿井、连续生产的化工厂、钢铁厂、市政中心、电视新闻中心、交通枢纽、医院等)仍要保证供电不发生中断。而对于一些次要用户,可以容许不同程度的短时停电。

2）保证良好的电能质量

电能是商品,作为商品质量是至关重要的。目前电能质量指标主要包括电压偏差、电压波动和闪变、三相电压不平衡、频率偏差和谐波等。电网实际电压与额定电压之差称为电压偏差,实际电压偏高或偏低对用电设备的良好运行都有影响。电网电压方均根值随时间的变化称为电压波动,由电压引起的灯光闪烁对人眼、脑产生的刺激效应称为电压闪变。当电弧炉等大量冲击性负荷运行时,剧烈变化的负荷电流将引起线路的闪变,从而导致电网发生电压波动。电压波动不仅引起灯光闪烁,还会使电动机转速脉动、电子仪器工作失常等。三相电压不对称指3个相电压幅值和相位关系上存在偏差。三相不平衡主要由电力系统运行参数不对称、三相用电负荷不对称等因素引起。供配电系统的不对称运行,对用电设备及供配电系统都有危害,低压系统的不对称运行还会导致中性点偏移,从而危及人身和设备安全。当电网电压波形发生非正弦畸变时,电压中出现高次谐波。高次谐波的产生,除电力系统自身的背景谐波外,在用户方面主要由大功率交变设备、电弧炉等非线性用电设备所引起。高次谐波的存在将导致供配电系统能耗增大、电气设备尤其是静电电容器过流及绝缘老化加快,并会干扰自动化装置和通信设施的正常工作。当电能供需不平衡时,系统频率就会偏离其标准值。频率偏差不仅影响设备的工作状态、产品的产量和质量,更严重地影响到电力系统的稳定运行。

良好的电能质量,能促使用电设备发挥最佳的技术经济性能,但是电压质量不合格,不仅要影响用电设备的正常工作,而且对电力系统本身也有很大的危害。因此,保证良好的电能质量是电力系统的重要任务。

3)保证电力系统经济运行

电力系统经济运行就是在保证电力系统安全、可靠的生产、输送和分配电能过程中,高效率、低损耗,最大限度地降低电能的生产、输送和分配成本。节能减排,是我们的国策,更是电力企业的一项重要任务。降低能源消耗,减少电能损失不仅意味着电力企业成本降低,经济效益的提高,还将减少温室气体排放,改善大气环境。

(5)现代电力系统的发展趋势

1)能源结构的多样性和互补性

现代电力系统按照因地制宜的原则,结合各地不同的自然资源特点,科学合理地开发一次能源,使电能生产和配置得到充分优化,尤其鼓励利用清洁能源和可再生能源的分布式电源发展。

2)控制和调度手段的先进性

随着控制技术和通信技术的发展,现代电力系统的控制和调度朝着自动化、集散化和网络化的方向发展。

3)输电方式的新颖性

现代电力系统提出了"灵活交流输电与新型直流输电"的概念。灵活交流输电技术是指运用固态电子器件与现代自动控制技术对交流电网的电压、相位角、阻抗、功率以及电路的通断进行实时闭环控制,从而提高高压输电线路的输送能力和电力系统的稳定水平。新型直流输电技术是指应用现代电力电子技术的最新成果改善和简化换流站的设备,以降低换流站的造价等。

1.2.2 供配电系统

(1)概述

供配电系统是电力系统的电能用户,也是电力系统的重要组成部分。供配电系统的主要功能是从输电网接受电能,然后逐级分配电能或就地消费,即将高压电能降低至既方便运行又适合用户需要的各种电压,组成多层次的配电网,向各类电力用户供电。目前,供配电系统的电压通常在220 kV及以下。供配电系统按用户用电性质分类,有工业企业供配电系统和民用供配电系统两类;按用户的用电规模分类,有二级降压的供配电系统、一级降压的供配电系统和直接供电的供配电系统3类。供配电系统向提高供电电压、简化配电的层次、推广配电智能化技术的趋势发展。

供配电系统由总降压变电所、高压配电所、配电线路、车间变电所或建筑物变电所和用电设备组成。如图1.5所示为供配电系统结构框图。

总降压变电所是用户电能供应的枢纽。它将35~220 kV的外部供电电源电压降为6~10 kV高压配电电压,供给高压配电所、车间变电所或建筑物变电所和高压用电设备。

高压配电所集中接受6~10 kV电压,再分配到附近各车间变电所或建筑物变电所和高压用电设备。一般负荷分散、厂区大的大型企业设置高压配电所。

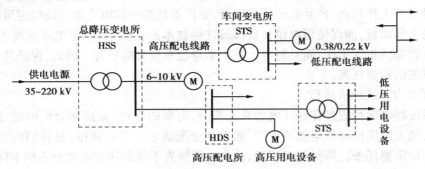

图 1.5　供配电系统结构框图

配电线路分为 6～10 kV 高压配电线路和 380/220 V 低压配电线路。高压配电线路将总降变电所与高压配电所、车间变电所或建筑物变电所和高压用电设备连接起来。低压配电线路将车间变电所或建筑物变电所的 380/220 V 电压送各低压用电设备。

车间变电所或建筑物变电所将 6～10 kV 电压降为 380/220 V 电压,供低压用电设备用。

用电设备按用途可分为动力用电设备、工艺用电设备、电热用电设备、试验用电设备和照明用电设备等。

应当指出,对于某个具体用户的供配电系统,可能上述各部分都有,也可能只有其中的几个部分,这主要取决于电力负荷的大小和厂区的大小。不同的供配电系统,不仅组成不完全相同,而且相同部分的构成也会有较大的差异。通常,大型企业都设总降压变电所,中小型企业仅设 6～10 kV 变电所,某些特别重要的企业还设自备发电厂作为备用电源。

供配电系统一般是由国家电网供电,但在以下情况下,也可以建立自己的发电厂:

①需要设备自备电源作为一级负荷中特别重要负荷的应急电源或第二电源不能满足一级负荷的条件时。

②设备自备电源较从电力系统供电经济合理时。

③有常年稳定余热、压差、废弃物可供发电,技术可靠、经济合理时。

④所在地区偏僻,远离电力系统,设备自备电源经济合理时。

⑤有设置分布式电源的条件,能源利用效率高、经济合理时。

自备电厂在解决用电的同时,也带来了环境污染、能源浪费、影响电网安全等问题,站在建立"资源节约型"和"环境友好型"社会的角度,其发展将受到一定的限制。

(2)工厂供配电系统的类型

工厂供配电系统有很多种类型,按照供配电系统电源入厂电压的高低,常见的有:具有一级或两级总降压变电所的供配电系统;高压深入负荷中心的供配电系统;具有高压配电所的供配电系统;只有一级降压变电所的供配电系统;低压进线的供配电系统。

1)具有一级或两级总降压变电所的供配电系统

某些电力负荷较大的大、中型工厂,一般采用具有总降压变电所的两级或三级降压供配电系统,如图 1.6 所示为具有两级总降压变电所的供配电系统。这类供配电系统一般采用 35～220 kV 电源进线,先经过工厂总降压变电所,将 35～220 kV 的电源电压经一级或两级降压至 6～10 kV,然后经过高压配电线路将电能送到各车间变电所,再将 6～10 kV 的电压降至

380/220 V,供低压用电设备使用;高压用电设备则直接由总降压变电所的 6～10 kV 母线供电。

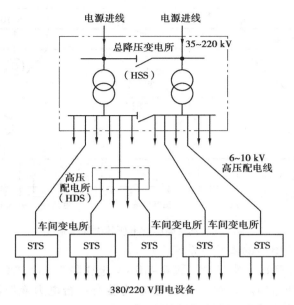

图 1.6 具有两级总降压变电所的供配电系统

2)高压深入负荷中心的供配电系统

某些中、小型工厂,如果当地的电源电压为 35 kV,且工厂的各种条件允许时,可直接采用 35 kV 作为配电电压,将 35 kV 线路直接引入靠近负荷中心的工厂车间变电所,再由车间变电所一次变压为 380/220 V,供低压用电设备使用。如图 1.7 所示为高压深入负荷中心的一次降压供配电系统。这种供电方式可节省一级中间变压,从而简化了供配电系统,节约有色金属,降低电能损耗和电压损耗,提高了供电质量,而且有利于工厂电力负荷的发展。

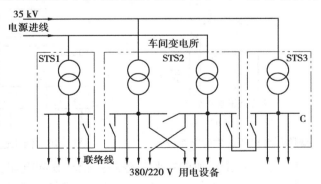

图 1.7 高压深入负荷中心的供配电系统

3)具有高压配电所的供配电系统

一般中、小型工厂多采用 6～10 kV 电源进线,经高压配电所将电能分配给各个车间变电所,再由车间变电所将 6～10 kV 电压降至 380/220 V,供低压用电设备使用;同时,高压用电设备直接由高压配电所的 6～10 kV 母线供电,如图 1.8 所示为一个比较典型的具有高压配电所的供配电系统。

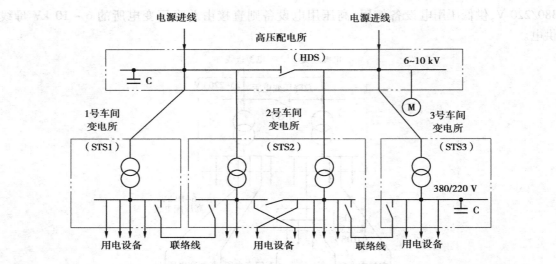

图 1.8　具有高压配电所的供配电系统

4) 只有一级降压变电所的供配电系统

某些小型工厂或生活区通常只设一级 6 ~ 10 kV 电压降为 380/220 V 电压的变电所,这种变电所通常称为车间变电所。如图 1.9(a) 所示为装有一台电力变压器的车间变电所,如图 1.9(b) 所示为装有两台电力变压器的车间变电所。

5) 低压进线的供配电系统

某些无高压用电设备且用电设备总容量较小的小型工厂,有时采用 380/220 V 低压电源进线,只需设置一个低压配电室,将电能直接分配给各车间低压用电设备使用,如图 1.10 所示。

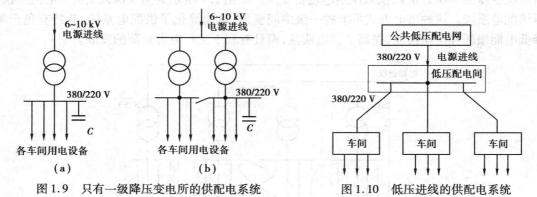

图 1.9　只有一级降压变电所的供配电系统　　　　图 1.10　低压进线的供配电系统

从以上分析可知,工厂供电中配电所的主要任务是接受和分配电能,不改变电压;变电所的任务是接受电能、变换电压和分配电能。因此,工厂供配电系统是指从电源线路进厂到用电设备进线端止的整个电路系统,包括工厂的变配电所和所有的高低压供电线路。

1.3　电力系统的电能质量

1.3.1　电力系统的电压

电力系统的电压是有等级的,包括电力系统中各级电力网的标称电压及各种发电、供电、用电设备的额定电压。额定电压是能使电气设备长期运行在经济效果最好的电压,它是国家根据国民经济发展的需要,电力工业的水平和发展趋势,经全面技术经济分析后确定的。GB/T 156—2007《标准电压》规定了我国三相交流系统的标称电压和高于1 000 V 三相交流系统的最高电压。电力网(系统)的标称电压是电力网(系统)被指定的电压,又称为额定电压;系统最高电压是指在正常运行条件下,在系统的任何时间和任何点上出现的电压的最高值,它不包括电压瞬变。比如,由于系统的开关操作及暂态的电压波动所出现的电压值。我国三相交流系统的标称电压、最高电压和发电机、变压器的额定电压见表1.1。

表1.1　我国三相交流系统的标称电压、最高电压和电力设备的额定电压

单位:(kV)

分　类	系统标称电压	系统最高电压	发电机额定电压	电力变压器额定电压	
				一次绕组	二次绕组
低压	0.38	—	0.4	0.22/0.38	0.23/0.4
	0.66	—	0.69	0.38/0.66	0.4/0.69
	1(1.14)	—	—	—	—
高压	3(3.3)	3.6	3.15	3,3.15	3.15,3.3
	6	7.2	6.3	6,6.3	6.3,6.6
	10	12	10.5	10,10.5	10.5,11
	—	—	13.8,15.75,18,22,24,26	13.8,15.75,18,20,22,24,26	—
	20	24	20	20	21,22
	35	40.5	—	35	38.5
	66	72.5	—	66	72.6
	110	126(123)	—	110	121
	220	252(245)	—	220	242
	330	363	—	330	363
	500	550	—	500	550
	750	800	—	750	820
	1 000	1 100	—	1 000	1 100

注:①表中数值为线电压;②表中斜线/左边的数值为相电压,右边的数值为线电压;③括号内数值用户有要求时使用。

由表 1.1 可以看出,在同一电压等级下,各种电气设备的额定电压并不完全相同。为了使各种互相连接的电气设备都能在较有利的电压水平下运行,各电气设备的额定电压之间应相互配合。

(1)电网(线路)的额定电压

电网(线路)的额定电压只能选用国家规定的系统标称电压。它是确定各类电气设备额定电压的基本依据。

(2)用电设备的额定电压

当线路输送电力负荷时,要产生电压损失,沿线路的电压分布通常是首端高于末端,如图 1.11 中的虚线所示。因此,沿线各用电设备的端电压将不同,线路的额定电压实际就是线路首、末两端电压的平均值。成批生产的用电设备不可能按设备使用处线路的实际电压来制造,而只能按线路的额定电压来制造,而不用考虑线路上的电压损耗。因此,为使各用电设备的电压偏移差异不大,规定用电设备的额定电压与同级电网(线路)的额定电压相同。

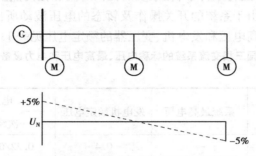

图 1.11　用电设备和发电机额定电压说明

(3)发电机的额定电压

由于用电设备的电压偏移为 ±5%,即线路的允许电压损失为 10%,故为保证用电设备在线路上各处都能正常运行,这就要求线路首端电压为额定电压的 105%,末端电压为额定电压的 95%,如图 1.11 所示。由于发电机多接于线路始端,因此其额定电压应比同级电网的额定电压高 5%,即发电机的额定电压为线路额定电压的 105%($U_{N.G} = 1.05 U_N$)。

(4)电力变压器的额定电压

1)变压器一次绕组的额定电压

变压器一次绕组接电源,相当于用电设备。与发电机直接相连的升压变压器的一次绕组的额定电压应与发电机额定电压相同。连接在线路上的降压变压器相当于用电设备,其一次绕组的额定电压应与线路的额定电压相同,如图 1.12 所示。

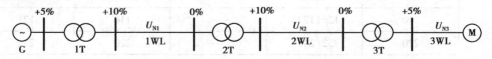

图 1.12　变压器额定电压说明

2)变压器二次绕组的额定电压

变压器的二次绕组向负荷供电,相当于发电机。二次绕组的额定电压应比线路的额定电压高 5%,而变压器二次绕组额定电压是指空载时的电压,但在额定负荷下,变压器的电压损失为 5%。因此,为使正常运行时变压器二次绕组电压较线路的额定电压高 5%,当线路较长

（如 35 kV 及以上高压线路），变压器二次绕组的额定电压应比相连线路的额定电压高 10%；当线路较短（直接向高低压用电设备供电，如 10 kV 及以下线路），二次绕组的额定电压应比相连线路的额定电压高 5%，如图 1.12 所示。

例 1.1 已知如图 1.13 所示系统中线路的额定电压，试求发电机和变压器的额定电压。

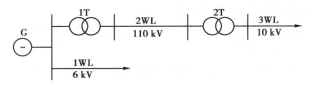

图 1.13 例 1.1 供电系统图

解：发电机 G 的额定电压：$U_{N.G} = 1.05U_{N.1WL} = 1.05 \times 6\ kV = 6.3\ kV$

变压器 1T 的额定电压：$U_{1N.1T} = U_{N.G} = 6.3\ kV$

$$U_{2N.2T} = 1.1U_{N.2WL} = 1.1 \times 110\ kV = 121\ kV$$

因此，1T 的额定电压为 6.3/121 kV。

变压器 2T 的额定电压 $U_{1N.2T} = U_{N.2WL} = 110\ kV$

$$U_{2N.2T} = 1.05U_{N.3WL} = 1.05 \times 10\ kV = 10.5\ kV$$

因此，2T 的额定电压为 110/10.5 kV。

（5）各种电压等级的适用范围

在相同的输送功率和输送距离下，所选用的电压等级越高，线路电流越小，则导线截面面积和线路中的功率损耗、电能损耗也就越小。但是，电压等级越高，线路的绝缘越要加强，杆塔的尺寸也要随导线间及导线对地距离的增加而加大，变电所的变压器和开关设备的造价也要随电压的增高而增加。因此，采用过高的电压并不一定恰当，在设计时需经过技术经济比较后才能决定所选电压的高低。一般说来，传输功率越大、传输距离越远时，选择较高的电压等级比较有利。根据设计和运行经验，电网的额定电压、传输功率和传输距离之间的关系见表1.2。

表 1.2 电网的额定电压、传输功率和传输距离之间的关系

线路电压/kV	传输功率/MW	传输距离/km	线路电压/kV	传输功率/MW	传输距离/km
0.38	0.1 以下	0.6	110	10 ~ 50	50 ~ 150
3	0.1 ~ 1	1 ~ 3	220	100 ~ 500	100 ~ 300
6	0.1 ~ 1.2	4 ~ 15	330	200 ~ 1 000	200 ~ 600
10	0.2 ~ 2	6 ~ 20	500	1 000 ~ 1 500	250 ~ 850
35	2 ~ 10	20 ~ 50	750	2 000 ~ 2 500	500 以上

目前，在我国电力系统中，220 kV 及以上电压等级多用于大型电力系统的主干线；110 kV 多用于中小型电力系统的主干线及大型电力系统的二次网络；35 kV 多用于大型工业企业内部电网，也广泛用于农村电网；10 kV 是城乡电网最常用的高压配电电压，当负荷中拥有较多的 6 kV 高压用电设备时，也可考虑采用 6 kV 配电方案；3 kV 仅限于工业企业内部采用；380/220 V 多作为工业企业的低压配电电压。

（6）工厂供配电电压的选择

1）工厂供电电压的选择

工厂供电电压的选择，主要取决于当地电网的供电电压等级，同时也要考虑工厂用电设备的电压、容量和供电距离等因素。工厂供电电压基本上只能选择地区原有电压，自己另选电压等级的可能性不大，具体选择时参考表 1.2。

①对于一般没有高压用电设备的小型工厂，设备容量在 100 kW 以下，输送距离在 600 m以内的，可选用 380/220 V 电压供电。

②对于中、小型工厂，设备容量在 100 ~ 2 000 kW，输送距离在 4 ~ 20 km 以内的可采用6 ~ 10 kV 电压供电。

③对于大型工厂，设备容量在 2 000 ~ 50 000 kW，输送距离在 20 ~ 150 km 以内的，可采用35 ~ 110 kV 电压供电。

我国的《供电营业规则》规定：供电企业（电网）供电的额定电压，低压有单相 220 V、三相380 V，高压有 10 kV，35 kV，66 kV，110 kV，220 kV，并规定：除发电厂直配电压可采用 3 kV 或6 kV 外，其他等级的电压都要过渡到上述额定电压。如果用户需要的电压等级不在上列范围，则应自行采用变压措施解决。用户需要的电压等级在 110 kV 及以上时，其受电装置应作为终端变电所设计，其方案需要经省电网经营企业审批。

2）工厂高压配电电压的选择

工厂高压配电电压的选择，主要取决于当地供电电源电压及工厂高压用电设备的电压及其容量、数量等因素。当工厂供电电源电压为 35 kV 以下时，工厂采用的高压配电电压通常为10 kV。如果工厂拥有相当数量的 6 kV 用电设备，或者供电电源电压就是 6 kV，则可考虑采用6 kV 电压作为工厂的高压配电电压。如果 6 kV 用电设备数量不多，则应选择 10 kV 作为工厂的高压配电电压，而 6 kV 高压设备则可通过专用的 10/6.3 kV 的变压器单独供电。由于 3 kV的用电设备很少，3 kV 作为高压配电电压的技术、经济指标很差，基本上不用作高压配电电压。

如果当地的电源电压为 35 kV，能减少配变电级数，简化接线，并且当技术经济合理和厂区环境条件又允许采用 35 kV 架空线路和较经济的 35 kV 设备时，则可考虑采用 35 kV 作为高压配电电压深入工厂各车间负荷中心，并经车间变电所直接降低为低压用电设备所需的电压。但必须考虑厂区要有满足 35 kV 架空线路深入负荷中心的"安全走廊"，以确保电气安全。

3）工厂低压配电电压的选择

工厂低压配电电压的选择主要取决于低压用电设备的电压。一般采用 380/220 V，其中线电压 380 V 接三相动力设备及 380 V 单相设备，而相电压 220 V 接 220 V 照明灯具及其他220 V 的单相设备。但某些场合宜采用 660 V 甚至 1 140 V 作为低压配电电压，如矿井下，其原因是负荷离变电所较远，为保证远端负荷的电压水平而采用 660 V 或 1 140 V 的配电电压。采用较高的电压配电，不仅可减少线路的电压损耗，提高负荷端的电压水平，而且能减少线路的电能损耗，降低设备成本，增大供电半径，减少变电点，简化供配电系统，有明显的经济效益，在世界各国已成为发展趋势。我国也充分注意到了这一点，在此领域做了一些开发研究工作，不过目前 660 V 电压尚限于在采矿、石油和化工等少数部门应用。

1.3.2 电力系统的电能质量

供电质量包括电能质量和供电可靠性两方面。供电可靠性可用供电企业对电力用户全年实际供电小时数与全年总小时数(8 760 h)的百分比值来衡量,也可用全年的停电次数和停电持续时间来衡量。供电设备计划检修时,对 35 kV 及以上电压供电的用户停电次数,每年不应超过 1 次;对于 10 kV 供电的用户,每年停电次数不应超过 3 次。

电能质量问题是自电力工业诞生就存在的一个传统问题。影响电能质量的因素有电力生产方面的,也有电力负荷方面的。现代电力负荷中,电力电子技术得到了广泛应用,由于其非线性、冲击性以及不平衡等用电特性引起电能质量的恶化。电能质量好坏关系到国民经济整体效益,也是电力工业水平的标志。实际上电能质量就是供电电压特性,即关系到用电设备工作(或运行)的供电电压各种指标偏离理想值(额定值或标称值)的程度。电能质量的问题在空间上、时间上是不断变化的,同时需要电力企业和电力用户共同合作来维护,才能保证更好的供、用电环境和良好的电能质量。电力系统的电能质量是指电压、频率和波形的质量。电能质量指标随着科学技术的进步,是在发展和变化的。目前电能质量指标主要包括电压偏差、电压波动和闪变、三相电压不平衡、频率偏差和谐波等。

(1)电压质量

电压质量是以电压偏差、电压波动与闪变及三相电压不平衡等指标来衡量。

1)电压偏差

电压偏差是实际运行电压对系统标称电压的偏差相对值,以百分数表示,即

$$\Delta U\% = \frac{U - U_{N}}{U_{N}} \times 100 \tag{1.1}$$

式中,$\Delta U\%$ 为电压偏差百分数;U 为实际电压;U_{N} 为系统标称电压(额定电压)。

GB/T 12325—2008《电能质量供电电压偏差》规定了我国供电电压偏差的限值,见表 1.3。供电电压是指供电点处的线电压或相电压。

表 1.3 供电电压偏差的限值(GB/T 12325—2008)

系统标称电压/kV	供电电压偏差的限值/%
≥35 三相(线电压)	正负偏差绝对值之和≤10
≤20 三相(线电压)	±7
0.220 单相(相电压)	+7,−10

注:①若供电电压偏差均为正偏差或均为负偏差时,按较大的偏差绝对值作为衡量依据。
②对供电点短路容量较小,供电距离较长及供电电压偏差有特殊要求的用户,由双方协商确定。

用电设备端子电压实际值偏离额定值时,其性能将直接受到影响,影响的程度视电压偏差的大小而定。在正常运行情况下,用电设备端子电压偏差限值宜符合表 1.4 的要求。

表 1.4 用电设备端子电压偏差的限值(GB 50052—2009)

名 称	电压偏差的限值/%
电动机	±5
照明	

续表

名　称	电压偏差的限值/%
一般工作场所	±5
远离变电所的小面积一般工作场所	+5，−10
应急照明、道路照明和警卫照明	+5，−10

2）电压波动和闪变

①电压波动　电压波动是指电压方均根值（有效值）一系列的变动或连续的变化。它是波动负荷（生产或运行过程中从电网中取用快速变动功率的负荷，如炼钢电弧炉、轧机、电弧焊机等）引起的电压的快速变动。电压波动程度用电压变动和电压变动频度衡量，并规定了电压波动的限值。

电压变动 d 是以电压方均根值变动的时间特性曲线上相邻两个极值电压最大值 U_{max} 与电压最小值 U_{min} 之差，与系统标称电压（额定电压）U_N 比值的百分数表示，即

$$d = \frac{U_{max} - U_{min}}{U_N} \times 100\% \tag{1.2}$$

电压变动频度 r 是指单位时间内电压波动的次数（电压由大到小或由小到大各算一次变动），一般以次/h 作为电压变动频度的单位。同一方向的若干次变动，如间隔时间小于30 ms，则算一次变动。

GB/T 12326—2008《电能质量电压波动和闪变》对电压变动限值作了规定，电力系统公共连接点处（电力系统中一个以上用户的连接处）由波动负荷产生的电压变动限值与电压变动频度和电压等级有关，详见表1.5。

表 1.5　电压偏差的电压变动限值（GB/T 12326—2008）

电压变动频度 r/(次·h^{-1})	电压变动限值 d/%	
	LV($U_N \leq 1$ kV)，MV(1 kV $< U_N \leq 35$ kV)	HV (35 kV $< U_N \leq 220$ kV)
$r \leq 1$	4	3
$1 < r \leq 10$	3*	2.5*
$10 < r \leq 100$	2	1.5
$100 < r \leq 1\,000$	1.25	1

注：①很小的变动频度（每日小于一次），电压变动限值 d 还可以放宽，但不在本标准中规定。

　　②对于随机性不规则的电压波动，如电弧炉负荷引起的电压波动，表中标有"＊"的值为其限值。

　　③对于 220 kV 以上超高压（EHV）系统的电压波动限值可参照高压（HV）系统执行。

②电压闪变　电压闪变是电压波动在一段时间内的累计效果，它通过灯光照度不稳定造成的视觉感受来反映。电压闪变程度主要用短时间闪变值和长时间闪变值来衡量，并规定了闪变的限值。

短时间闪变值 P_{st} 是衡量短时间（若干分钟）内闪变强弱的一个统计值，短时间闪变值的基本记录周期为 10 min。

长时间闪变值 P_{lt} 是由短时间闪变值 P_{st} 推算出,反映长时间(若干小时)闪变强弱的量值,长时间闪变值的基本记录周期为 2 h。

GB/T 12326—2008《电能质量电压波动和闪变》对电压闪变限值作了规定:

a. 电力系统公共连接点处,在系统正常运行的较小方式下,以一周(168 h)为周期,所有的长时间闪变值 P_{lt} 都应满足表 1.6 闪变限值的要求。

b. 任何一个波动负荷用户在电力系统公共连接点单独引起的闪变,一般应满足下列要求。LV 和 MV 用户的闪变限值见表 1.7;对于 HV 用户,满足 $(\Delta S/S_{SC})_{max} < 0.1\%$;单个波动负荷用户,满足 $P_{lt} < 0.25$。

表 1.6　闪变限值(GB/T 12326—2008)

P_{lt}	
≤110 kV	>110 kV
1	0.8

表 1.7　LV 和 MV 用户的闪变限值(GB/T 12326—2008)

$r/(次 \cdot min^{-1})$	$K = (\Delta S/S_{SC})_{max}/\%$
$r < 10$	0.4
$10 \leqslant r \leqslant 200$	0.2
$200 < r$	0.1

注:①表中 ΔS 为波动负荷视在功率的变动;S_{SC} 为 PCC 短路容量。

②已通过 IEC6100-3-3 和 IEC6100-3-5 的 LV 设备均视为满足第一级规定。

3)三相电压不平衡

在三相交流系统中,如果三相电压在幅值不等或相位差不为120°,或兼而有之时,称为三相电压不平衡。不平衡的三相电压,用对称分量法可分解为正序分量、负序分量和零序分量。三相电压不平衡,会引起旋转电机的附加发热和振动,使变压器容量得不到充分利用,对通信系统产生干扰。

三相电压不平衡度,用电压负序基波分量 U_2 或零序基波分量 U_0 与正序基波分量 U_1 的方均根值的百分比来表示。

负序电压不平衡度 ε_{U_2} 为:

$$\varepsilon_{U_2}\% = \frac{U_2}{U_1} \times 100\% \tag{1.3}$$

零序电压不平衡度 ε_{U_0} 为:

$$\varepsilon_{U_2}\% = \frac{U_0}{U_1} \times 100\% \tag{1.4}$$

GB/T 15543—2008《电能质量三相电压不平衡》规定:

①电力系统的公共连接点电压不平衡度限值为:电网正常运行时,负序电压不平衡度不超过2%,短时不得超过4%。低压系统零序电压不平衡度限值暂不作规定,但各相电压必须满足 GB/T 12325 的要求。

②接于公共连接点的每个用户引起该点负序电压不平衡度允许值一般为1.3%,短时不得超过2.6%。

(2)频率质量

频率的质量是以频率偏差来衡量。频率偏差是指系统频率的实际值和标称值之差。

目前,世界上的电网的额定频率有两种:50 Hz 和 60 Hz。欧洲、亚洲等大多数地区采用

50 Hz,北美采用 60 Hz,我国采用的额定频率也为 50 Hz。GB/T 15945《电能质量电力系统频率偏差》规定了我国电力系统频率偏差的限值。

①电力系统正常运行条件下频率偏差限值为 ±0.2 Hz。当系统容量较小时,偏差限值可以放宽到 ±0.5 Hz。

②冲击负荷引起的系统频率变化为 ±0.2 Hz,根据冲击负荷的性质和大小以及系统的条件也可适当变动,但应保证近区电力网、发电机组和用户的安全、稳定运行以及正常供电。

频率调整主要依靠发电厂调节发电机的转速来实现,在供配电系统中,频率是不可调的,只能通过提高电压的质量来提高供配电系统的电能质量。

(3)波形质量

在电力系统中,由于有大量非线性负荷,其电压、电流波形不是正弦波形,而是不同程度畸变的非正弦波。非正弦波通常是周期性交流量,含基波和各次谐波。对周期性交流量进行傅立叶级数分解,得到频率与工频相同的分量称为基波,得到频率为基波频率整数倍的分量称为谐波,得到频率为基波频率非整数倍的分量称为间谐波。

波形的质量指标是以谐波电压含有率、间谐波电压含有率和电压波形畸变率来衡量。GB/T 14549—1993《电能质量公共电网谐波》规定了我国公用电网谐波电压含有率应不大于表 1.8 的限值。

表 1.8　公用电网谐波电压(相电压)限值(GB/T 14549—1993)

电网额定电压/kV	电压总谐波畸变率/%	各次谐波电压含有率/%	
		奇数次	偶数次
0.38	5.0	4.0	2.0
6,10	4.0	3.2	1.6
35,66	3.0	2.4	1.2
110	2.0	1.6	0.8

GB/T 24337—2009《电能质量公共电网间谐波》规定了我国 220 kV 及以下电力系统公共连接点(PCC)各次间谐波电压含有率应不大于表 1.9 的限值。

表 1.9　间谐波电压含有率限值(%)(GB/T 24337—2009)

电压等级	频率/Hz	
	<100	100～800
1 000 V 及以下	0.2	0.5
1 000 V 以上	0.16	0.4

注:频率 800 Hz 以上间谐波电压限值还在研究中。

(4)提高电能质量的措施

电能质量的提高,在工矿企业中通常采用以下措施:

①就地进行无功功率补偿,及时调整无功功率补偿量。

②调整同步电动机的励磁电流,使其超前或滞后运行,产生超前或滞后的无功功率,以达

到改善系统功率因素和调整电压偏差的目的。

③正确选择有载或无载调压变压器的分接头(开关),以保证设备端电压稳定。

④尽量使系统的三相负荷平衡,以降低电压偏差。

⑤采用电抗值最小的高低压配电线路方案。架空线的电抗约为 $0.4\ \Omega/km$;电缆线路的电抗约为 $0.8\ \Omega/km$。条件许可下,应尽量优先采用电缆线路供电。

工矿企业抑制电压波动的措施有:

①对负荷变动剧烈的大型电气设备,采用专用线路或专用变压器单独供电。

②减小系统阻抗。使系统电压损耗减小,从而减小负载变化时引起的电压波动。

③在变、配电所配电线路出口加装限流电抗器,以限制线路故障时的道路电流,减小电压波动范围。

④对大型电动机进行个别补偿,使其在整个负荷范围内保持良好的功率因数。

⑤在低压供配电系统中采用电力稳压器稳压,确保用电设备的周期运行。

目前,随着电力电子技术、控制技术、网络技术的发展与应用,利用计算机实现对供配电系统的实时监控,从而能够在计算机屏幕上自动显示电压波动信息、波动幅值及频率、电压波动地点及抑制措施等。

1.4　电力系统的运行状态和中性点运行方式

1.4.1　电力系统的运行状态

电力系统的运行状态由运行参数电压、电流、功率和频率等表征。

电力系统的运行状态有多种,也有不同的分类方法。一种是将电力系统的运行状态分为稳态和暂态。电力系统的稳态是指电力系统正常的、变化相对较慢较小的运行状态;电力系统的暂态是指电力系统非正常的、变化较大的运行状态,以致引起系统从一个稳定运行状态向另一个稳定运行状态过渡的变化过程。稳态和暂态的本质区别为:前者的运行参数与时间无关,其特性可用代数方程来描述;后者的运行参数与时间有关,其特性要用微分方程来描述。如本书讲的负荷计算是供配电系统的稳态,短路计算是供配电系统的暂态。这种分类方法常用在电力系统分析中,分别称为电力系统稳态分析和电力系统暂态分析。

另一种分类方法是将电力系统的运行状态分为正常运行状态、异常运行状态、故障状态和待恢复状态。这 4 种状态之间的关系如图 1.14 所示。电力系统在绝大部分时间里都处于正常运行状态,系统安全。如系统运行条件恶化,如过负荷、低电压、单相接地等,系统便进入异常运行状态,也称为报警状态,系统不安全;系统处于异常运行状态应采取有效措施,恢复正常运行状态,若措施不当或又发生故障,系统便进入故障状态。故障状态又称为紧急状态。系统处于故障状态,保护装置或自动装置应快速动作,切除故障设备或线路,系统便进入待恢复状态。采取措施修复故障设备或线路后,系统又恢复正常运行状态。电力系统从正常运行状态到故障状态乃至待恢复状态的过程非常短,通常只有几秒到几分钟,但系统从待恢复状态回到正常运行状态,则要经历相当长的时间。这种分类方法常用于电力系统安全分析中。

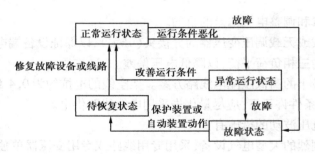

图 1.14　电力系统的 4 种运行状态

1.4.2　电力系统的中性点运行方式

为保证电力系统安全、经济、可靠运行,必须正确选择电力系统中性点的运行方式,即中性点的接地方式。能否合理选择电力系统的中性点运行方式,将直接影响到电力网的绝缘水平、保护的配置、系统供电的可靠性和连续性、对通信线路的干扰及发电机和变压器的安全运行等。

三相交流电系统的中性点是指星形连接的变压器或发电机的中性点。中性点的运行方式主要分两类:小接地电流系统(小电流接地系统),也称为中性点非有效接地系统或中性点非直接接地系统;大接地电流系统(大电流接地系统),也称为中性点有效接地系统。前者又分为中性点不接地系统、中性点经消弧线圈接地系统和中性点经电阻接地系统;后者为中性点直接接地系统。中性点运行方式的选择主要取决于对电气设备的绝缘水平要求及供电可靠性和运行安全性要求。

我国 3～66 kV 系统,特别是 3～10 kV 系统,为提高供电可靠性,一般采用中性点不接地的运行方式。当 3～10 kV 系统接地电流大于 30 A,20～66 kV 系统接地电流大于 10 A 时,应采用中性点经消弧线圈接地的运行方式。110 kV 及以上系统为降低设备绝缘要求,1 kV 以下低压系统考虑单相负荷的使用和人身安全,通常采用中性点直接接地运行方式。

(1)中性点不接地的电力系统

在电力系统的三相导线之间及各相对地之间,沿导线全长都分布有电容,这些电容在电压作用下将有附加电容电流流过。为了便于分析,相间电容可不予考虑,只考虑相对地间的分布电容,用一个集中电容 C 来表示,假设三相系统是对称的,则三相对地电容相等。如图 1.15 所示为正常运行时的中性点不接地电力系统示意图。

中性点不接地系统正常运行时,由于三相系统的相、线电压对称,三相对地电容电流对称且其相量和为零,没有电流在地中流动。此时,各相对地电压对称且等于各相的相电压,中性点对地电压为零。

系统发生单相接地时,如图 1.16(a)所示,接地相(C 相)对地电压为零,非接地相对地电压升高为线电压($\dot{U}'_A = \dot{U}_A + (-\dot{U}_C) = \dot{U}_{AC}$, $\dot{U}'_B = \dot{U}_B + (-\dot{U}_C) = \dot{U}_{BC}$),即等于相电压的 $\sqrt{3}$ 倍。从而,接地相电容电流为零,非接地相对地电容电流也增大 $\sqrt{3}$ 倍。因此,要求电气设备的绝缘水平也提高,在高电压系统中,绝缘水平的提高将使设备费用大为增加。

C 相接地时,系统的接地电流 $\dot{I}_E$(流过接地点的电容电流 i_C)应为 A,B 两相对地电容电流之和。取接地电流 $\dot{I}_E$ 的正方向从相线到大地,如图 1.16(b)所示,因此,

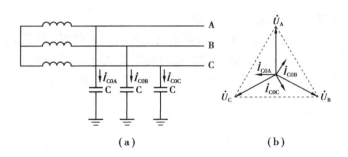

图1.15 正常运行时的中性点不接地电力系统

(a)电路图;(b)相量图

$$\dot{I}_E = -(\dot{I}_{C.A} + \dot{I}_{C.B}) \tag{1.5}$$

在数值上,由于 $I_E = \sqrt{3}I_{C.A}$,而 $I_{C.A} = U'_A/X_C = \sqrt{3}U_A/X_C = \sqrt{3}I_{CO}$,因此

$$I_E = 3I_{CO} \tag{1.6}$$

即单相接地的接地电流为正常运行时每相对地电容电流的3倍。

当每相对地电容不能确切知道时,接地电容可用下式近似计算:

$$I_E = \frac{U_N(L_{oh} + 35L_{Cab})}{350} \tag{1.7}$$

式中,U_N 为系统的额定电压,kV;L_{oh} 为有电的联系的架空线路总长度,km;L_{Cab} 为有电的联系的电缆线路总长度,km。

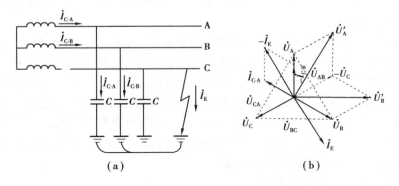

图1.16 单相接地时的中性点不接地电力系统

(a)电路图;(b)相量图

必须指出,当中性点不接地电力系统发生单相接地时,线电压不变,接地相对地电压为零,非故障相对地电压升高到原来相电压的 $\sqrt{3}$ 倍,故障电容电流增大到原来的3倍,故系统中的设备,尤其是三相设备仍能正常运行。但是这种线路不允许在单相接地故障下长期运行,一般要求不超过2 h。因此对中性点不接地的电力系统,注意电气设备的对地绝缘要求必须按照线电压数值来选择,而且应该专门装设单相接地保护或绝缘监视装置,在系统发生单相接地故障时给予报警信号或指示,以提醒运行值班人员注意采取措施,查找和消除接地故障。若有备用线路,则可将负荷转移到备用线路上去。在经过2 h后,若接地故障尚未消除,则应切除故障线路,以防故障扩大。

(2)中性点经消弧线圈接地的电力系统

如前所述,当中性点不接地系统的单相接地电流超过规定值时,为了避免产生断续电弧,引起过电压和造成短路,减小接地电弧电流使电弧容易熄灭,中性点应经消弧线圈接地。消弧线圈实际上就是电抗线圈。如图1.17所示为中性点经消弧线圈接地电力系统的电路图和相量图。

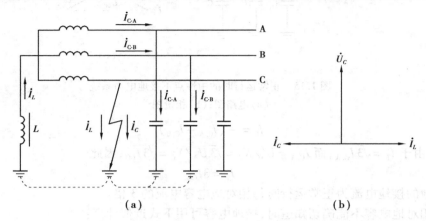

图 1.17　中性点经消弧线圈接地电力系统的电路图和相量图
(a)电路图;(b)相量图

当中性点经消弧线圈接地系统发生单相接地时,流过接地点的电流是接地电容电流$\dot{I}_C$和流过消弧线圈的电感电流$\dot{I}_L$之相量和。由于$\dot{I}_C$超前$\dot{U}_C 90°$,$\dot{I}_L$滞后$\dot{U}_C 90°$,两电流相抵后,使流过接地点的电流减小。

消弧线圈对电容电流的补偿有3种方式:①全补偿$I_L = I_C$;②欠补偿$I_L < I_C$;③过补偿$I_L > I_C$。在电力系统中一般不采用完全补偿的方式,而采用过补偿运行方式。如果采用完全补偿,此时容抗与感抗相等,正满足电磁谐振条件,一旦中性点对地出现电压,就会产生很大的电流,使消弧线圈上产生很大电压降,这个电压同时加在设备对地绝缘上,可能造成设备绝缘损坏。采用欠补偿时,一旦部分线路停止运行,有可能出现完全补偿形式。因此,在实际运行中都采用过补偿,正常时因中性点对地电压为零,没有电流流过,单相接地时有很小的感性电流流过,既保证电弧容易熄灭,又不会过渡到全补偿。

(3)中性点直接接地的电力系统

如图1.18所示为发生单相接地时的中性点直接接地电力系统。电源中性点直接接地系统发生单相接地时,通过接地中性点形成单相短路$k^{(1)}$,产生很大的单相短路电流$I_k^{(1)}$,继电保护动作切除故障线路,使系统的其他部分恢复正常运行。因此,对用户来讲,直接接地系统供电可靠性较差。

由于中性点直接接地,发生单相接地时,中性点对地电压仍为零,非接地相对地电压也不发生变化。因此,凡中性点直接接地系统中的供用电设备的绝缘只需要按相电压考虑,而不需要按线电压考虑。这对110 kV及以上的超高压系统是很有经济技术价值的。因为高压电器特别是超高压电器,其绝缘问题是影响电器设计和制造的关键问题。电器绝缘要求的降低,将直接降低电器的造价,同时改善电器的性能。

(4)中性点经电阻接地的电力系统

中性点经电阻接地,按接地电流大小又分为经高电阻接地和经低电阻接地。

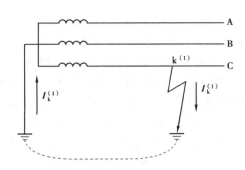

图 1.18 发生单相接地时的中性点直接接地电力系统

1)中性点经高电阻接地的电力系统

高电阻接地方式以限制单相接地电流为目的,电阻值一般为数百至数千欧姆。中性点经高电阻接地系统可以消除大部分谐振过电压,对单相间隙弧光接地过电压有一定的限制作用。主要用于发电机回路,有些大型发电机的中性点采用经高电阻接地方式。

2)中性点经低电阻接地的电力系统

城市 6 ~ 35 kV 配电网络主要由电缆线路构成,其单相接地故障电流较大,可达 100 ~ 1 000 A,可采用中性点经低电阻接地方式。它接近于中性点直接接地的运行方式,但必须装设单相接地故障保护装置。在系统发生单相接地故障时,动作于跳闸,迅速切除故障线路,同时系统的备用电源投入装置动作,投入备用电源,及时恢复对重要负荷的供电。该方式具有切除单相接地故障快、过电压水平低的优点。

中性点经低电阻接地方式适用于以电缆线路为主,不容易发生瞬时性单相接地故障且系统电容电流比较大的城市电网,发电厂用电系统及企业配电系统。

电力系统的运行经验表明,系统中发生单相接地故障的概率很大,约占总故障的 65%。当大电流接地系统中发生单相接地故障时,接地相的电源将被短接,形成很大的单相接地电流。此时断路器必须动作跳闸切除故障,从而造成系统停电事故。而当小电流接地系统中发生单相接地故障时,不会发生电源被短接的现象,系统可以继续带负荷运行一段时间(一般允许运行 2 h),从而给运行人员留有充足的时间转移负荷及做好故障处理的准备工作,然后再进行停电操作排除故障。由此可知,采用小电流接地运行方式可以大大提高系统的供电可靠性。

1.5 低压配电系统的接地形式

我国的 380/220 V 低压配电系统,广泛采用中性点直接接地的运行方式,而且引出有中性线(N 线)、保护线(PE 线)或保护中性线(PEN 线)。

中性线(N 线)的功能:一是用来连接额定电压为系统相电压的单相用电设备;二是用来传导三相系统中的不平衡电流和单相电流;三是减小负荷中性点的电位偏移。

保护线(PE 线)的功能:它是为保障人身安全、防止发生触电事故而采用的接地线。系统中所有电气设备的外露可导电部分(指正常时不带电,但在故障情况下可能带电的易被人身接触的导电部分,如金属外壳、金属构架等)通过 PE 线接地,可在设备发生接地故障时减少触电危险。

保护中性线(PEN 线)的功能:它兼有 N 线和 PE 线的功能。

保护接地是为保证人身或设备安全、防止触电事故,将电气设备的外露可导电部分(指正常不带电而在故障时可带电且易被触及的部分,如金属外壳和构架等)与地作良好的连接。

在低压配电系统中,按保护接地的方式不同,可分为 3 类,即 TN 系统、TT 系统和 IT 系统。其中,第一个字母表示电力系统的对地关系,T 表示中性点直接接地,I 表示中性点不接地或经高阻抗接地;第二个字母表示电气装置外露可导电部分(设备金属外壳、金属底座等)的对地关系,T 表示独立于电力系统接地点而直接接地,N 表示与电力系统接地点进行电气连接。

低压配电系统中,凡是引出有中性线(N 线)的三相系统,包括 TN 系统(含 TN-C,TN-S 和 TN-C-S 系统)及 TT 系统,都属于三相四线制系统(正常情况下不通过电流的 PE 线不计算在内)。没有中性线(N 线)的三相系统,如 IT 系统,则属于三相三线制系统。

本章小结

本章介绍了电力系统和供配电系统的概念,讲述了供配电系统的意义和电能质量指标。重点讨论了电力系统中各种电力设备的额定电压及电力系统中性点的运行方式。

电力系统是由发电机、变压器、电力线路、电力用户等组成的三相交流系统,是一个产生电能、输送分配电能和使用电能各环节所连接起来的有机整体。

供配电系统是电力系统的一个重要组成部分,供配电系统是由总降压变电所、配电所、车间变电所或建筑物变电所、配电线路和用电设备组成,涉及电力系统中分配电能和使用电能两个环节。

电力系统规定了标称电压,电力设备规定了额定电压。用电设备的额定电压和电网的标称电压一致。发电机的额定电压一般比同级电网标称电压高出 5%。变压器的一次绕组相当于用电设备,其额定电压与电网标称电压或发电机额定电压相等;变压器的二次绕组相当于供电设备,其额定电压高出电网标称电压 10% 或 5%。

供电的电能质量指标有电压、频率和波形 3 项。电能质量指标随着科学技术的进步而发展和变化。目前电能质量指标主要有:电压偏差、频率偏差、谐波、三相电压不平衡度、电压波动和闪变等。

在电力系统中,当变压器或发电机的三相绕组为星形连接时,其中性点有 4 种运行方式:中性点直接接地和中性点不接地、中性点经消弧线圈接地和中性点经电阻接地。中性点直接接地系统常称为大电流接地系统,中性点不接地系统和中性点经消弧线圈接地系统称为小电流接地系统。

思考题与习题

1.什么叫电力系统、动力系统、电力网?试述它们的关系。

2.变电所和配电所各自的任务是什么?

3.试述电力系统和供配电系统的组成。

4. 电力负荷按对供电可靠性要求分几类？对供电各有什么要求？

5. 电力系统的运行状态如何分类？

6. 电能质量指标有哪些？电压质量包括哪些内容？

7. 发电机、变压器和用电设备三者的额定电压是如何规定的？为什么？

8. 中性点不接地系统发生单相接地时，各相对地电压有何变化？各相间电压有何变化？非故障相和故障相流过的电容电流有何变化？

9. 三相交流电力系统的电源中性点有哪些运行方式？中性点不直接接地的电力系统与中性点直接接地的电力系统在发生单相接地时各有什么不同特点？

10. 我国采用的工频是多少？一般要求的频率偏差为多少？

11. 什么叫电压偏差？电压偏差对电气设备的运行有什么影响？

12. 低压配电系统是怎样分类的？TN-C,TN-S,TN-C-S,TT 和 IT 系统各有什么特点？其中的中性线(N 线)、保护线(PE 线)和保护中性线(PEN 线)各有哪些功能？

13. 试确定如图 1.19 所示供电系统中发电机 G 和变压器 T1,T2 和 T3 的额定电压。

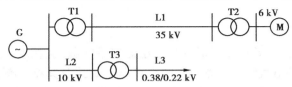

图 1.19 习题 13 图

14. 试确定如图 1.20 所示供电系统中变压器 T1 和线路 WL1,WL2 的额定电压。

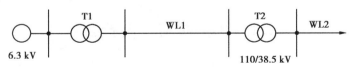

图 1.20 习题 14 图

15. 某 10 kV 电网,架空线路总长度为 50 km,电缆线路总长度为 15 km,试求此中性点不接地的电力系统发生单相接地时的接地电容电流,并判断此系统的中性点需不需要改为经消弧线圈接地。

第2章
电力负荷及其计算

在供配电系统设计中,首先要考虑的是变压器容量问题,这就需要进行负荷计算,以便正确选择供配电系统中的电气设备。本章首先介绍电力负荷及其相关概念,然后着重讲述用电设备组和全厂计算负荷的确定方法,最后讲述尖峰电流及其计算方法。本章内容是供配电系统运行分析和设计计算的基础。

2.1　工厂负荷与负荷曲线

2.1.1　负荷分级与供电要求

根据对供电可靠性的要求以及中断供电在政治上、经济上所造成的损失或影响程度,将电力负荷分为三级。

①一级负荷　中断供电将造成人身伤亡者,或在政治、经济上造成重大损失者,如重大设备损坏且难以复修,均属于一级负荷。在一级负荷中,当中断供电将发生中毒、爆炸和火灾等情况的负荷,以及特别重要的场所不允许中断供电的负荷,应该视为特别重要的负荷。

一级负荷由两个独立电源供电。当其中一路电源发生故障时,另一路电源应不致同时受到损坏。一级负荷中特别重要的负荷,除两路电源外,还必须设置应急电源。为保证对特别重要负荷的供电,严禁将其他负荷接入应急供电系统。

②二级负荷　中断供电将在政治、经济上造成较大损失者,如大量产品报废、重点企业大量减产、设备局部破坏或生产流程紊乱且较长时间才能恢复等,均属于二级负荷。

二级负荷也属于重要负荷,应由两回路供电,但在负荷较小或取得两回路有困难时,允许由一回路专用架空线路供电。

③三级负荷　所有不属于一级和二级的一般电力负荷,均属于三级负荷。

由于三级负荷为不重要的一般负荷,因此对供电电源无特殊要求,允许较长时间停电,可用单回线路供电。

由于各行业的一级负荷、二级负荷很多,规范只能对负荷分级作原则性规定,表 2.1、表 2.2 给出部分行业的负荷分级。

表 2.1　机械工厂的负荷分级

序　号	建筑物名称	电力负荷名称	负荷级别
1	炼钢车间	容量为 100 t 及以上的平炉加料起重机、浇铸起重机、倾动装置及冷却水系统的用电设备	一级
		容量为 100 t 及以上的平炉加料起重机、浇铸起重机、倾动装置及冷却水系统的用电设备	二级
		平炉鼓风机、平炉用其他用电设备。5 t 以上电弧炼钢炉的电极升降机构、倾炉机构及浇铸起重机	二级
		总安装容量为 30 MVA 以上,停电会造成重大经济损失的多台大型电热装置(包括电弧炉、矿热炉、感应炉等)	一级
2	铸铁车间	30 t 及以上的浇铸起重机、重点企业冲天炉鼓风机	二级
3	热处理车间	井式炉专用淬火起重机、井式炉油槽抽油泵	二级
4	锻压车间	锻造专用起重机、水压机、高压水泵、抽油机	二级
5	金属加工车间	价格昂贵、作用重大、稀有的大型数控机床、停电会造成设备损坏。如自动跟踪数控仿形铣床、强力磨床等设备	一级
		价格贵、作用大、数量多的数控机床工部	二级
6	电镀车间	大型电镀工部的整流设备、自动流水作业生产线	二级
7	试验站	单机容量为 200 MW 以上的大型电机试验、主机及辅机系统、动平衡试验的润滑油系统	一级
		单机容量为 200 MW 及以下的大型电机试验、主机及辅机系统,动平衡试验的润滑油系统	二级
		采用高位油箱的动平衡试验润滑油系统	二级
8	层压制品车间	压机及供热锅炉	二级
9	线缆车间	熔炼炉的冷却水泵、鼓风机、连铸机的冷却水泵、连轧机的水泵及润滑泵 压铅机、压铝机的熔化炉、高压水泵、水压机 交联聚乙烯加工设备的挤压交联冷却、收线用电设备。漆包机的传动机构、鼓风机、漆泵 干燥浸油缸的连续电加热、真空泵、液压泵	二级
10	磨具成型车间	隧道窑鼓风机、卷扬机构	二级
11	油漆树脂车间	2 500 L 及以上的反应及其供热锅炉	二级
12	焙烧车间	隧道窑鼓风机、排风机、窑车推进机、窑门关闭机构 油加热器、油泵及其供热锅炉	二级

续表

序 号	建筑物名称	电力负荷名称	负荷级别
13	热煤气站	煤气加压机、加压油泵及煤气发生炉鼓风机	一级
		有煤气缸的煤气加压机、有高位油箱的加压油泵	二级
		煤气发生炉加煤机及传动机构	二级
14	冷煤气站	鼓风机、排送机、冷却通风机、发生炉传动机构、高压整流器等	二级
15	锅炉房	中压及以上锅炉的给水泵	一级
		有汽动水泵时,中压及以上锅炉的给水泵	二级
		单台容量为 20 t/h 及以上锅炉的鼓风机、引风机、二次风机及炉排电机	二级
16	水泵房	供一级负荷用电设备的水泵	一级
		供二级负荷用电设备的水泵	二级
17	空压站	部重点企业单台容量为 60 m³/min 及以上空压站的空气压缩机、独立励磁机	二级
		离心式压缩机润滑油泵	一级
		有高位油箱的离心式压缩机润滑油泵	二级
18	制氧站	部重点企业中的氧压机、空压机冷却水泵、润滑油泵(带高位油箱)	二级
19	计算中心	大中型计算机系统电源(自带 UPS 电源)	二级
20	理化计量楼	主要实验室、要求高精度恒温的计量室的恒温装置电源	二级
21	刚玉、碳化冶炼车间	冶炼炉及其配套的低压用电设备	二级
22	涂装车间	电泳涂装的循环搅拌、超滤系统的用电设备	二级

注:该表引自《机构工厂电力设计规范》JBJ 6—1996。

表 2.2　民用建筑负荷发级

负荷等级		负荷所属用户	用电设备(或场所)名称
一级负荷	特别重要负荷	中断供电将发生中毒、爆炸和火灾等情况的负荷	
		特别重要场所不允许中断供电的负荷	
		国家气象台	气象业务用电子计算机系统
		国家计算中心	电子计算机系统
		甲等剧院	调光用电子计算机系统
		大型博物馆、展览馆	防盗信号电源、珍贵展品展室的照明
		重要图书馆(藏书上百万册)	检索用电子计算机
		大型国际比赛场馆	计时记分电子计算机系统以及监控系统

续表

负荷等级		负荷所属用户	用电设备(或场所)名称
一级负荷	特别重要负荷	大型百货商店(场)	经营管理用电子计算机系统
		大型金融中心(银行)	关键电子计算机系统和防盗报警系统
		国家及省、市、自治区广播、电视电台	电子计算机系统
		电信枢纽卫星站	保证通信不中断的主要设备和重要场所的应急照明
		民用机场及台站	航空管制、导航、通信、气象、助航灯光系统设施和台站;边防、海关的安全检查设备;航班预报设备;三级以上油库,为飞行及旅客服务的办公用房
		国宾馆、国家级大会堂、国家级国际会议中心	主会场、接见厅、宴会厅、照明、电声、录像电子计算机系统
一级负荷		一级负荷用电单位中的右列设备	(1)消防用电设备,例如消防水泵、消防电梯、排烟及正压风机、消防中心(控制室)电源 (2)应急照明、疏散标志灯 (3)走道照明、值班照明、警卫照明、障碍标志灯 (4)主要业务用电子计算机系统电源 (5)保安系统电源 (6)电话机房电源 (7)客梯电力 (8)排污泵 (9)变频调速恒压供水生活水泵
一级负荷		四星级及以上宾馆	宴会厅电声、新闻摄影、录像电源;宴会厅、走道照明
		国宾馆、国家级大会堂、国际会议中心	总值班室、会议室、主要办公室、档案室、排污泵、客梯电源
		地、市级及以上气象台	气象雷达、电报及传真收发设备、卫星云图接收机及语言广播电源、气象绘图及预报照明
		科研院所、高等院校	重要实验室,如生物制品、培养剂等
		甲等剧场	舞台、贵宾室、演员化妆室照明,舞台机械电力、电声、广播、电视转播及新闻摄影电源
		省、直辖市级及以上体育场、馆	比赛厅、主席台、贵宾室、接待室、新闻发布厅及走道照明,检录处、仲裁录放室、终点摄像室、编印室、电脑室、电声、广播、电视转播及新闻摄影电源
		县级及以上医院	急诊部、监护病房、手术部、分娩室、婴儿室、血液病房的净化室、血液透析室、病理切片分析、CT扫描室、血库、高压氧仓、加速器机房、治疗室、配血室的电力照明,培养箱、冰箱、恒温箱的电源、走道照明
		银行	大型银行营业厅照明、一般银行的防盗照明

31

续表

负荷等级	负荷所属用户	用电设备(或场所)名称
一级负荷	百货商场	营业厅、门厅照明
	广播电台、电视台	直接播出的语音播音室、控制室、电视演播厅、中心机房、录像室、微波机房及其发射机房的电力和照明
	国家级政府办公楼	主要办公室、会议室、总值班室、档案室照明
	民用机场	候机楼、外航驻机场办事处。机场宾馆及旅客过夜用房、站坪照明与站坪机务用电
	高层建筑	消防用电、应急照明、客梯电力、变频调速(恒压供水)生活水泵、排污泵
	大型火车站	国境站的旅客站房、站台、天桥、地道的用电设备
	水运客运站	通信、导航设施
	监狱	警卫照明、提审室照明
二级负荷	二级负荷用户中的设备	消防用电、客梯电力、排污水泵、变频调速(恒压供水)生活水泵、主要通道及楼梯间照明
	省部级办公楼	主要办公室、会议室、总值班室、档案室
	大型博物馆、展览馆	展览照明
	四星级以上宾馆、饭店	客房照明
	甲等影院	照明与放映用电
	医院	电子显微镜、X光机电源、高级病房、肢体伤残康复病房照明
	小型银行	营业厅、门厅照明
	大型百货商场、贸易中心	自动扶梯、空调设备
	中整百货商场	营业厅、门厅照明
	电视台、广播电台	洗印室、电视电影室、审听室
	民用机场	除特别重要及一级负荷以外的其他用电
	水运客运站	港口重要作业区、一等客运站用电
	大型或有特殊要求的冷库	制冷设备电力、电梯电力、库房照明
	其他	一级负荷用户中的生活水泵、客梯电力、厨房动力与照明、空调设备特别重要负荷用户中的一般负荷

注:该表引自《全国民用建筑工程设计技术措施电气》。

2.1.2 用电设备的工作制

用电设备的工作制可分为以下3类:

①长期工作制 也称为连续运行工作制,指用电设备工作时间较长,连续运行。绝大多数

用电设备都属于此类工作制,如通风机、照明灯、机床等。

②短时工作制　也称为短时运行工作制,指用电设备工作时间很短而停歇时间很长,如金属切削机床用的辅助机械等就属于此类工作制。

③反复短时工作制　也称为断续周期工作制,指通电设备周期性地时而工作、时而停歇,如此反复运行,如起重设备、起重机用电动机等就属于此类工作制。

通常用暂载率(负荷持续率)ε 来表示反复短时工作制通电设备的工作繁重程度。暂载率是指设备工作时间与工作周期的百分比值,即

$$\varepsilon = \frac{t}{T} \times 100\% = \frac{t}{t + t_0} \times 100\% \qquad (2.1)$$

式中,T 为工作周期;t 为一个周期内的工作时间;t_0 为一个周期内的停歇时间。

根据我国国家技术标准规定,反复短时工作制用电设备的额定工作周期为 10 min,起重机用电动机的标准暂载率有 15%,25%,40% 和 60% 4 种,电焊设备的标准暂载率有 50%,65%,75% 和 100% 4 种。

2.1.3　负荷曲线

负荷曲线是表征电力负荷随时间变动情况的一种图形,一般绘制在直角坐标系上,横坐标表示时间(一般以小时为单位),纵坐标表示负荷(有功功率或无功功率)。负荷曲线按负荷性质不同,可分为有功负荷曲线和无功负荷曲线;按负荷持续时间不同,可分为日负荷曲线和年负荷曲线。

(1)日负荷曲线

日负荷曲线表示一天(24 h)内负荷变动的情况,可根据变电所的有功功率表,用测量的方法绘制。在一定的时间间隔内(如半个小时)将仪表数据的平均值逐一记录下来,然后在直角坐标中逐点描述而成,如图 2.1(a)所示,负荷曲线下所包围的面积表示一天内所消耗的电能。为便于计算,负荷曲线多绘成梯形,如图 2.1(b)所示,梯形曲线所包围的面积应和折线连成的曲线所包围的面积相等。

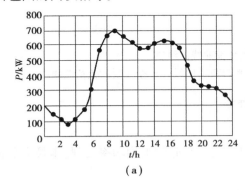
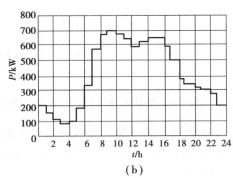

图 2.1　日有功负荷曲线
(a)折线图;(b)梯形图

(2)年负荷曲线

年负荷曲线表示全年(8 760 h)内负荷变动的情况,可用两种方式来表示。

第一种称为年最大负荷曲线,按照全年每日的最大负荷(通常取每日最大负荷的半小时

平均值)来绘制。如图 2.2 所示,这种年最大负荷曲线,可以用来确定拥有多台电力变压器的工厂变电所在一年内的不同时期宜于投入几台运行,即所谓经济运行方式,以降低电能损耗,提高供电系统的经济效益。

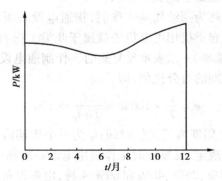

图 2.2　年最大负荷曲线

　　第二种称为年负荷持续曲线,以实际使用的时间为横坐标,以有功负荷的大小为纵坐标来依次排列所制成。这种年负荷曲线的绘制需借助一年中具有代表性的冬日负荷曲线(图 2.3(a))和夏日负荷曲线(图 2.3(b))。其冬日和夏日在全年中所占的天数,应该视当地的地理位置和气温情况而定。若取冬季为 213 d,夏季为 152 d,从两条典型日负荷曲线的最大值开始,依功率递减的次序依次绘制。如功率 P_1 所占全年的时间为 $T_1 = (t_1 + t_1') \times 213$,而功率 P_2 所占全年的时间为 $T_2 = t_2 \times 213 + t_2' \times 152$,以此类推,如图 2.3(c)所示。

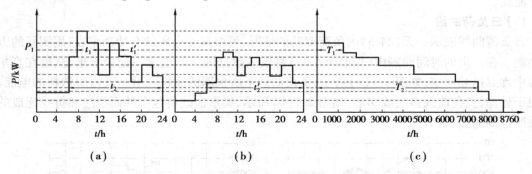

图 2.3　全年时间负荷曲线的绘制
(a)冬季典型日负荷曲线;(b)夏季典型日负荷曲线;(c)全年时间负荷曲线

2.1.4　与负荷曲线和负荷计算有关的物理量

(1)年最大负荷和年最大负荷利用小时数

　　①年最大负荷 P_{max},是指全年中消耗电能最大的半小时的平均功率,因此年最大负荷也称为半小时最大负荷 P_{30}。

$$P_{max} = P_{30} \tag{2.2}$$

　　②年最大负荷利用小时数 T_{max},是一个假想时间,在此时间内,电力负荷按年最大负荷 P_{30} 持续运行所消耗的电能,恰好等于全年实际消耗的电能,如图 2.4 所示,即

$$T_{max} = \frac{W_a}{P_{max}} = \frac{\int_0^{8760} p \, dt}{P_{max}} \tag{2.3}$$

式中，W_a 为全年消耗的电能。

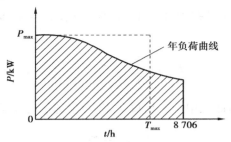

图 2.4　年最大负荷与年最大负荷利用小时数

T_{max} 是反映电力负荷特征的一个重要参数，与工厂的生产班制有明显的关系，见表 2.3。

表 2.3　各类电力用户的 T_{max} 值

用户类型	T_{max}/h
照明及生活用电	2 000 ~ 3 000
一班制工厂	1 500 ~ 2 200
二班制工厂	3 000 ~ 4 500
三班制工厂	6 000 ~ 7 000
农业用电	1 000 ~ 1 500

(2)平均负荷和负荷系数

①平均负荷 P_{av}，是指电力负荷在一定时间 t 内平均消耗的功率，即

$$P_{av} = \frac{W_t}{t} \tag{2.4}$$

式中，W_t 为时间 t 内消耗的电能。对于年平均负荷 P_{av}，全年小时数 t 取 8 760 h，W_t 为全年消耗总电能 W_a（图 2.5），则

$$P_{av} = \frac{W_a}{8\ 760} \tag{2.5}$$

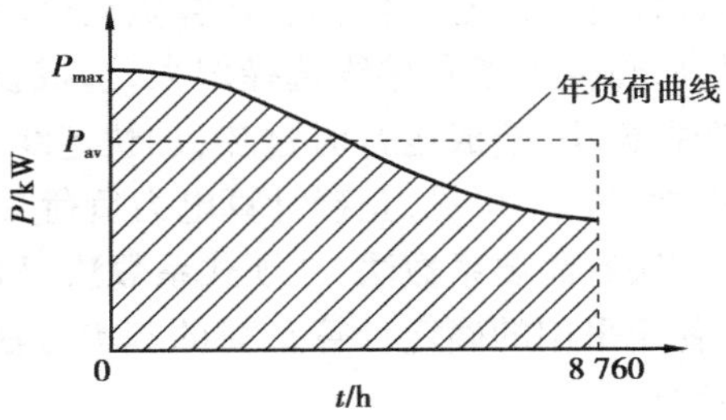

图 2.5　年平均负荷

②负荷系数 K_L，是指平均负荷 P_{av} 与最大负荷 P_{max} 的比值，即

$$K_L = \frac{P_{av}}{P_{max}} \tag{2.6}$$

35

(3)需要系数和利用系数

①需要系数 K_d,是指负荷曲线中最大有功计算负荷 P_{max} 与全部用电设备额定功率 $\sum P_N$ 之比,即

$$K_d = \frac{P_{max}}{\sum P_N} = \frac{P_{30}}{\sum P_N} \tag{2.7}$$

②利用系数 K_u,指负荷曲线中的平均负荷 P_{av} 与全部用电设备额定功率 $\sum P_N$ 之比,即

$$K_u = \frac{P_{av}}{\sum P_N} \tag{2.8}$$

2.2 三相用电设备组计算负荷的确定

2.2.1 概述

供配电系统要安全可靠地运行,就必须选择适当的电气设备、导线、电缆及电力变压器容量等。因此很有必要对电力负荷进行计算。

计算负荷是根据已知的用电设备安装容量确定的、用以按发热条件选择导体和电气设备时所使用的一个假想负荷,用 P_c、Q_c 和 S_c 表示。计算负荷产生的热效应与实际变动负荷产生的热效应等。按计算负荷选择的电气设备、导线、电缆及电力变压器容量,如以最大负荷持续运行,其发热温度温升不会超过允许值,因而也不会影响其使用寿命。

由于导体通过电流达到稳定温升的时间为 $3\tau \sim 4\tau$,τ 为发热时间常数。而一般截面面积在 16 mm^2 及以上的导体,其 $\tau \geq 10$ min,载流导体大约经 30 min(半小时)后可达到稳定温升值,因此计算负荷可以认为就是半小时最大负荷,即

$$P_c = P_{max} = P_{30} \tag{2.9}$$

为了区别"计算"的符号 c 与"电容"的符号 C,本书将采用 P_{30} 表示有功计算负荷;Q_{30} 表示无功计算负荷;S_{30} 表示视在计算负荷;I_{30} 表示计算电流。

计算负荷是供配电系统设计计算的基本依据。计算负荷估算得是否合理,将直接影响到电力设计的质量。若估算过高,将使设备和导线选择偏大,造成投资和有色金属的浪费;而估算过低,又将使设备和导线选择偏小,造成运行时过热,加快绝缘老化,降低使用寿命,增大电能损耗,影响供配电系统的正常运行。可见,正确计算电力负荷具有重要意义。

常用的确定计算负荷的方法有需要系数法、二项式系数法、利用系数法和单位产品耗电量法等。需要系数法是国际上普遍采用的确定计算负荷的基本方法,最为简单方便。本节主要介绍需要系数法和二项式系数法。

2.2.2 设备容量的计算

确定计算负荷的第一步是求用电设备的设备容量(或称设备功率)。每台用电设备的铭牌上都标有一个额定功率 P_N,由于各用电设备的工作制不一样,因此必须将 P_N 换算成同一工作制下的额定功率,然后才能相加。经过换算至统一规定的工作制下的额定功率,称为用电设

备的设备容量,用 P_e 表示。

①对于长期工作制用电设备,其设备容量就是铭牌上的额定功率,即 $P_e = P_N$。

②对于反复短时工作制用电设备,其设备容量是指换算到统一暂载率下的额定功率。

a. 起重机电动机组的设备容量是指统一换算到 $\varepsilon = 25\%$ 时的额定功率,因此其设备容量为

$$P_e = P_N \sqrt{\frac{\varepsilon_N}{\varepsilon_{25}}} = 2P_N \sqrt{\varepsilon_N} \tag{2.10}$$

式中, P_N 为起重机电动机的铭牌额定功率,kW; ε_N 为与 P_N 相对应的额定暂载率(计算中用小数); ε_{25} 为其值等于 $\varepsilon = 25\%$ 的暂载率(计算中用 0.25)。

b. 电焊机组的设备容量是指统一换算到 $\varepsilon = 100\%$ 的额定功率,因此其设备容量为

$$P_e = P_N \sqrt{\frac{\varepsilon_N}{\varepsilon_{100}}} = P_N \sqrt{\varepsilon_N} = S_N \cos \varphi_N \sqrt{\varepsilon_N} \tag{2.11}$$

式中, S_N 为电焊机的铭牌额定容量,kV·A; ε_N 为与 S_N 相对应的额定暂载率(计算中用小数); ε_{100} 为其值等于 100% 的暂载率(计算中用 1); $\cos \varphi_N$ 为铭牌标称满载时的功率因数。

2.2.3　单台用电设备的负荷计算

对于一般长期连续工作的单台用电设备,额定容量就是其计算负荷,即 $P_{30} = P_N$;对于单台电动机以及其他需要计算效率的单台用电设备,其计算负荷为 $P_{30} = P_N$;对于单台反复短时工作制的用电设备,其设备容量可直接作为计算负荷,即 $P_{30} = P_e$。

2.2.4　需要系数法计算负荷

在一个车间中,可根据具体情况将用电设备分为若干组,对于每一组选用合适的需要系数,算出每组用电设备的计算负荷,然后由各组计算负荷求总的计算负荷,该方法称为需要系数法。

对于一组用电设备,当在最大负荷运行时,所安装的所有用电设备不可能全部同时运行,也不可能全部在满负荷下运行,再加之线路在输送功率时要产生损耗,同时用电设备本身也有损耗,故不能将所有设备的额定容量简单相加起来作为用电设备组的计算负荷,必须考虑在运行时可能出现的上述各种情况。因此一个用设备组的需要系数可表示为

$$K_d = \frac{K_\Sigma K_L}{\eta_e \eta_{WL}} \tag{2.12}$$

式中, K_Σ 表示用电设备的同时系数; K_L 表示用电设备的负荷系数; η_e 表示用电设备组的平均效率; η_{WL} 表示供电线路的平均效率。需要系数 K_d 小于 1。工业用电设备组的需要系数和功率因数见附录表 31。

①单组用电设备的计算负荷可按下式计算:

$$\left.\begin{array}{l} P_{30} = K_d P_e \\ Q_{30} = P_{30} \tan \varphi \\ S_{30} = P_{30} / \cos \varphi \\ I_{30} = S_{30} / \sqrt{3} U_N \end{array}\right\} \tag{2.13}$$

式中，P_{30}，Q_{30}，S_{30} 分别表示该用电设备组的有功计算负荷，kW；无功计算负荷，kvar；和视在计算负荷，kV·A；P_e 为该用电设备组的设备容量；$\tan\varphi$ 为该用电设备组平均功率因数角的正切值；U_N 为该用电设备组的额定电压，kV；I_{30} 为该用电设备组的计算电流，A。

②多组用电设备计算负荷可按下式计算：

$$
\left.\begin{array}{l}
P_{30} = K_{\sum} \sum P_{30.i} \\
Q_{30} = K_{\sum} \sum Q_{30.i} \\
S_{30} = \sqrt{P_{30}^2 + Q_{30}^2} \\
I_{30} = S_{30} / \sqrt{3}\, U_N
\end{array}\right\} \tag{2.14}
$$

式中，$K_{\sum}$ 为同时系数，一般取 0.85～0.95。

必须注意：由于各组设备的功率因数不一定相同，因此总的视在计算负荷和计算电流不能用各组的视在计算负荷或计算电流之和来计算。此外，在计算多组用电设备总的计算负荷时，为了简化和统一，各组设备的台数不论多少，各组的计算负荷均按附录表31所列的 K_d 和 $\cos\varphi$ 值来计算。

例2.1 某机械加工车间380 V线路上，接有流水作业的金属切削机床电动机30台共85 kW（其中，较大容量电动机有11 kW 1台，7.5 kW 3台，4 kW 6台），通风机3台共5 kW，起重机1台3 kW。试用需要系数法确定此线路上的计算负荷。

解： 先求各组的计算负荷。

①金属切削机床组　查表取 $K_d = 0.16$，$\cos\varphi = 0.5$，$\tan\varphi = 1.73$，因此

$$P_{30(1)} = 0.16 \times 85 \text{ kW} = 13.6 \text{ kW}$$

$$Q_{30(1)} = 13.6 \times 1.73 \text{ kvar} = 23.53 \text{ kvar}$$

②通风机组　查表取 $K_d = 0.85$，$\cos\varphi = 0.85$，$\tan\varphi = 0.62$，因此

$$P_{30(2)} = 0.85 \times 5 \text{ kW} = 4.25 \text{ kW}$$

$$Q_{30(2)} = 4.25 \times 0.62 \text{ kvar} = 2.635 \text{ kvar}$$

③起重机组　查表取 $K_d = 0.15$，$\cos\varphi = 0.5$，$\tan\varphi = 1.73$，而 $\varepsilon = 40\%$，故

$$P_e = 2 \times 3\sqrt{0.4} \text{ kW} = 3.795 \text{ kW}$$

因此

$$P_{30(3)} = 0.15 \times 3.795 \text{ kW} = 0.569 \text{ kW}$$

$$Q_{30(3)} = 0.569 \times 1.73 \text{ kvar} = 0.984 \text{ kvar}$$

取 $K_{\sum} = 0.9$，可求得总的计算负荷为

$$P_{30} = 0.9 \times (13.6 + 4.25 + 0.569) \text{ kW} = 16.58 \text{ kW}$$

$$Q_{30} = 0.9 \times (23.53 + 2.635 + 0.984) \text{ kvar} = 24.43 \text{ kvar}$$

$$S_{30} = \sqrt{16.58^2 + 24.43^2} \text{ kV·A} = 29.52 \text{ kV·A}$$

$$I_{30} = \frac{29.52}{\sqrt{3} \times 0.38} \text{ A} = 44.85 \text{ A}$$

综上所述，该线路上的电力计算负荷见表2.4。

表 2.4　电力负荷计算表

序号	用电设备名称	台数	设备容量/kW		K_d	$\cos\varphi$	$\tan\varphi$	计算负荷			
			铭牌值	换算值				P_{30}/kW	Q_{30}/kvar	S_{30}/(kV·A)	I_{30}/A
1	金属切削机床组	30	85	85	0.16	0.5	1.73	13.6	23.53		
2	通风机组	3	5	5	0.85	0.85	0.62	4.25	2.635		
3	吊车组	1	3	3.795	0.15	0.5	1.73	0.569	0.984		
小　计		34	93	93.795				18.419	24.149		
负荷总计 ($K_\Sigma=0.9$)								16.58	24.43	29.52	44.85

2.2.5　二项式系数法计算负荷

①单组用电设备的计算负荷可按下式计算：

$$\left.\begin{array}{l} P_{30} = bP_e + cP_x \\ Q_{30} = P_{30}\tan\varphi \\ S_{30} = \sqrt{P_{30}^2 + Q_{30}^2} \\ I_{30} = S_{30}/\sqrt{3}\,U_N \end{array}\right\} \quad (2.15)$$

式中，bP_e 为用电设备组的平均负荷，kW；其中 P_e 为用电设备组的设备容量之和；cP_x 为用电设备组中 x 台容量最大的设备投入运行时增加的附加负荷，kW；其中 P_x 为 x 台容量最大设备的设备容量之和；b，c 为二项式系数，查附录表 32 可得。

②多组用电设备计算负荷可按下式计算：

$$\left.\begin{array}{l} P_{30} = \sum (bP_e)_i + (cP_x)_{\max} \\ Q_{30} = \sum (bP_e\tan\varphi)_i + (cP_x)_{\max}\tan\varphi_{\max} \\ S_{30} = \sqrt{P_{30}^2 + Q_{30}^2} \\ I_{30} = S_{30}/\sqrt{3}\,U_N \end{array}\right\} \quad (2.16)$$

式中，$\tan\varphi_{\max}$ 为与最大附加负荷 $(cP_x)_{\max}$ 相对应的功率因数角的正切值。

例 2.2　用二项式系数法确定例 2.1 的计算负荷。

解：计算结果见表 2.5。

表 2.5　电力负荷计算表

序号	用电设备名称	设备台数		设备容量		二项式系数		$\cos\varphi$	$\tan\varphi$	计算负荷 P_{30}/kW
		总台数	大容量台数	$\sum P_e$ /kW	$\sum P_x$ /kW	b	c			
1	切削机床	30	5	85	37.5	0.14	0.4	0.5	1.73	11.9 + 15 = 26.9

续表

序号	用电设备名称	设备台数		设备容量		二项式系数		$\cos \varphi$	$\tan \varphi$	计算负荷 P_{30}/kW
		总台数	大容量台数	$\sum P_e$ /kW	$\sum P_x$ /kW	b	c			
2	通风机组	3		5		0.65	0.25	0.8	0.75	$3.25 + 1.25 = 4.5$
3	吊车组	1		$3(\varepsilon = 40\%)$ $3.795(\varepsilon = 25\%)$		0.06	0.2	0.5	1.73	$0.228 + 0.759 = 0.987$
负荷总计		$P_{30} = 30.38$ kW $\quad Q_{30} = 49.37$ kvar $\quad S_{30} = 57.97$ kV·A $\quad I_{30} = 88.1$ A								

比较例 2.2 的计算结果可以看出,按二项式系数法计算的结果比按需要系数法计算的结果大。可见,二项式系数法更适合用于确定设备台数较少而容量相差较大的低压配电干线或配电箱的计算负荷。但是,二项式系数只有机械加工工业用电设备的数据,其他行业这方面的数据尚缺,从而使其应用受到一定的局限性。

2.3　单相用电设备组计算负荷的确定

在工厂里,除了广泛应用的三相设备外,还应用于电焊机、电炉、电灯等各种单相设备。单相设备接在三相线路中,应尽可能均衡分配,使三相负荷尽可能平衡。如果三相线路中单相设备的总容量不超过三相设备总容量的 15% ,则不论单相设备如何分配,单相设备可与三相设备综合按三相负荷平衡计算。如果单相设备的容量超过三相设备总容量的 15% 时,则应将单相设备容量换算成等效三相设备容量,再与三相设备容量相加。

①单相设备接于相电压时的等效三相负荷计算。

$$P_e = 3P_{e.m\varphi} \tag{2.17}$$

式中,P_e 为等效三相设备容量,kW;$P_{e.m\varphi}$ 为最大负荷相所接的单相设备容量,kW。

②单相设备接于线电压时的等效三相负荷计算。

$$P_e = \sqrt{3}P_{e.\varphi} \tag{2.18}$$

式中,$P_{e.\varphi}$ 为接于同一电压的单相设备容量,kW。

③单相设备分别接于线电压和相电压时的等效三相负荷计算。

首先将接于线电压的单相设备容量换算为相电压的设备容量,换算公式如下:

A 相:
$$P_A = P_{AB-A}P_{AB} + p_{CA-A}P_{CA}$$
$$Q_A = q_{AB-A}P_{AB} + q_{CA-A}P_{CA}$$

B 相:
$$P_B = P_{BC-B}P_{BC} + p_{AB-B}P_{AB}$$
$$Q_B = q_{BC-B}P_{BC} + q_{AB-B}P_{AB} \tag{2.19}$$

C 相:
$$P_C = P_{CA-C}P_{CA} + p_{BC-C}P_{BC}$$
$$Q_C = q_{CA-C}P_{CA} + q_{BC-C}P_{BC}$$

式中,P_{AB},P_{BC},P_{CA} 分别为接于 AB,BC,CA 相间的单相用电设备容量,kW;P_A,P_B,P_C 为换算为

A,B,C 相上的有功设备容量,kW;Q_A,Q_B,Q_C 为换算为 A,B,C 相上的无功设备容量,kvar;$P_{AB-A},\cdots$ 以及 $q_{AB-A},\cdots$ 分别为有功功率及无功功率换算系数,见表2.6。

表 2.6　相同负荷换算为相负荷的功率换算系数

功率换算系数	负荷功率因数								
	0.35	0.4	0.5	0.6	0.65	0.7	0.8	0.9	1.0
$P_{AB-A},P_{BC-B},P_{CA-C}$	1.27	1.17	1.0	0.89	0.84	0.8	0.72	0.64	0.5
$P_{AB-B},P_{BC-C},P_{CA-A}$	−0.27	−0.17	0	0.11	0.16	0.2	0.28	0.36	0.5
$q_{AB-A},q_{BC-B},q_{CA-C}$	1.05	0.86	0.58	0.38	0.3	0.22	0.09	−0.05	−0.29
$q_{AB-B},q_{BC-C},q_{CA-A}$	1.63	1.44	1.16	0.96	0.88	0.8	0.67	0.53	0.29

然后,分相计算各相的设备容量,找出最大负荷相的单相设备容量 $P_{30.m\varphi}$,取其 3 倍即为总的等效三相设备容量。

2.4　供配电系统的电能损耗

2.4.1　供配电系统的功率损耗

当电流流过供配电线路和变压器时,势必要引起功率损耗,因此在确定总的计算负荷时,应计算该部分的功率损耗。

(1)线路的功率损耗

三相线路中的有功功率损耗 ΔP_{WL} 和无功功率损耗 ΔQ_{WL},应按下式计算:

$$\left.\begin{array}{l} \Delta P_{WL} = 3I_{30}^2 R \times 10^{-3} \\ \Delta Q_{WL} = 3I_{30}^2 X \times 10^{-3} \end{array}\right\} \tag{2.20}$$

式中,I_{30} 为线路的计算电流,A。R 为线路每相的电阻,Ω;$R=r_1 l$。X 为线路每相的电抗,Ω;$X=x_1 l$,其中,l 为线路长度,km;r_1,x_1 为线路单位长度的电阻和电抗,Ω/km。可查相关手册。x_1 的选择不仅要根据导线的截面面积,而且要根据导线之间的几何均距。所谓几何均距,是指三相线路各相导线之间距离的几何平均值。当三相导线之间的距离分别为 s_{ab},s_{bc},s_{ca} 时,其几何均距 s_{av} 表示为:

$$s_{nv} = \sqrt[3]{s_{ab}s_{bc}s_{ca}} \tag{2.21}$$

若三相导线按等边三角形排列,如图 2.6(a)所示,则 $s_{av}=s$;若三相导线按水平等距排列,如图 2.6(b)所示,则 $s_{av}=\sqrt[3]{2s^3}=1.26s$。

(2)变压器的功率损耗

①有功功率　损耗变压器的有功功率损耗由铁损和铜损两部分组成。

a. 铁损 ΔP_{Fe} 的计算。铁芯中的有功功率损耗,即铁损。因为变压器的空载电流 I_0 很小,其在一次绕组中产生的有功功率损耗可略去不计,因此变压器的空载损耗 ΔP_0 可认为就是铁损。

b. 铜损 ΔP_{Cu} 的计算。消耗在变压器一、二次绕组电阻上的有功功率损耗,即铜损。因为变压器短路实验时一次侧施加的短路电压 U_k 很小,在铁芯中产生的有功功率可略去不计,所以变压器的短路损耗 ΔP_k 可认为就是额定电流下的铜损。

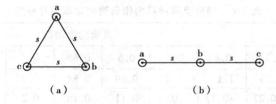

图2.6　三相导线的布置方式

(a)等边三角形布置;(b)水平等距布置

因此,变压器的有功功率损耗为:

$$\Delta P_T = \Delta P_{Fe} + \Delta P_{Cu} \approx \Delta P_0 + \beta^2 \Delta P_k \tag{2.22}$$

式中,β 为变压器的负荷率,$\beta = S_{30}/S_N$;S_{30} 为变压器的计算负荷,$kV \cdot A$;S_N 为变压器的额定容量,$kV \cdot A$。

②无功功率　损耗变压器的无功功率损耗按下式计算:

$$\Delta Q_T = \Delta Q_0 + \beta^2 \Delta Q_N = \frac{S_N}{100}(I_0\% + \beta^2 U_k\%) \tag{2.23}$$

式中,ΔQ_0 表示用来产生主磁通的无功功率损耗;$I_0\%$ 为变压器空载电流占额定电流的百分比值;ΔQ_N 表示消耗在变压器一、二次绕组电抗上的无功功率损耗;$U_k\%$ 为变压器短路电压占额定电压的百分比值。

ΔP_0,ΔP_k,$I_0\%$ 和 $U_k\%$ 可从变压器的产品样本中查出。

在负荷计算中,SL7,S9,SC9 等低损耗变压器的功率损耗可按下列简化公式近似计算:

$$\left. \begin{array}{l} \Delta P_T \approx 0.015 S_{30} \\ \Delta Q_T \approx 0.06 S_{30} \end{array} \right\} \tag{2.24}$$

2.4.2　供配电系统的电能损耗

(1)线路的电能损耗

线路上的电能损耗 ΔW_a 按下式计算:

$$\Delta W_a = 3I_{30}^2 R\tau = \Delta P_{WL}\tau \tag{2.25}$$

式中,I_{30} 为线路的计算电流,A;R 为线路每相的电阻,Ω;ΔP_{WL} 为三相线路中的有功功率损耗,kW;τ 为年最大负荷损耗小时数,是一个假想时间,与年最大负荷利用小时数 T_{max} 和负荷功率因数有关,如图2.7所示。

(2)变压器的电能损耗

变压器的电能损耗包括两部分:一部分是由铁损引起的电能损耗 ΔW_{a1};另一部分是由铜损引起的电能损耗 ΔW_{a2}。因此,变压器全年的电能损耗为:

$$\Delta W_a = \Delta W_{a1} + \Delta W_{a2} \approx \Delta P_0 \times 8\ 760 + \Delta P_k \beta^2 \tau \tag{2.26}$$

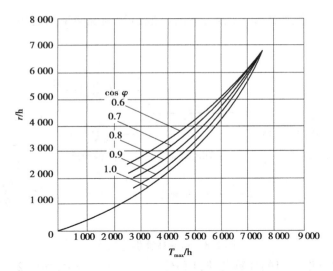

图 2.7 τ 与 $T_{\max}$ 关系曲线

2.5 全厂计算负荷及年耗电量的计算

2.5.1 全厂计算负荷确定

全厂的计算负荷不但是选择变电所中各种电气设备的规格型号的基本依据,也是向供电部门提出用电量申请的依据,因此必须确定工厂总的计算负荷。确定计算负荷的方法很多,可按照具体情况选用。

(1)按需要系数法确定全厂的计算负荷

将全厂用电设备的总容量 P_e(不包括备用设备容量)乘以工厂的需要系数 K_d,就可得到全厂的有功计算负荷 P_{30},即

$$P_{30} = K_d \sum P_e \qquad (2.27)$$

式中,K_d 为工厂的需要系数,查附录表31可得。再根据功率因数,求出全厂的无功计算负荷 Q_{30} 和视在计算负荷 S_{30}。

(2)按年产量估算工厂的计算负荷

将工厂年产量 A 乘以单位产品耗电量 a,即可得到工厂的年耗电量,即

$$W_a = Aa \qquad (2.28)$$

则企业的有功计算负荷为:

$$P_{30} = \frac{W_a}{T_{\max}} \qquad (2.29)$$

各类工厂的单位产品耗电量和年最大负荷利用小时数可查有关设计手册。其他 Q_{30},S_{30} 和 I_{30} 的计算,与上述需要系数法相同。

(3)按逐级计算法确定工厂的计算负荷

逐级计算法是指从企业的用电端开始,逐级上推,直至求出电源进线端的计算负荷为止。

一般工业企业的供电系统如图 2.8 所示,下面以该图为例说明采用逐级计算法来确定工厂的计算负荷的步骤。

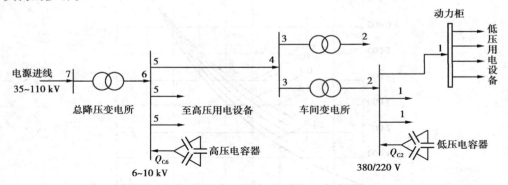

图 2.8　负荷计算供电系统

步骤 1:确定用电设备组的计算负荷,用 $P_{30.1}$,$Q_{30.1}$,$S_{30.1}$ 表示,如图 2.8 所示中的 1 点。

$$\left.\begin{array}{l} P_{30.1} = K_d P_e \\ Q_{30.1} = P_{30.1}\ \tan\ \varphi \\ S_{30.1} = \sqrt{P_{30.1}^2 + Q_{30.1}^2} \end{array}\right\} \tag{2.30}$$

步骤 2:确定车间变压器低压母线上的计算负荷,用 $P_{30.2}$,$Q_{30.2}$,$S_{30.2}$ 表示,如图 2.8 所示中的 2 点。

$$\left.\begin{array}{l} P_{30.2} = K_{\sum 1} \sum P_{30.1} \\ Q_{30.2} = K_{\sum 1} \sum Q_{30.1} \\ S_{30.2} = \sqrt{P_{30.2}^2 + Q_{30.2}^2} \end{array}\right\} \tag{2.31}$$

注意:当变电所的低压母线上装有无功补偿用的静电电容器组,其容量为 Q_{c2}(kvar),则

$$Q_{30.2} = K_{\sum 1} \sum Q_{30.1} - Q_{C2} \tag{2.32}$$

步骤 3:确定车间变压器高压侧的计算负荷,用 $P_{30.3}$,$Q_{30.3}$,$S_{30.3}$ 表示,如图 2.8 所示中的 3 点。

$$\left.\begin{array}{l} P_{30.3} = P_{30.2} + \Delta P_T \\ Q_{30.3} = Q_{30.2} + \Delta Q_T \\ S_{30.3} = \sqrt{P_{30.3}^2 + Q_{30.3}^2} \end{array}\right\} \tag{2.33}$$

注意:若求计算负荷时车间变压器的容量和型号尚未确定,变压器的功率损耗可按近似公式进行计算。

对 SL7,S9,SC9 等低损耗变压器:

$$\left.\begin{array}{l} \Delta P_T \approx 0.015 S_{30.2} \\ \Delta Q_T \approx 0.06 S_{30.2} \end{array}\right\} \tag{2.34}$$

对 SJL1 等变压器:

$$\left.\begin{array}{l} \Delta P_T \approx 0.02 S_{30.2} \\ \Delta Q_T \approx 0.08 S_{30.2} \end{array}\right\} \tag{2.35}$$

步骤 4：确定车间变电所高压母线上的计算负荷，用 $P_{30.4}$，$Q_{30.4}$，$S_{30.4}$ 表示，如图 2.8 所示中的 4 点。

$$\left.\begin{aligned} P_{30.4} &= \sum P_{30.3} \\ Q_{30.4} &= \sum Q_{30.3} \\ S_{30.4} &= \sqrt{P_{30.4}^2 + Q_{30.4}^2} \end{aligned}\right\} \quad (2.36)$$

步骤 5：确定总降压变电所出线上的计算负荷，用 $P_{30.5}$，$Q_{30.5}$，$S_{30.5}$ 表示，如图 2.8 所示中的 5 点。由于工业厂区范围不大，高压线路中的功率损耗较小，在负荷计算中可以忽略不计，因此有：

$$\left.\begin{aligned} P_{30.5} &\approx P_{30.4} \\ Q_{30.5} &\approx Q_{30.4} \\ S_{30.5} &\approx S_{30.4} \end{aligned}\right\} \quad (2.37)$$

步骤 6：确定总降压变电所低压母线上的计算负荷，用 $P_{30.6}$，$Q_{30.6}$，$S_{30.6}$ 表示，如图 2.8 所示中的 6 点。

$$\left.\begin{aligned} P_{30.6} &= K_{\Sigma 1} \sum P_{30.5} \\ Q_{30.6} &= K_{\Sigma 2} Q_{30.5} \\ S_{30.6} &= \sqrt{P_{30.6}^2 + Q_{30.6}^2} \end{aligned}\right\} \quad (2.38)$$

注意：如果在总降压变电所 6～10 kV 二次母线侧采用高压电容器进行无功补偿，其容量为 $Q_{30.6}$，则

$$Q_{30.6} = K_{\Sigma 2} \sum Q_{30.5} - Q_{C6} \quad (2.39)$$

步骤 7：确定全厂总计算负荷，用 $P_{30.7}$，$Q_{30.7}$，$S_{30.7}$ 表示，如图 2.8 所示中的 7 点。

$$\left.\begin{aligned} P_{30.7} &= P_{30.6} + \Delta P_T \\ Q_{30.7} &= Q_{30.6} + \Delta Q_T \\ S_{30.7} &= \sqrt{P_{30.7}^2 + Q_{30.7}^2} \end{aligned}\right\} \quad (2.40)$$

计算负荷 $P_{30.7}$ 是用户向供电部门提供的全厂最大有功计算负荷，作为申请用电依据。注意：以上 $K_{\Sigma i}$ 的取值一般为 0.85～0.95，由于越趋近电源端负荷越平稳，因此对应的 $K_{\Sigma i}$ 也越大。

2.5.2　工厂的功率因数和无功补偿

(1)瞬时功率因数

可由功率因数表(相位表)直接读出，或由电压表、电流表和功率表在同一时刻读数并按下式求出：

$$\cos \varphi = \frac{P}{\sqrt{3} UI} \quad (2.41)$$

式中，P 为功率表测出的三相功率读数，kW；U 为电压表测出的线电压读数，kV；I 为电流表测出的线电流读数，A。

瞬时功率因数用来研究是否需要和如何进行无功补偿的问题。

（2）平均功率因数

平均功率因数指某一规定时间内,功率因数的平均值。其计算公式为:

$$\cos \varphi_{av} = \frac{W_P}{\sqrt{W_P^2 + W_q^2}} \tag{2.42}$$

式中,W_P 为某一时间内消耗的有功电能,$kW \cdot h$;W_q 为同一时间内消耗的无功电能,$kvar \cdot h$。

我国供电部门每月向工业用户收取电费,就是按月平均功率因数的高低来调整的。

（3）最大负荷时的功率因数

最大负荷时的功率因数指在年最大负荷(即计算负荷)时的功率因数。其计算公式为:

$$\cos \varphi = \frac{P_{30}}{S_{30}} \tag{2.43}$$

我国《供电营业规则》规定:100 $kV \cdot A$ 及以上高压供电的用户,其功率因数不应低于0.9,其他电力用户的功率因数不应低于0.85。若达不到以上要求,应装设必要的无功补偿设备,否则要加收电费。这里所指的功率因数,即为最大负荷时的功率因数。

（4）无功补偿

工厂中都存在着大量的感性负荷,如感应电动机、电抗器、电焊机等,因此工厂供电系统除要供给有功功率外,还需要供给大量的无功功率。然而,在供电系统输送的有功功率一定的情况下,无功功率增大,功率因数降低,严重影响用户的电压质量。为此,必须设法提高功率因数。在改善设备运行性能、提高自然功率因数的情况下,若仍然不能满足工厂功率因数的要求时,则需考虑增设无功功率补偿装置。

功率因数的提高与无功功率和视在功率变化之间的关系如图 2.9 所示。假设功率因数从 $\cos \varphi$ 提高到 $\cos \varphi'$,这时在用户需要的有功功率 P_{30} 不变的情况下,无功功率 Q_{30} 减小到 Q_{30}',视在功率从 S_{30} 减小到 S_{30}'。相应的负荷电流 I_{30} 也在减小,这样将会降低系统的电能损耗,既节约电能,又提高了电压质量。因此提高功率因数对供电系统有很大的好处。

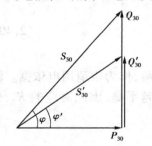

图 2.9 功率因数与无功功率和视在功率的关系

从图 2.9 可知,要功率因数 $\cos \varphi$ 提高到 $\cos \varphi'$,必须装设无功补偿装置(并联电容器),其容量为:

$$Q_C = Q_{30} - Q_{30}' = P_{30}(\tan \varphi - \tan \varphi') = \Delta q_c P_{30} \tag{2.44}$$

式中,P_{30} 为最大有功计算负荷,kW;Δq_c 称为补偿率或比补偿功率,kvar/kW,表示 1 kW 有功负荷需要补偿的无功功率,$\tan \varphi$ 和 $\tan \varphi'$ 分别为补偿前、后的功率因数角的正切值。

在确定了总的补偿容量后,就可根据所选电容器的单个容量来确定电容器的个数 n,即

$$n = \frac{Q_C}{q_C} \tag{2.45}$$

注意:由上式计算所得的数值对三相电容器应取相近偏大的整数;对单相电容器,则应取3的整数倍,以便三相均衡分配。常用的并联电容器的主要技术数据,见附录表33。

根据并联电容器在工厂供配电系统中的装设位置(补偿方式)不同,通常有高压集中补偿、低压成组补偿和分散就地补偿(个别补偿)3 种补偿方式,它们的装设位置与补偿区的分布如图 2.10 所示。

在工厂供配电设计中,通常采用综合补偿方式,即将这 3 种补偿方式通盘考虑,合理布局,

以取得较佳的技术经济效益。必须指出:电容器从电网上切除后有残余电压,其最高可达电网电压的峰值,这对人身是很危险的。因此,电容器组应装设放电装置,且其放电回路中不得装设熔断器或开关设备,以免放电回路断开,危及人身安全。

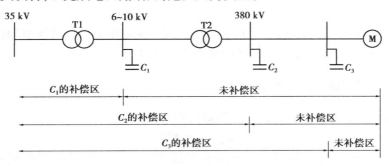

图 2.10 并联电容器的装设位置与补偿区

例 2.3 某电力用户 10 kV 母线的有功计算负荷为 1 200 kW,自然功率因数为 0.65,现要求提高到 0.90,试问需装设多少无功补偿容量? 如果用 BWF10.5-40-1W 型电容器,问需装设多少个? 装设以后该厂的视在计算负荷为多少? 比未装设时的视在计算负荷减少了多少?

解:①需装设的 BWF10.5-40-1W 型并联电容器容量及个数。

$$Q_C = 1\ 200 \times [\tan(\arccos 0.65) - \tan(\arccos 0.9)] = 822\ \text{kvar}$$

$$n = \frac{Q_C}{q_C} = \frac{822}{40} = 20.55 \quad 取\ n = 21$$

则实际补偿容量为:$Q_C = 21 \times 40 = 840\ \text{kvar}$

②无功补偿前后视在负荷的变化。

补偿前: $\quad Q_{30} = P_{30} \tan \varphi = 1\ 200 \times \tan(\arccos 0.65) = 1\ 403\ \text{kvar}$

$$S_{30} = \frac{P_{30}}{\cos \varphi} = \frac{1\ 200}{0.65} = 1\ 846\ \text{kVA}$$

补偿后:$S'_{30} = \sqrt{P_{30}^2 + (Q_{30} - Q_C)^2} = \sqrt{1\ 200^2 + (1\ 403 - 840)^2} = 1\ 325.5\ \text{kV} \cdot \text{A}$

补偿后视在负荷减少了:$S_{30} - S'_{30} = 1\ 846 - 1\ 325.5 = 520.5\ \text{kV} \cdot \text{A}$

2.5.3 工厂年耗电量的计算

工厂的年耗电量比较精确的计算,可利用工厂的有功计算负荷 P_{30} 和无功计算负荷 Q_{30} 来计算。公式如下:

年有功电能消耗量:

$$W_{p.a} = \alpha P_{30} T_a \tag{2.46}$$

年无功电能消耗量:

$$W_{q.a} = \beta Q_{30} T_a \tag{2.47}$$

式中,α 为年平均有功负荷系数,一般取 0.7 ~ 0.75;β 为年平均无功负荷系数,一般取为 0.76 ~ 0.82;T_a 为年实际工作小时数,按每周 5 个工作日来算,一班制可取 2 000 h,二班制可取 4 000 h,三班制可取 6 000 h。

2.6 尖峰电流的计算

尖峰电流是指持续 $1 \sim 2$ s 的短时最大负荷电流。主要用来选择熔断器和低压断路器,也用来整定继电保护装置以及校验电动机的自启动条件等。

2.6.1 单台用电设备的尖峰电流

单台用电设备的尖峰电流就是其启动电流,即

$$I_{pk} = I_{st} = K_{st} I_N \tag{2.48}$$

式中,I_N 为用电设备的额定电流;I_{st} 为用电设备的启动电流;K_{st} 为用电设备的启动电流倍数,对笼型电动机取 $5 \sim 7$,绕线转子电动机取 $2 \sim 3$,直流电动机取 1.7。

2.6.2 多台用电设备的尖峰电流

多台用电设备的线路上的尖峰电流按下式计算:

$$I_{pk} = K_{\sum} \sum_{i=1}^{n-1} I_{N.i} + I_{st.max}$$

或

$$I_{pk} = I_{30} + (I_{st} - I_N)_{max} \tag{2.49}$$

式中,$I_{st.max}$ 和 $(I_{st} - I_N)_{max}$ 分别表示用电设备中启动电流和额定电流之差最大的那台设备的启动电流及其启动电流与其额定电流之差;$\sum_{i=1}^{n-1} I_{N.i}$ 为将启动电流与额定电流之差最大的那台设备除外的其他 $(n-1)$ 台设备的额定电流之和;$K_{\sum}$ 为 $n-1$ 台设备的同时系数一般为 $0.7 \sim 1$,台数少取较大值,反之取较小值;I_{30} 为全部设备投入运行时线路的计算电流。

例 2.4 有一 380 V 三相线路,供电给表 2.7 所示的 4 台电动机,试计算该线路尖峰电流。

表 2.7 例 2.4 的负荷资料

参 数	电动机			
	M1	M2	M3	M4
额定电流 I_N/A	5.8	5	35.8	27.6
启动电流 I_{st}/A	40.6	35	197	193.2

解:由表 2.7 可知,电动机 M4 的 $I_M - I_N = 193.2$ A -27.6 A $= 165.6$ A 为最大,取 $K = 0.9$,则该线路的尖峰电流为

$$I_{pk} = 0.9 \times (5.8 + 5 + 35.8) A + 193.2 \ A = 235 \ A$$

本章小结

电力负荷按对供电可靠性的要求可分为一级负荷、二级负荷和三级负荷,它们对供电的可

靠性和电能质量的要求也各不相同。负荷曲线是表征电力负荷随时间变化情况的一种图形。按负荷持续时间不同可分为日负荷曲线和年负荷曲线。与负荷计算有关的物理量有年最大负荷、年最大负荷利用小时数、平均负荷和负荷系数等。

计算负荷是按发热条件选择导体和电气设备的一个假想负荷。确定计算不合理方法有很多种,本章重点介绍了需要系数法和二项式系数法。需要系数法计算较简单,应用较广泛,但计算结果往往比实际数偏小,适用于重量差别不大、设备台量较多的场合;二项式系数法对容量差别较大,设备台数较少的用电设备组计算更准确些。

当电流流过供配电线路和变压器时,势必要引起功率损耗和电能损耗,在确定工厂总的计算负荷时,应计入这部分损耗。要求掌握线路及变压器的功率损耗和电能损耗的计算方法。

功率因数太低,对电力系统有不良影响,因此要提高功率因数。工厂的自然功率因数一般达不到规定的数值,通常需要装设无功补偿装置进行人工补偿。其中,人工补偿最常用的是并联电容器补偿。要求能熟悉计算补偿。尖峰电流是指持续 $1 \sim 2$ s 的短时最大负荷电流,它是选择、检验电气设备继电保护的主要依据。

思考题与习题

1. 电力负荷按重要程度分为几级? 各级负荷对供电电源有什么要求?

2. 试论述年最大负荷利用小时数的物理意义。

3. 什么叫计算负荷? 确定计算负荷的意义是什么?

4. 什么叫暂载率? 反复短时工作制用电设备的设备容量如何确定?

5. 需要系数法和二项式系数法各有什么计算特点? 各适用于哪些场合?

6. 某工厂车间 380 V 线路上接有冷加工机床 50 台,共 200 kW;起重机 3 台,共 4.5 kW ($\varepsilon = 15\%$);通风机 8 台,每台 3 kW;电焊变压器 4 台,每台 22 kV·A($\varepsilon = 65\%$, $\cos \varphi_N = 0.5$);空压机 1 台,55 kW。试确定该车间的计算负荷。

7. 有一条 380 V 低压干线,供电给 30 台小批量生产的冷加工机床电动机,总容量为 200 kW,其中较大容量的电动机有 10 kW 的 1 台,7 kW 的 3 台,4.5 kW 的 8 台。试分别用需要系数法和二项式系数法计算该干线的计算负荷。

8. 有一条 10 kV 高压线路供电给两台并联运行的 S9-800/10 型(Dyn11 联结)电力电压器,高压线路采用 LJ-70 型铝绞线,水平等距离架设,线距为 1 m,线路长为 6 km。变压器低压侧的计算负荷为 900 kW,$\cos \varphi = 0.8$,$T_{max} = 5\,000$ h。试分别计算此高压线路和电力变压器的功率损耗和年电能损耗。

9. 某降压变电所装有一台 Yyn0 联结的 S9-800/10 型电力变压器,其二次侧(380 V)的有功计算负荷为 520 kW,无功计算负荷为 430 kvar,试求此变电所一次侧的计算负荷和功率因数。如果功率因数未达到 0.9,应在此变电所低压母线上装多大并联电容才能达到要求?

第 **3** 章
变配电所及其一次系统

本章首先介绍变配电所的任务和类型,以及电弧问题;然后重点讲述变配电所的一次设备和主接线图,对一次设备着重介绍其功能、结构特点及其基本原理,对主接线图着重阐述其基本要求、典型接线及其设计原则;最后讲述变配电所选址、运行与维护。本章是本课程的重点之一,也是从事供配电系统设计与运行必备的基础知识。

3.1 变配电所的任务和类型

3.1.1 变配电所的任务

变电所担负着从电力系统受电,经过变压,然后配电的任务。而配电所担负着从电力系统受电,然后直接配电的任务。可见,变配电所是工厂供配电系统的枢纽,在工厂里占有非常重要的位置。

3.1.2 变配电所的类型

变电所包括总降压变电所和车间变电所。通常,大型工厂都设有总降压变电所,而中小型工厂一般不设总降压变电所。车间变电所根据主器安装位置的不同,可分为 8 种类型,如图 3.1 所示。

①附设式变电所 附设式变电所变压器室的一面或几面墙与车间的墙共用,变压器室的大门朝车间外开。附设式变电所又分为内附式(见图 3.1 中的 1,2)和外附式(见图 3.1 中的 3,4)。内附式变电所要占用一定的车间面积,但离负荷中心要比外附式近。外附式变电所不占用车间面积,安全性要高一些。

②车间变电所 变电所的变压器室位于车间内的单独房间内,变压器室的大门朝车间内开(图 3.1 中的 5)。多用于负荷较大的大型生产厂房内,在大型冶金企业中较常见。

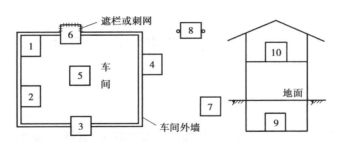

图 3.1　车间变电所的类型

1,2—内附式;3,4—外附式;5—车间内式;6—露天式流半露天式;

7—独立式;8—杆上式;9—地下式;10—楼上式

③露天变电所　变压器安装在室外抬高的地面上(见图 3.1 中的 6)。露天变电所简单经济,通风散热好,只要周围环境无腐蚀性、爆炸性气体和粉尘,均可采用。这种形式的变电所在小型工厂中较为常见。

④独立变电所　整个变电所设在与车间建筑有一定距离单独建筑物内(见图 3.1 中的 7)。主要用于由于生产车间的环境的限制,才考虑设置独立变电所。

⑤杆上变电所　变压器安装在室外的电杆上(见图 3.1 中的 8),适用于 315 kV·A 及以下变压器,多用于生活区供电。

⑥地下变电所　整个变电所设置在地下建筑物内(见图 3.1 中的 9),是民用高层建筑中经常采用的变电所形式,其主变压器一般采用干式变压器。

⑦楼上变电所　整个变电所设置在楼上(见图 3.1 中的 10),适用于高层建筑。其主变压器通常采用无油的干式变压器。

⑧箱式变电所　也称为组合式变电所或成套变电所(见图 3.2),是由电器制造厂家按一定接线方案成套制造、现场安装的变电所,多用于城市住宅区、商业大楼等场所。

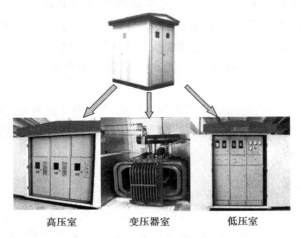

高压室　　　变压器室　　　低压室

图 3.2　箱式变电所

3.2　电气设备中的电弧问题

3.2.1　概述

电弧是电气设备运行中出现的一种强烈的电游离现象,其特点是光亮很强、温度很高。电弧对供配电系统有很大的影响,主要体现在3个方面:①开关触头上电弧延长了短路电流危害时间,可能会造成电气设备很大程度的损坏。②电弧的高温可能烧毁电气设备及导线电缆,甚至引起火灾和爆炸事故。③强烈的电弧光可能损伤人的视力,严重的可致人眼失明。因此,研究电弧的产生和熄灭过程,对电气设备的设计制造和运行维护部门都有非常重要的意义。

3.2.2　电弧的产生

开关触头在分断电流时之所以会产生电弧,根本原因在于触头本身与周围介质中含有大量被游离的电子。这样,当有外加电压时,就可能有强烈的电游离而产生电弧。因此,归纳起来,电弧产生的原因就是触头间中性质点被游离的结果。

产生电弧的游离方式主要有以下4种:

①高电场发射　在开关触头分断的最初,电场强度很大。在高电场的作用下,触头表面的电子就会被强拉出去,进入触头间隙成为自由电子。

②热电发射　当开关触头分断电流时,弧隙间的高温使触头阴极表面受热出现强烈的炽热光斑,因而使触头表面分子形成自由电子。

③碰撞游离　当触头间隙存在足够大的电场强度时,其中的自由电子与中性质点碰撞,使中性质点变成带电的正离子和自由电子。这些被碰撞游离出来的带电质点在电场力的作用下,继续产生碰撞游离,形成"雪崩"现象。当离子浓度足够大时,介质击穿而形成电弧。

④热游离　由于电弧的温度很高,表面温度达 3 000 ~ 4 000 ℃,弧心温度可高达 10 000 ℃。在如此高温下,中性质点会产生剧烈运动,游离出正离子和自由电子,从而进一步加强了电弧中的游离。

综上所述,开关触头间的电弧是由于阴极在高电场作用下发射自由电子,而该电子在触头外加电压作用下发生碰撞游离所形成的,在电弧高温的作用下发生热游离,使电弧得以维持和发展,这就是电弧产生的主要过程。

3.2.3　电弧的熄灭

电弧熄灭的条件是使触头间电弧的去游离率大于游离率,换句话说是使离子消失的速度大于离子产生的速度。熄灭电弧的去游离方式主要有复合和扩散两种。

复合是指正、负带电质子重新结合为中性质点。这与电弧中的电场强度、温度及电弧截面等因素有关。电弧中的电场强度越弱,电弧温度越低,电弧截面越小,则带电质点的复合越强。

扩散是指电弧中的带电质点向周围介质扩散开去,从而使电弧区域的带电质点减少。温度、离子的浓度都会影响扩散。扩散也与电弧截面有关,电弧截面越小,离子扩散就越强。

开关电器中常用灭弧的方法有:①速拉灭弧法;②冷却灭弧法;③吹弧灭弧法;④长弧切短灭弧法;⑤粗弧分细灭弧法;⑥狭缝灭弧法;⑦真空灭弧法;⑧六氟化硫灭弧法。在现代开关电器中,常常是根据具体情况,综合利用以上几种灭弧方法来达到迅速灭弧的目的。

3.3 供配电系统常用的一次设备

3.3.1 概述

在供配电系统中,担负电能输送和分配任务的电路,称为一次系统或一次回路,也称为主电路。一次系统中的所有电气设备,称为一次设备。一次设备按其功能可分为以下5类:

①变换设备 是指按系统工作要求来改变电压或电流的设备,如电力变压器、电流互感器、电压互感器等。

②开关设备 是指按系统工作要求来接通或断开一次电路的设备,如断路器、隔离开关、负荷开关等。

③保护设备 是指用来对系统进行过流和过电压等的保护的设备,如熔断器、避雷器等。

④无功补偿设备 是指用来补偿系统中的无功功率、提高功率因数的设备,如电力电容器、静止补偿器等。

⑤成套配电装置 是指按照一定的线路方案,将有关一、二次设备组合为一体的电气设备,如高压开关柜、低压配电屏等。

下面将按照高压一次设备、低压一次设备、电力变压器、电流互感器、电压互感器和避雷针的顺序来讲述本节内容。

3.3.2 高压一次设备

高压一次设备主要包括高压隔离开关、高压断路器、高压熔断器和高压负荷开关等。

(1) 高压隔离开关

高压隔离开关(high-voltage disconnector,文字符号 QS)俗称刀闸,其主要功能是隔离高压电源,以保证检修人员及设备的安全。隔离开关断开后,具有明显可见的断开间隙,而且断开间隙的绝缘及相间绝缘都是足够可靠的,能充分保证人身和设备的安全。但隔离开关没有专门的灭弧装置,因此不能带负荷操作。

隔离开关可以用来通断一点的小电流,如电压互感器、避雷器、空载母线、励磁电流不超过 2 A 的空载变压器、电容电流不超过 5 A 的空载线路等。

隔离开关的种类很多,如图 3.3 所示,按安装地点的不同可分为户内式和户外式两种。

其中,高压隔离开关型号的表示和含义如下:

如图 3.4 所示为 GN8-10 户内式隔离开关的外形结构,它的三相共装在同一底座上,分合闸操作由操动机构通过连杆操纵转轴完成。户内式隔离开关一般都采用手动式操纵机构。

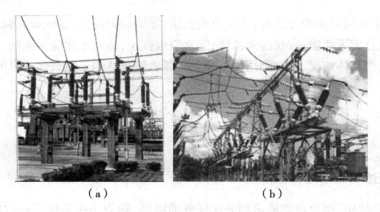

（a）　　　　　　　　　　（b）

图 3.3　隔离开关现场图

（a）GW4-110 型双柱式隔离开关；（b）GW5-110D 型 V 形双柱式隔离开关

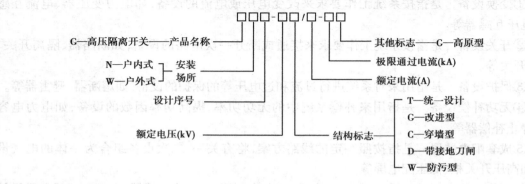

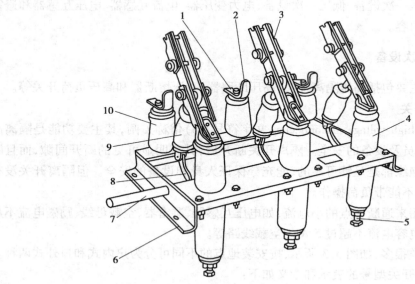

图 3.4　GN8-10 型隔离开关

1—上接线端子；2—静触头；3—闸刀；4—套管绝缘子；5—下接线端子；

6—框架；7—转轴；8—拐臂；9—升降绝缘子；10—支持绝缘子

(2)高压断路器

高压断路器(high-voltage circuit-breaker,文字符号为 QF)是电力系统中最重要的开关设备,具有完善的灭弧装置,不仅能通断正常负荷电流,而且能切断一定的短路电流,并能在保护装置的作用下自动跳闸,切除短路故障。当隔离开关与断路器配合使用时,必须保证隔离开关的"先通后断",即送电时应先合隔离开关,后合断路器;断电时,应先断开断路器,后断开隔离开关。通常应在隔离开关和断路器之间设置闭锁机构,以防止误动作。

高压断路器按其采用灭弧介质的不同,可分为油断路器、六氟化硫(SF6)断路器、真空断路器等,其中应用最广泛的是油断路器。高压隔离开关型号的表示和含义如下:

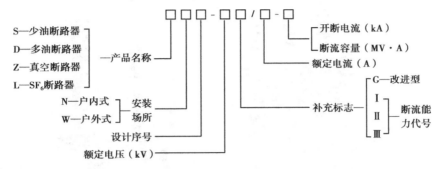

1)油断路器

油断路器是利用油作为灭弧介质的,断路器分闸时产生电弧,利用油吹使电弧迅速熄灭。油在电弧高温作用下要分解出碳(C),使油中的含碳量增高,从而降低了油的绝缘和灭弧的性能。因此,在油断路器运行中要经常注意观察油色,适时分析油样,必要时要更换成新油。

按其油量和油的作用,油断路器分为多油断路器和少油断路器。多油断路器中的油不仅可以作为灭弧介质,还可以作为相与相之间、相对地(外壳)之间的绝缘介质。少油断路器中的油只作为灭弧介质,其外壳是带电的。一般在 6～35 kV 配电装置中广泛使用少油断路器。目前 10 kV 系统中应用最广泛的 SN10-10 型高压少油断路器的外形结构,如图 3.5 所示。

图 3.5　SN10-10 型高压少油断路器

SN10-10 型高压少油断路器可配用电磁式(CD 型)或弹簧储能式(CT 型)操动机构。这些操纵机构内部有跳闸和合闸线圈,通过断路器的传动机构使断路器动作。电磁式操动机构需用直流操作电源,能实现手动和远程离跳、合闸;弹簧储能式操动机构有交、直流两种操作电源,也能实现手动和远程离跳、合闸。

由于少油断路器开断性能差和油易燃易爆的特性正在被淘汰,新建的变电所一般选用真空断路器。

2)断路器

断路器是利用气体作为灭弧介质和绝缘介质的。气体是一种无色、无味、无毒、不燃烧的惰性气体,具有良好的绝缘性能和灭弧性能。不含碳元素(C),这对灭弧和绝缘介质来说极具优越性。

断路器的结构,按灭弧原理分类有双压式和单压式,如图3.6所示。我国生产的LN1,LN2型断路器均为单压式。

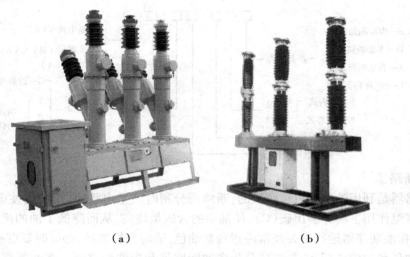

（a） （b）

图3.6 SF₆断路器

（a）LW8-40.5型SF₆断路器;（b）LW36-126型SF₆断路器

断路器与油断路器比较,具有断流能力强、灭弧速度快、绝缘性能好、检修周期长、没有燃烧爆炸危险等优点,但缺点是要求加工精度高,密封性能好,因此价格较昂贵。在电力系统中,断路器已得到越来越广泛的应用,特别是用作全封闭组合电器。

3)真空断路器

真空断路器利用真空作为灭弧介质和绝缘介质,其触头装在真空灭弧室内。这里所谓的真空,不是绝对的真空,而是能在触头断开时因高电场发射和热电厂发射而产生的一点电弧,这种电弧称为真空电弧。它能在电流第一次过零时被熄灭。这样燃弧时间既短,又不至于产生很高的过电压。

真空断路器的触头为圆盘状,被放置在真空灭弧室内,如图3.7所示。断路器分闸时,最初在动、静触头间可产生电弧。随着触头的分开和电弧电流的减小,当电弧电流过零时,电弧暂时熄灭,触头周围的离子迅速扩散,凝聚在四周的屏蔽罩上,使触头间隙的绝缘强度迅

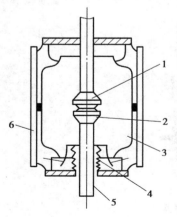

图3.7 真空断路器的灭弧室结构
1—静触头;2—动触头;3—屏蔽罩;
4—波纹管;5—导电杆;6—外壳

速恢复。因此,当电流过零后,真空电弧在电流第一次过零时就能完全熄灭。真空灭弧室是不可拆卸的整体,不能更换其上的任何零件,当真空度降低或不能使用时,只能更换真空灭弧室。

真空断路器按安装地点分为户内式和户外式。如图 3.8(a)所示为 ZN28A-12 型户内式真空断路器的外形结构,如图 3.8(b)所示为 ZW32-12 型户外式真空断路器的外形结构。

(a) (b)

图 3.8　真空断路器外形结构图

(a)ZN28A-12 型户内式;(b)ZW32-12 型户外式

真空断路器具有操作噪声小、体积小、重量轻、动作快、寿命长、安全可靠和便于维护等优点,但价格较贵。真空断路器是变电站实现无油化改造的理想设备,目前主要用在 35 kV 及以下的现代化配电网中。

(3) 高压熔断器

熔断器(fuse,文字符号为 FU)是一种在电路电流超过规定值并经一定时间后,使其熔体(fuse-element,文字符号为 FE)熔化而分断电流、断开电路的一种保护电器。其主要功能是对电路及其设备进行短路或过负荷保护。高压熔断器型号的表示和含义如下:

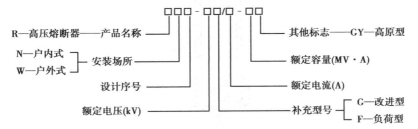

根据安装地点的不同,高压熔断器分为户内式和户外式两大类。户内广泛采用 RN 系列的高压管式限流熔断器,户外则广泛使用 RW 系列的高压跌落式熔断器。

1)户内式熔断器

常用型号有 RN1 型和 RN2 型两种,其结构基本相同,都是瓷质熔管内充有石英砂填料的密闭管式熔断器。RN1,RN2 型高压熔断器的外形结构如图 3.9 所示。RN1 型用来保护电力线路和电力变压器,其熔体的额定电流较大(可达 100 A),因此结构尺寸较大;RN2 型来保护电压互感器,其熔体的额定电流较小(一般为 0.5 A),因此结构尺寸较小。

RN1 型和 RN2 熔断器熔管的内部结构如图 3.10 所示。由图可知,熔断器的工作熔体细铜丝上焊有锡球。锡是低熔点金属,过负荷时锡球受热首先熔化,包围铜熔丝,使其在较低的温度下熔断,从而使熔断器能在较小的短路电流或过负荷电流下动作。该熔断器的熔管内充有石英砂填料,熔丝熔断时产生的电弧完全在石英砂里燃烧,由于石英砂对电弧有强烈的去游离作用,因此其灭弧能力很强,灭弧速度很快,能在短路电流未达到冲击值以前完全熄灭电弧,切断短路电流。因此,该种熔断器属于"限流"式熔断器。

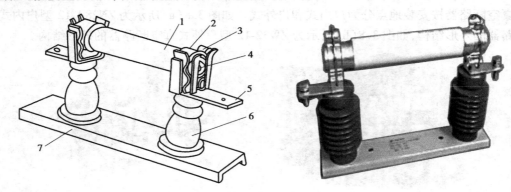

图 3.9　RN1,RN2 型高压熔断器
1—瓷熔管;2—金属管帽;3—弹性触座;4—熔断器指示;
5—接线端子;6—瓷绝缘子;7—底座

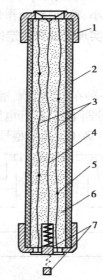

图 3.10　RN1,RN2 型熔断器熔管内部结构图
1—金属管帽;2—瓷管;3—工作熔体;4—指示熔体;
5—锡球;6—石英砂填料;7—熔断器指示器

2)户外式熔断器

跌落式熔断器(drop-out fuse,文字符号一般型用 FD,负荷型用 FDL),可作为 6～10 kV 线路和设备的短路保护。常用型号有 RW4 和 RW10 两种。其中,RW4 型为一般跌落式熔断器,它只能在无负荷下操作,或通断小容量的空载变压器和空载线路等,其操作要求与高压隔离开关相同;RW10 型为负荷型跌落式熔断器,它是在一般跌落式熔断器的基础上加装了简单的灭弧室,因此可以带负荷操作,其操作要求与高压负荷开关相同。如图 3.11 所示为 RW4 型高压跌落式熔断器的外形结构。

跌落式熔断器的灭弧能力不强,灭弧速度不高,不能在短路电流达到冲击之以前熄灭电弧,属于"非限流"式熔断器。

图 3.11 RW4 型高压跌落式熔断器

(4) 高压负荷开关

高压负荷开关(high-voltage load switch,文字符号为 QL)有简单的灭弧装置,可以通断一定的负荷电流和过负荷电流,有隔离开关的作用。但不能断开短路电流,因此一般情况下高压负荷开关与高压熔断器都是串联使用的,借助熔断器来切除短路电流。高压负荷开关型号的表示和含义如下:

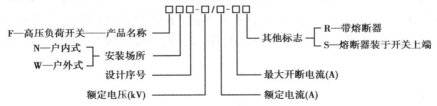

高压负荷开关类型较多,目前较为流行的是真空负荷开关,主要使用于配电网中的环网开关柜中。如图 3.12 和图 3.13 所示分别为 ZFN-10 型户内式高压真空负荷开关和 ZFN-10R 型户内式高压真空负荷开关-熔断器组合电器的外形结构。该系列负荷开关具有安全可靠、电寿命长、维护工作量少等优点,特别适用于在无油化、不检修及频繁操作的场所使用。

图 3.12 ZFN-10 型高压真空负荷开关

图 3.13 ZFN-10R 型高压真空负荷开关

(5) 高压开关柜

高压开关柜(high-voltage switchgear)是高压系统中用来接受和分配电能的成套配电装置，主要用于 3 ~35 kV 系统中。高压开关柜按开关电器的安装方式分，有固定式和手车式(移开式)；按开关柜隔室的结构分，有金属封闭铠装式、间隔式和箱式等；按断路器手车安装位置分，有落地式和中置式；按用途分，有馈线柜、电压互感器柜、避雷器柜、电能计量柜、高压电容器柜、高压环网柜等。高压开关柜型号的表示和含义如下：

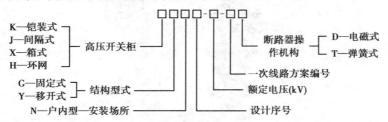

为了提高供电的安全性和可靠性，各种开关柜都具有"五防"闭锁功能，即：①防止误分、误合断路器；②防止带负荷误拉、误合隔离开关；③防止带电误挂接地线；④防止带接地线误合隔离开关；⑤防止人员误入带电间隔。

固定式开关柜一般用于企业的中小型变配电所和负荷不太重要的场所。目前，我国广泛使用的固定式开关柜产品有 GG-1A(F)型、KGN 型铠装式、XGN 型箱式、HXGN 型环网柜等。如图 3.14 所示为 XGN2-10 箱型固定式开关柜的外形结构。

手车式开关柜主要用于大中型变配电所和负荷比较重要的场所。目前，我国广泛使用的手车式开关柜产品有 JYN 型间隔式和 KYN 型铠装式。如图 3.15 所示为 KYN28-12 型金属铠装移开式开关柜的外形结构。该开关柜具有完善的"五防"闭锁功能，适用于 3 ~ 12 kV 户内单母线或单母线分段系统中，作为接受和分配电能之用，并对电路实行控制、保护和监测。

图 3.14 XGN2-10 箱型固定式开关柜

图 3.15 KYN28-12 铠装移开式开关柜

3.3.3 低压一次设备

低压一次设备，是指供电系统中 1 000 V(或略高)及以下的电气设备。主要包括低压刀开关、低压断路器、低压熔断器和低压负荷开关等。

（1）低压刀开关

低压刀开关（low-voltage knife-switch，文字符号为 QK）是一种最简单的低压开关电器，只能手动操作，常用于不经常操作的电路中，用于接通或断开低压电路较小的正常工作电流。低压刀开关型号的表示和含义如下：

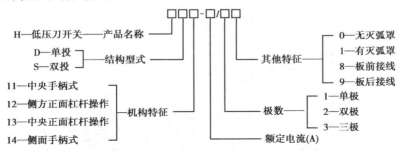

低压刀开关的种类很多，按其极数分，有单极、双极和三极；按其操作方式分，有单投和双投；按其灭弧结构分，有不带灭弧罩和带灭弧罩两种。不带灭弧罩的刀开关只能在无负荷下操作，可作低压隔离开关使用。带灭弧罩的刀开关（见图 3.16）能通断一定的负荷电流。

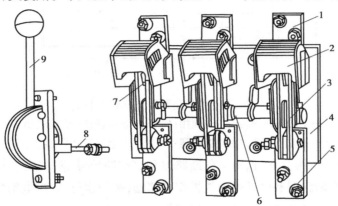

图 3.16　HD13 型刀开关

1—上接线端子；2—钢栅片灭弧罩；3—闸刀；4—底座；
5—下接线端子；6—主轴；7—静触头；8—连杆；9—操作手柄

（2）低压断路器

低压断路器（low-voltage circuit-breaker，文字符号为 QF）又称为低压自动开关，是一种性能最完善的低压开关电器。它既能带负荷通断电路，又能在线路短路、过负荷和低电压（或失压）等故障下自动跳闸。其功能类似于高压断路器。低压刀开关型号的表示和含义如下：

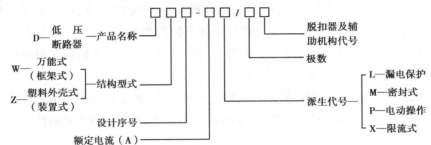

低压断路器的接线结构如图3.17所示。当线路上出现短路故障时,其过流脱扣器动作,使开关跳闸。当出现过负荷时,其串联在一次线路的加热电阻丝加热,使双金属片弯曲,也使开关跳闸。当线路电压严重下降或失压时,其失压脱扣器动作,同样使开关跳闸。如果按下脱扣按钮,可使开关远距离跳闸。

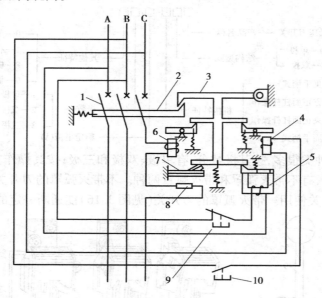

图3.17 低压断路器的动作原理图

1—主触头;2—跳钩;3—锁扣;4—分励脱扣器;5—失压脱扣器;
6—过流脱扣器;7—热脱扣器;8—加热电阻丝;9、10—脱扣按钮

低压断路器按其灭弧介质分,有空气断路器和真空断路器等;按操作方式分,有手动操作断路器、电磁铁操作断路器和电动机储能操作断路器;按用途分,有配电用断路器、电动机保护用断路器、照明用断路器和漏电保护用断路器等。

配电用低压断路器按保护性能分,有非选择型、选择型和智能型;按结构式分为,有塑料外壳式和万能式两大类。

1)塑料外壳式断路器

塑料外壳式断路器(DZ系列),又称为装置式自动开关,经常装设在低压配电装置之中。其全部机构和导电部分均装设在一个塑料外壳内,仅在壳盖中央露出操作手柄,供手动操作之用。操作手柄有3个位置:①合闸位置,手柄扳向上方,跳钩被锁扣扣住,触头维持在闭合状态,断路器处于合闸状态。②自由脱扣位置,跳钩被释放(脱扣),手柄位于中间位置,触头断开。③分闸和再扣位置,手柄扳向下方,这时,主触头依然断开,但跳钩又被锁扣扣住,从而完成"再扣"操作,为下次合闸做好准备。断路器自动跳闸后,必须将手柄扳向分闸位置(这时称为再扣位置),才能将断路器重新进行合闸,否则合不上。

目前国产比较先进的是CM1系列塑料外壳式断路器,其主要特点是分断能力高、飞弧距离短、体积小并且具有隔离功能。如图3.18所示为CM1系列塑料外壳式断路器外形结构。

图 3.18　CM1 系列塑料外壳式断路器的外形结构

2）万能式低压断路器

万能式低压断路器（DW 系列），又称为框架式自动开关，它是敞开地装设在金属框架上的，而全部机构和导电部分均安装在这个框架底座内。主要适用于配电变压器低压侧的总开关、低压母线的分段开关和低压出线的主开关。

目前国产比较先进的万能式断路器是 CW1 系列智能型断路器，其主要特点是分断能力高、可靠性高、零飞弧、保护性能完善，具有智能化功能和隔离功能。如图 3.19 所示为 CW1 系列万能式断路器的外形结构。

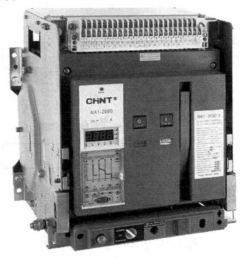

图 3.19　CW1 系列万能式断路器的外形结构

（3）低压熔断器

低压熔断器是串接在低压线路中的保护电器，主要功能是对低压配电系统进行短路保护或过负荷保护。低压熔断器的种类很多，有瓷插式（RC 式）（见图 3.20）、螺旋式（RL 式）（见图 3.21）、无填料密闭管式（RM 式）、有填料密闭管式（RT 式）（见图 3.22）等。低压熔断器型号的表示和含义如下：

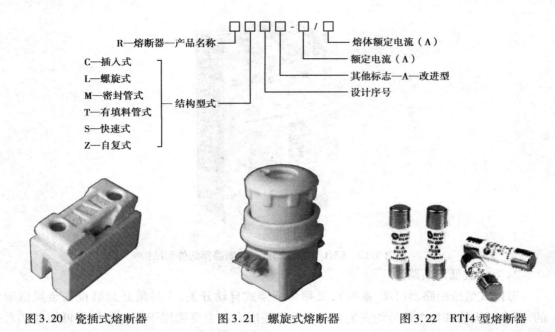

图 3.20　瓷插式熔断器　　　　图 3.21　螺旋式熔断器　　　　图 3.22　RT14 型熔断器

下面简单介绍低压供配电系统中应用较多的密闭管式(RM10)、有填料封闭管式(RT0)和自复式(RZ1)3 种熔断器。

1)RM10 型密闭管式熔断器

RM10 型熔断器由纤维熔管、变截面锌熔片和触头底座等组成,如图 3.23 所示。

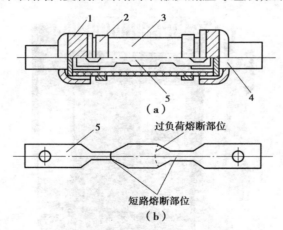

图 3.23　RM10 型低压熔断器

1—铜帽;2—管夹;3—纤维熔管;4—触刀;5—变截面锌熔片

锌熔片制成宽窄不一的变截面可以改善熔断器的保护性能。当线路发生短路故障时,由于熔片窄部的阻值较大,短路电流首先是熔片的窄部加热熔化,使熔管内形成几段串联短弧,加之中间各段熔片跌落,迅速拉长电弧,因此可加速电弧熄灭。当过负荷电流通过时,由于过负荷电流较小,加热时间较长,而熔片窄部的散热较好,因此往往不在熔片的窄部熔断,而是在熔片宽窄之间的斜部熔断。因此,由熔片熔断的部位,可以大致判断出熔断器熔断的故障电流性质。当其熔片熔断时,纤维管的内壁将有极少部分纤维物质因电弧烧灼而分解,产生高压气体压迫电弧,使电弧中离子的复合加强,灭弧性能有所改善。但是其灭弧能力仍较差,不能在短路电流达到冲击值之前使电弧完全熄灭,因此,这类熔断器属于"非限流"式熔断器。

这类熔断器具有结构简单、更换熔体方便、运行安全可靠等优点,被广泛应用于发电厂和变电所中的低压配电装置中。

2)RT0 型有填料管式熔断器

RT0 型熔断器为不可拆卸的有填料密闭管式结构。它的栅状铜熔体具有引燃栅,熔体具有变截面小孔和"锡桥",熔管内有石英砂填料,因此灭弧能力很强,有"限流"作用。该型熔断器保护性能好,断流能力大,但熔体为不可拆式,熔断后整个熔断器报废,不够经济。

3)RZ1 型自复式熔断器

为了克服熔体熔断后必须更换容器才能恢复供电这一缺点,我国自行研制生产了 RZ1 型自复式熔断器,采用金属钠作熔体。它既能切断短路电流,又能在短路故障消除后自动恢复供电,不需要更换熔体。

(4)低压刀熔开关

低压刀熔开关(fuse-switch,文字符号为 QKF)又称为熔断器式刀开关,是一种由低压刀开关和低压熔断器组合而成的开关电器。通常是把刀开关的闸刀换成具有刀形触头的熔断器的熔管。低压刀熔开关的型号表示和含义如下:

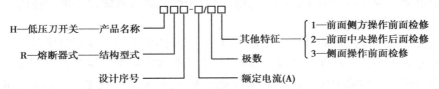

刀熔开关具有刀开关和熔断器双重功能。采用这种组合型开关电器,可以简化低压配电装置的结构,经济实用,因此在低压配电装置中被广泛采用。

(5)低压负荷开关

低压负荷开关(low-voltage load switch,文字符号为 QL)由带灭弧罩的低压刀开关与低压熔断器串联组合而成。因此,低压负荷开关具有带灭弧罩的刀开关和熔断器双重功能,既可以带负荷操作,又能进行短路保护,但短路熔断后需要更换熔体才能恢复供电。低压负荷开关的型号表示和含义如下:

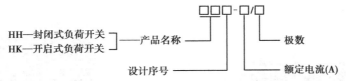

常用的低压负荷开关有 HH 和 HK 两种系列,如图 3.24 所示。其中,HH 系列为封闭式负荷开关,外装铁壳,俗称铁壳开关;HK 系列为开启式负荷开关,外装胶盖,俗称胶壳开关。

(6)低压配电装置

低压成套配电装置是低压系统中用来接受和分配电能的成套设备,用于 500 V 以下的供电系统中,作动力和照明配电之用。低压成套配电装置,包括配电屏(盘、柜)和配电箱两类,按其控制层次可分为配电总盘、分盘和动力、照明配电箱。低压配电屏有固定式和抽屉式两种类型。目前使用较广的固定式低压配电屏有 PGL 型和 GGD 型。抽屉式低压配电屏有 GCS 型和 GCK 型。此外,目前还有一种引进国外先进技术生产的多米诺(DOMINO)组合式低压开关柜。

（a）　　　　　　　　　　　　（b）

图 3.24　低压负荷开关

（a）HH 系列铁壳开关;（b）HK 系列胶壳开关

3.3.4　电力变压器

电力变压器(power transformer,文字符号为 T 或 TM),是变电所中最关键的一次设备,主要功能是把电力系统的电能电压升高或降低,以利于电能的合理输送分配和使用。

（1）电力变压器的分类

按用途分为升压变压器和降压变压器,工厂变电所都采用的是降压变压器。

按相数分为单相变压器和三相变压器,工厂变电所通常采用三相电力变压器。

按绕组材料分为铜绕组变压器和铝绕组变压器,近年来工厂变电所普遍采用的是低损耗的铜绕组变压器。

按绕组形式分为双绕组变压器、三绕组变压器和自耦变压器,工厂变电所一般采用的是双绕组变压器。

按调压方式分为无载调压变压器和有载调压变压器,工厂变电所大多采用的是无载调压变压器。

按绕组绝缘和冷却方式分为油浸式变压器、干式(环氧树脂浇注绝缘)和充气式(SF_6 气体)变压器,如图 3.25、图 3.26 所示,工厂变电所大多采用的是油浸式变压器。

图 3.25　S9 型 10 kV 油浸式变压器　　　　图 3.26　SCLB8 型干式变压器

按容量系列分为 R8 系列和 R10 系列。R8 系列是指变压器容量等级按倍数递增的老系列。R10 系列是指变压器容量等级按倍数递增的新系列。我国新变压器容量等级采用 R10 系列,容量等级如 100 kV·A,125 kV·A,160 kV·A,200 kV·A,250 kV·A,315 kV·A,400 kV·A,500 kV·A,630 kV·A,800 kV·A,1 000 kV·A。

(2)电力变压器的型号和结构

电力变压器的型号表示和含义如下:

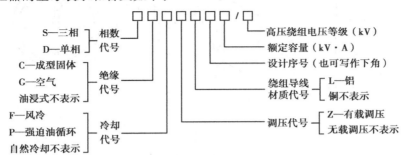

电力变压器的基本结构,包括铁芯和绕组两大部分。如图 3.27 所示为三相油浸式电力变压器的外形结构。

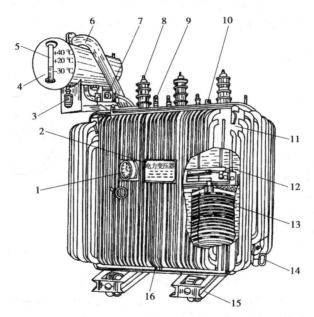

图 3.27　油浸式电力变压器

1—信号温度计;2—铭牌;3—吸湿器;4—油枕(储油柜);5—油位指示器(油标);

6—防爆管;7—瓦斯继电器;8—高压套管;9—低压套管;10—分接开关;11—油箱;

12—铁芯;13—绕组及绝缘;14—放油阀;15—小车;16—接地端子

(3)电力变压器的联结组别

电力变压器的联结组别是指变压器一、二次(或一、二、三次)绕组因采取不同的联结方式而形成的变压器一、二次(或一、二、三次)侧对应的线电压之间不同的相位关系。

变压器 Yyn0 联结组接线和示意图如图 3.28 所示。其一次线电压与对应的二次线电压之间的相位关系,如同时钟在 12 点时的分针与时针的相互关系一样。

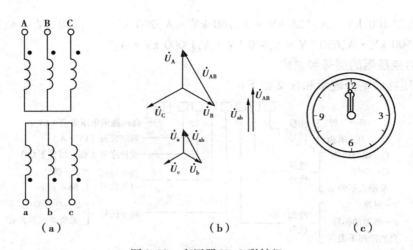

图 3.28　变压器 Yyn0 联结组

（a）一、二次绕组接线；（b）一、二次电压矢量；（c）时钟示意

变压器 Dyn11 联结组接线和示意图如图 3.25 所示。其一次线电压与对应的二次线电压之间的相位关系，如同时钟在 11 点时的分针与时针的相互关系一样。

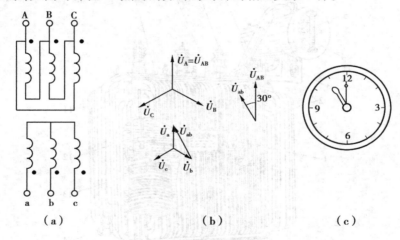

图 3.29　变压器 Dyn11 联结组

（a）一、二次绕组接线；（b）一、二次电压矢量；（c）时钟示意

我国过去 6～10 kV 配电变压器均采用 Yyn0 联结，但近年来 Dyn11 联结的配电变压器已在被逐步推广。Dyn11 联结的变压器优点表现为：①能有效地抑制 3 的整数倍谐波电流的影响。②有利于低压侧单相接地短路故障的切除。③承受单相不平衡负荷的能力大。随着低压电网中不平衡单相负荷的急剧增长，Dyn11 联结的变压器将会在城乡电网的建设与改造中得到大力推广和采用。

3.3.5　电流互感器

互感器（transformer）是一种特殊的变压器，可分为电流互感器（current transformer，缩写 CT，文字符号 TA）和电压互感器（potential transformer，缩写 PT，文字符号 TV）。

互感器在供配电系统中的作用是：

①使测量仪表、继电器等二次设备与主电路隔离。这样既可防止主电路的高电压直接引入仪表、继电器等二次设备，又可防止仪表、继电器等二次设备的故障影响主电路，从而提高一、二次电路运行的安全性和可靠性，并有利于保障人身安全。

②使测量仪表、继电器等二次设备的适用范围扩大。例如用一只 5 A 的电流表，通过不同电流比的电流互感器就可以测量任意大的电流；用一只 100 V 的电压表，通过不同电压比的电压互感器就可以测量任意高的电压。

（1）电流互感器的基本结构原理和类型

电流互感器的基本结构原理如图 3.30 所示。其一次绕组匝数很少，导线很粗，串联在供电回路的一次电路中；二次绕组匝数很多，导线较细，与测量仪表、继电器等电流线圈串联成闭合回路。二次绕组额定电流一般为 5 A。

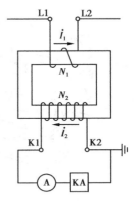

电流互感器的一次电流 I_1 与二次电流 I_2 之间的关系为

$$I_1 \approx \frac{N_2}{N_1} I_2 \approx K_i I_2 \qquad (3.1)$$

式中，N_1，N_2 分别为电流互感器一、二次绕组的匝数；K_i 为电流互感器的电流比，一般表示为其一、两次绕组的额定电流之比，即 $K_i = I_{N_1}/I_{N_2}$。

图 3.30　电流互感器原理接线图

由于电流互感器二次绕组的额定电流规定为 5 A，因此电流比的大小取决于一次侧额定电流的大小。电流互感器的一次侧额定电流等级有 5 A，10 A，15 A，20 A，30 A，40 A，50 A，75 A，100 A，150 A，200 A，300 A，400 A，500 A，600 A，800 A，1 000 A，1 200 A，1 500 A，2 000 A，3 000 A，4 000 A，5 000 A，6 000 A，8 000 A，10 000 A 等。

电流互感器的类型很多。按一次电压分，有高压和低压两大类；按一次绕组匝数分，有单匝式和多匝式；按安装地点分，有户内式和户外式；按用途分，有测量用和保护用两大类；按准确度等级分，测量用电流互感器有 0.1，0.2，0.5，1，3，5 等级，保护用电流互感器有 5P，10P 两级。电流互感器的型号表示和含义如下：

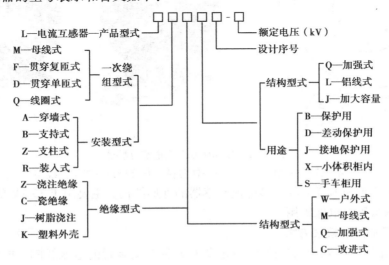

如图 3.31 所示为户内高压 LQJ-10 型电流互感器的外形结构。该电流互感器主要用于 10 kV 配电系统中,供电流、电能和功率测量以及继电保护之用。它有两个铁芯和两个二次绕组,分别为 0.5 级和 3 级,其中 0.5 级用于测量,3 级用于继电保护。

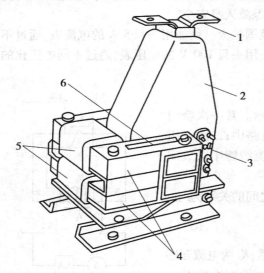

LQJ-10, LQJC-10电流互感器
LQJ-10, LQJC-10 Current transformer

图 3.31 LQJ-10 型电流互感器
1——一次接线端子;2——一次绕组;3——二次接线端子;4—铁芯;5—二次绕组;6—警告牌

如图 3.32 所示为户内高压 LMZJ1-0.5 型电流互感器的外形结构。该电流互感器主要用于 500 V 及以下的低压配电装置中,供电流、电能测量或继电保护之用。它属于单匝式电流互感器(利用穿过其铁芯的母线作为一次绕组)。

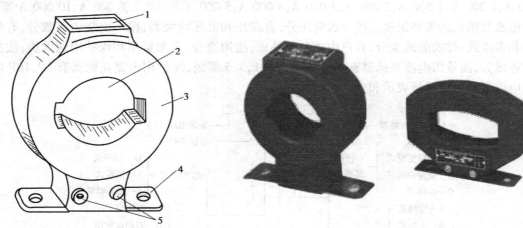

图 3.32 LMZJ1-0.5 型电流互感器
1—铭牌;2——一次母线穿孔;3—铁芯;4—安装板;5—二次接线端子

如图 3.33 所示为 LCWD1-35 型电流互感器的外形结构。主要用于 35 kV 的电力系统中,供电流、电能测量和继电保护用。

(2)电流互感器的接线方式

电流互感器的二次侧接测量仪表、继电器及各种自动装置的电流线圈。电流互感器常用的几种接线方式如图 3.34 所示。

①一相式接线（见图 3.34（a）） 电流线圈通过的电流，反映一次电路相应相的电流。该接线通常用于负荷平衡三相电路中，供电流测量和过负荷保护之用。

②两相不完全星形接线（见图 3.34（b）） 该接线也称为两相 V 形接线，电流互感器通过接在 A,C 两相上。在中性点不接地系统中，广泛用于测量三相电流、电能及过电流保护之用。

③两相电流差接线（见图 3.34（c）） 该接线比较经济，常用于中性点不接地的三相三线制系统中，作过电流保护之用。

④三相完全星形接线（见图 3.34（d）） 该接线中的 3 个电流线圈正好反映各相电流，广泛用于负荷不平衡的高压或低压系统中，作三相电流、电能测量及过电流保护之用。

图 3.33 LCWD1-35 型电流互感器

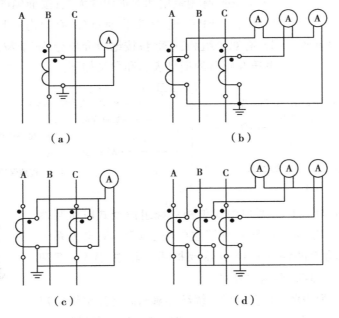

图 3.34 电流互感器的接线方式

（a）一相式接线；（b）两相不完全星形接线；（c）两相电流差接线；（d）三相完全星形接线

电流互感器在工作时二次侧绝对不允许开路，如果二次侧开路，互感器为空载运行，此时一次侧被测电流成了励磁电流，使铁芯中的磁通急剧增加。这一方面会使二次侧感应出很高的电压，危及人身和设备的安全；另一方面会使铁损大大增加，使铁芯过热，影响电流互感器的性能，甚至烧坏互感器。因此，电流互感器在安装时，二次侧接线要牢靠，接触要良好，且不允许串接开关和熔断器，并且电流互感器的二次侧必须有一端接地。

3.3.6　电压互感器

（1）电压互感器的基本结构原理和类型

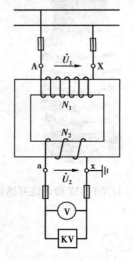

图 3.35　电压互感器的
原理接线图

电压互感器的基本结构原理如图 3.35 所示。其一次绕组匝数很多，并联在供电系统的一次电路中，而二次绕组匝数很少，与电压表、继电器的电压线圈等并联，相当于降压变压器。二次绕组的额定电压一般为 100 V。

电压互感器的一次电压 U_1 与二次电压 U_2 之间的关系为

$$U_1 \approx \frac{N_1}{N_2} U_2 \approx K_u U_2 \qquad (3.2)$$

式中，N_1，N_2 分别为电压互感器一、二次绕组的匝数；K_u 为电压互感器的电压化，一般表示为一、二次侧额定电压之比，即 $K_u = U_{1N}/U_{2N}$。

电压互感器的类型很多。按相数分，有单相和三相两大类；按用途分，有测量用和保护用两大类；按准确度等级分，有 0.2，0.5，1，3，3P，6P 等级；按安装地点分，有户内式和户外式；按绕组数分，有双绕组和三绕组；按绝缘介质分，有油浸式、干式和浇注式。电压互感器的型号表示和含义如下：

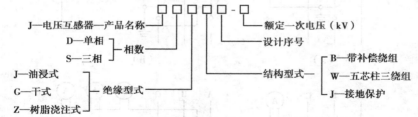

如图 3.36 所示为 JDJ-10 型户内式单相双绕组油浸式电压互感器的外形结构。该 JDJ 系列电压互感器主要用于 635 kV 电力系统中，供电压、电能、功率的测量和继电器保护用。其中，JDJ-6 型和 JDJ-10 型为户内式，JDJ-35 型为户外式。

如图 3.37 所示为 JDZJ-10 型单相三绕组环氧树脂浇注绝缘的户内式电压互感器的外形结构图。该 JDZJ 系列电压互感器的额定电压为 10 000/$\sqrt{3}$ V/100/$\sqrt{3}$ V/100/$\sqrt{3}$ V，采用（开口三角）接线，用于小电流接地系统中电压、电能测量和绝缘监视。

图 3.36　JDJ-10 型
电压互感器

（2）电压互感器的接线方式

电压互感器的接线方式是指电压互感器与测量仪表或电压继电器之间的接线方式。常见的几种接线方式如图 3.38 所示。

①单相式接线（见图 3.38（a））　用一个单相电压互感器接在电路中，供仪表、继电器接于一个线电压。

②V/V 形接线（见图 3.38（b））　用两个单相电压互感器接成 V/V 形，供仪表、继电器接

于三相三线制电路的各个线电压,但不能测量相电压,广泛应用于变配电所的 6 ~ 10 kV 高压配电装置中。

③Y_0/Y_0 形接线(见图 3.38(c))　用 3 个单相电压互感器接成 Y_0/Y_0 形,供电给要求线电压的仪表、继电器,并供电给接相电压的绝缘监视电压表。

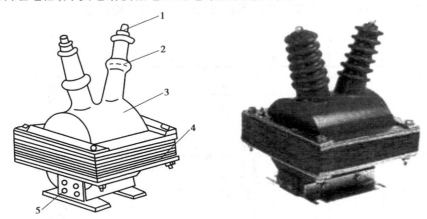

图 3.37　JDZJ-10 型电压互感器

1——一次接线端子;2—高压绝缘套管;3—一、二次绕组;4—铁芯;5—二次接线端子

④$Y_0/Y_0/\triangle$(开口三角)形接线(见图 3.38(d))　用 3 个单相三绕组电压互感器或一个三相五芯柱式电压互感器接成 $Y_0/Y_0/\triangle$ 形,其接成的二次绕组,供电给需线电压的仪表、继电器及绝缘监视电压表;接成开口三角形的辅助二次绕组,供电给监视线路绝缘的过电压继电器。

电压互感器的二次侧在工作时绝不允许短路,如果二次侧短路,将产生很大的短路电流,有可能烧坏互感器。因此,电压互感器的一、二侧必须装设熔断器进行短路保护。为了防止一、二次绕组间绝缘损坏后危及人身和设备的安全,电压互感器的二次侧必须有一端接地。

3.3.7　避雷器

避雷器是用来防止雷电产生的过电压沿线路侵入变配电所或其他建筑物内,以免危及被保护设备的绝缘。避雷器应与被保护物并联,装在被保护物的电源侧,如图 3.39 所示。避雷器的放电电压应低于被保护设备绝缘的耐压值。当线路上出现危及设备绝缘的雷电过电压时,避雷器的火花间隙先于被保护物被击穿,避雷器立即对大地放电,将大部分雷电流泄入大地,从而使被保护物免遭损害。

避雷器按结构形式分,有角型避雷器、排气式避雷器、阀式避雷器和金属氧化物避雷器等。其中,角型避雷器和排气式避雷器一般用于户外输电线路的防雷保护,阀式避雷器和金属氧化物避雷器主要用于变配电所进线防雷电波侵入保护。

我国生产的阀式避雷器按灭弧形式分为普通型和磁吹型两类。普通型有 FS 型和 FZ 型两种系列。FS 型主要用于中小型变电所,称为所用阀式避雷器;FZ 型主要用于发电厂和大型变电站,称为站用阀式避雷器。

金属氧化物避雷器又称为压敏避雷器,其只有压敏电阻片。压敏电阻片是以氧化锌为主要材料,掺以其他金属氧化物添加剂在高温下烧结而成的陶瓷元件,具有良好的非线性压敏电阻特性。在工频电压下,它呈现很大的电阻,能迅速有效地抑制工频续流;在雷电过电压下,其电阻值很小,能很好地泄放雷电流,如图3.40所示为氧化锌避雷器的外形结构。目前,金属氧化物避雷器广泛应用于高低压电气设备的防雷保护中,而且其发展潜力很大,是目前世界各国避雷器发展的主要方向,也是未来特高压系统过电压保护的关键设备之一。

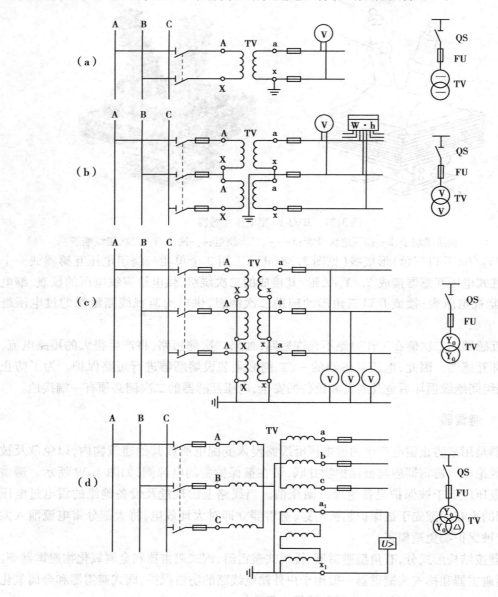

图 3.38　电压互感器的接线方案
（a）单相式接线；（b）V/V 形接线；（c）Y_0/Y_0 形接线；（d）$Y_0/Y_0/\triangle$（开口三角）形接线

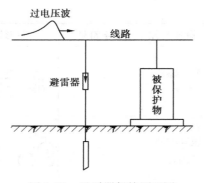

图 3.39　避雷器保护原理图

图 3.40　氧化锌避雷器的外形结构

3.4　变配电所的电气主接线图

3.4.1　概述

主接线图即主电路图,是由各种开关电器、变压器、互感器、电抗器、母线等按一定顺序连接而成的接受和分配电能的电路图,也称为一次电路图。而用来控制、监测和保护一次电路及其设备运行的电路图称为二次接线图。二次回路是通过电流互感器和电压互感器与主电路相联系的。电气主接线是发电厂和变电所电气部分的主体结构,对运行的可靠性、灵活性和经济性起决定性作用。

电气主接线的设计应满足以下基本要求:

①安全　应符合有关国家标准和技术规范的要求,能保证在进行任何切换操作时人身和设备的安全。

②可靠　应满足各级用电负荷对供电可靠性的要求。

③灵活　应能适应必要的各种运行方式,便于切换操作和检修,且适应负荷的发展。

④经济　在满足以上要求的前提下,应尽量使主接线简单,投资少,运行费用低,并节约电能和有色金属消耗量。

电气主接线常用电气设备的名称、文字与图形符号见表 3.1。

表 3.1　电气主接线常用的电气设备名称、文字与图形符号

电气设备名称	文字符号	图形符号	电气设备名称	文字符号	图形符号
断路器	QF		电力变压器	T	
隔离开关	QS		电流互感器 (单二次侧)	TA	

续表

电气设备名称	文字符号	图形符号	电气设备名称	文字符号	图形符号
负荷开关	QL		电流互感器（双二次侧）	TA	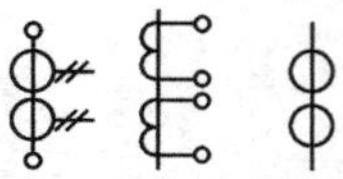
熔断器	FU		电压互感器（单相式）	TV	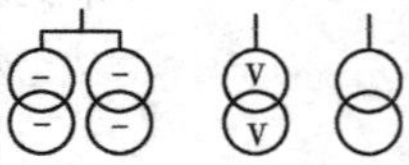
跌落式熔断器	FD		电压互感器（三绕组）	TV	
低压断路器	QF		母线及引出线	WB	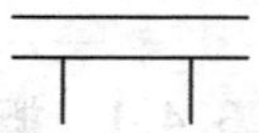
刀开关	QK		电抗器	L	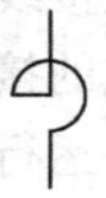
刀熔开关	FU-QK	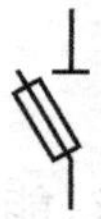	移相电容器	C	
阀形避雷器	FV		电缆及其终端头	WL	

3.4.2　电气主接线的基本方式

供配电系统变电所的电气主接线基本形式有线路—变压器单元接线、单母线接线和桥式接线。

（1）线路—变压器单元接线

当只有一条供电电源线路和一台变压器时,宜采用线路—变压器单元接线。如图 3.41 所示为线路—变压器单元接线的 4 种典型形式。

图 3.41(a)中变压器高压侧仅装设负荷开关,而未设置保护装置。这种接线仅适用于距上级变电所较近的车间变电所使用,此时变压器的保护必须依靠安装在线路首端的保护装置来完成。

图 3.41(b)中变压器高压侧装设跌落式熔断器,这是户外杆上变电所的典型接线形式。户外跌落式熔断器作为变压器的短路保护,也可用来切换空载运行的变压器。该接线简单经

济,但可靠性差。随着城市电网改造和城市美化需要,架空线改为电缆线,户外杆上变电所逐渐被淘汰。

图 3.41(c)中变压器的高压侧采用的是负荷开关与熔断器组合电器,熔断器作为变压器的短路保护,负荷开关除用于变压器的投入与切除外,还用来隔离电压以便变压器的安全检修。该接线广泛应用于 10 kV 及以下变电所中。

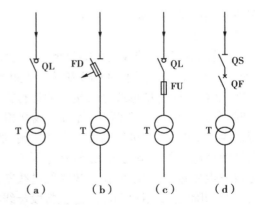

图 3.41　线路-变压器单元接线

图 3.41(d)中变压器的高压侧采用隔离开关和断路器,当变压器故障时,继电保护装置动作,断路器跳闸。采用断路器操作方便,故障后恢复供电快,易于实现自动化,因此该接线应用最为普遍。

线路—变压器单元接线的优点是接线简单,所用电器设备少,节约投资。其缺点是任意设备故障或检修时,变电所要全部停电,供电可靠性不高,只能供三级负荷。

(2)单母线接线

母线又称为汇流排,用于汇集和分配电能。单母线接线又可分为单母线不分段和单母线分段两种。

1)单母线不分段接线

如图 3.42 所示为单母线不分段接线,特点是电源和引出线接在同一组母线上。为便于每回路的投入和切除,在每条引线上都装有断路器和隔离开关。断路器用于切断负荷电流或短路电流。隔离开关有两种:一种是靠近母线侧的称为母线隔离开关,用于隔离母线电压、检修断路器;另一种是靠近线路侧的称为线路隔离开关,用于防止在检修断路器时从用户侧反向送电,或防止雷电过电压沿线路侵入,保证维修人员安全。

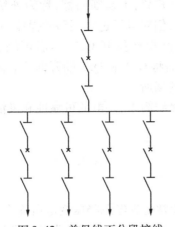

图 3.42　单母线不分段接线

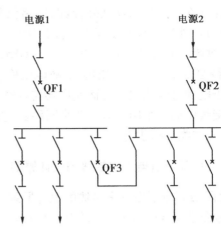

图 3.43　单母线分段接线

单母线不分段接线优点是接线简单、设备少、投资少、便于扩建。其缺点是当母线及母线隔离开关故障或检修时,必须断开全部电源,造成整个配电装置停电;当检修一回路的断路器时,该回路要停电。因此,单母线不分段接线供电的可靠性和灵活性均较差,只适用于容量小和用户对供电可靠性要求不高的场所。

2)单母线分段接线

为了提高单母线接线的可靠性和灵活性,可采用断路器将母线分段,成为单母线分段接线,如图3.43所示。图中的QF3称为分段断路器。母线分段后,有两个电源供电。

在正常工作时,单母线分段接线的运行方式有分段单独运行和并列同时运行两种。分段运行时,分段断路器QF3断开,各段母线互相不影响,相当于单母线不分段接线状态。当任意电源发生故障时,电源进线断路器自动跳闸,然后分段断路器自动合闸,保证全部出线或重要负荷继续供电。并列运行时,分段断路器QF3及其两侧的隔离开关均处于合闸状态,当任一段母线发生故障,分段断路器与故障段进线断路器都会在继电保护装置作用下自动断开,将故障段母线切除,重要用户仍能通过正常段母线继续供电。

单母线分段的数目取决于电源数量和容量。段数分得越多,故障时停电范围越小,但使用的分段断路器就会越多,配电装置也越来越复杂,因此通常以2~3段为宜。单母线分段接线不仅简单、经济、方便,又在一定程度上提高了供电的可靠性,因此该接线得到广泛应用。但单母线分段仍不能克服某一回路短路检修时,该回路要长时间停电的显著缺点。

(3)桥形接线

当变电所具有两台变压器和两条线路时,主接线为桥形接线,按照桥断路器的位置,可分为内桥和外桥两种接线,如图3.44所示。

1)内桥接线

桥断路器在线路断路器之内,变压器回路仅装设隔离开关,不装断路器,称为内桥接线(见图3.44(a))。内桥接线对电源进线操作非常方便,但对变压器回路操作不便。例如线路WL1故障或检修时,只需断开QF1,变压器T1可由线路WL2通过横连桥继续受电。但当变压器T1故障或检修时,需断开QF1,QF3和QF5,然后经过倒闸操作拉开QS5,再闭合QF1和QF5,才能恢复正常供电。因此,内桥接线适用于电源进线线路比较长而变压器不需要经常切换的场所。

2)外桥接线

桥断路器在线路断路器之外,线路回路仅装设隔离开关,不装断路器,称为外桥接线(见图3.44(b))。外桥接线对变压器回路的操作非常方便,但对电源进线回路的操作不便。例如线路WL1故障或检修时,需断开QF1和QF5,经过倒闸操作拉开QS1,然后再闭合QF1和QF5,才能恢复供电。但当变压器T1故障或检修时,只需将QF1和QF3断开即可。因此,外桥接线适用于电源进线线路较短而变压器需要经常切换的场所。

桥形接线中的4个回路只有3个断路器,投资小,接线简单,供电的可靠性和灵活性较高,适用于向一、二类负荷供电。

3.4.3 变配电所电气主接线的设计原则

(1)总降压变电所电气主接线的设计原则

对于电源进线电压为35 kV及以上的大中型工厂,通常是先经总降压变电所降为6~10 kV的高压配电电压,然后再经车间变电所降为380/220 V的电压。其主接线的设计原则如下。

1)装有一台主变压器的总降压变电所

该主接线的一次侧无母线、二次侧为单母线,如图3.45所示。其特点简单经济、使用设备少、投资费用低,但供电可靠性不高,只适用于三级负荷用电。

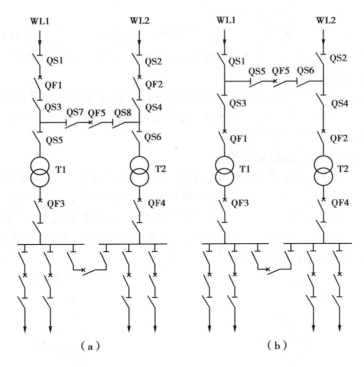

图 3.44　桥形接线

（a）内桥；（b）外桥

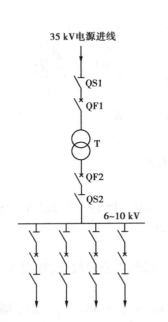

图 3.45　装有一台主变压器的
总降压变电所主接线图

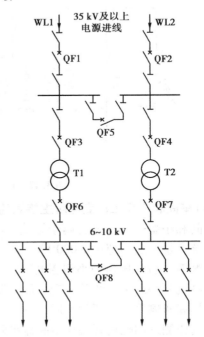

图 3.46　一、二次侧均采用单母线分段的
总降压变电所主接线图

2）装有两台主变压器的总降压变电所

①一次侧采用内桥或外桥接线,二次侧采用单母线分段接线(见图3.44)。该主接线所用设备少,结构简单,占地面积小,供电可靠性高,可供电一、二类负荷,适用于具有两回路电源进线和两台变压器的总降压变电所。

②一、二次侧均采用单母线分段接线(见图3.46)。该接线供电可靠性高,运行灵活,可供电一、二类负荷。但是高压开关设备比较多,投资较大,适用于具有两回及以上电源进线或一、二次侧进出线较多的总降压变电所。

(2)高压配电所主接线的设计原则

在大中型工厂中通常设置高压配电所,其任务是从电力系统接受电能并向各车间变电所及高压用电设备进行配电。高压配电所的位置应尽量靠近负荷中心,经常和车间变电所设在一起。每个配电所的馈电线路不少于4~5回,配电所一般为单母线制,根据负荷类型及进出线数目可考虑将母线分段。如图3.47所示为一个典型的10 kV高压配电所的主接线,该配电所有两回路电源进线,采用单母线分段接线。

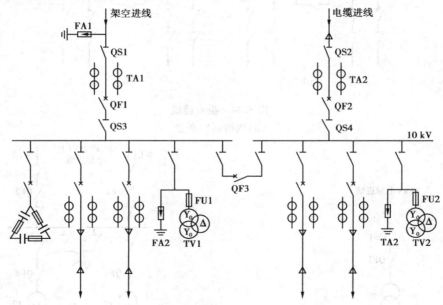

图3.47　10 kV高压配电所的主接线图

(3)车间和小型工厂变电所主接线的设计原则

车间和小型工厂变电所属于终端变电所,是将6~10 kV的电压降为380/220 V的电压。其变压器容量一般不超过1 000 kV·A。主接线的设计原则如下。

1）装有一台变压器的小型变电所

其高压侧一般采用线路—变压器单元接线,低压侧采用单母线不分段接线,如图3.48所示。根据高压侧采用的开关不同,有以下3种典型方案:

①高压侧采用隔离开关与熔断器串联或户外跌落式熔断器(见图3.48(a))。由于隔离开关和跌落式熔断器不能带负荷操作,故变电所停电时,必须先断开低压引出线的全部开关,再断开低压侧总开关,最后断开高压侧隔离开关。如果变电所要送电,则操作程序相反。该接线只适用于不经常操作,且变压器容量在500 kV·A及以下的三级负荷的变电所。

②高压侧采用负荷开关与熔断器串联(见图 3.48(b))。由于负荷开关既可以带负荷操作,又可以起到隔离开关的作用,从而使变电所的停电和送电操作简单灵活,但因为仍采用熔断器进行短路保护,所以供电可靠性不高,一般也用于三级负荷的小型变电所。

③高压侧采用隔离开关与断路器串联(见图 3.48(c))。由于采用断流能力较强的高压断路器,使变电所的停电和送电操作十分灵活简单,同时高压断路器都配有继电保护装置。但由于只有一回电源进线,供电可靠性仍然不高,一般也只适用于三级负荷,但供电容量较大。

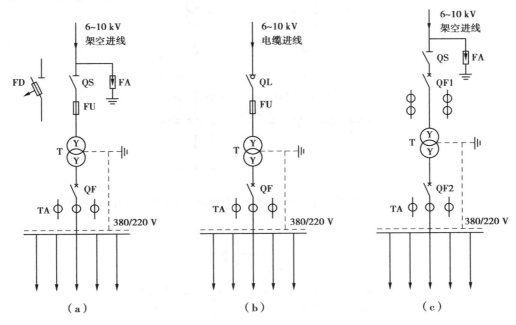

（a）　　　　　　　　（b）　　　　　　　　（c）

图 3.48　装有一台变压器的小型变电所主接线图
(a)高压侧采用隔离开关与熔断器或户外跌落式熔断器;
(b)高压侧采用负荷开关与熔断器;(c)高压侧采用隔离开关与断路器

以上 3 种主接线的共同点:接线简单经济、使用设备少、投资费用低,但供电可靠性不高,只适用于供电给三级负荷的车间变电所和小型工厂配电所。

2)装有两台变压器的小型变电所

①高压侧无母线、低压侧采用单母线分段接线,如图 3.49 所示。该接线供电可靠性较高,当任一台变压器或任一电源进线故障或检修时,通过闭合低压母线分段开关,可迅速恢复对整个变电所的供电,因此可供电给一、二级负荷或用电量较大的车间变电所。

②高压侧单母线、低压侧采用单母线分段接线,如图 3.50 所示。该接线适用于装有两台及以上配电变压器或具有多回路高压出线的变电所。其供电可靠性较高,可供电给二、三类负荷。

③高、低压侧均采用单母线分段接线,如图 3.51 所示。这种接线的供电可靠性相当高,当一台变压器或一回电源进线故障或检修时,通过切换操作,可迅速恢复对整个变电所的供电,因此可供电给一、二级负荷。

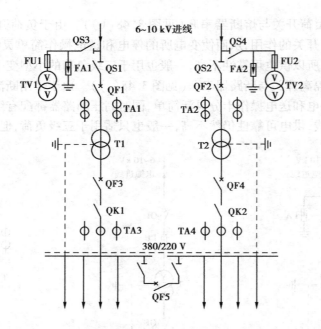

图 3.49　高压侧无母线、低压侧单母线分段的两台变压器变电所主接线图

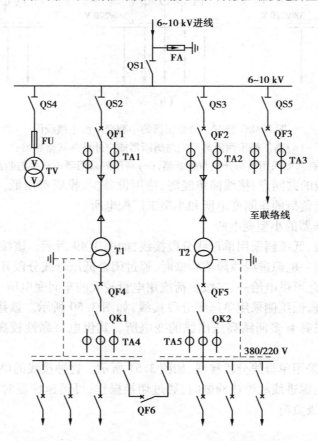

图 3.50　高压侧单母线、低压侧单母线分段的两台变压器变电所主接线图

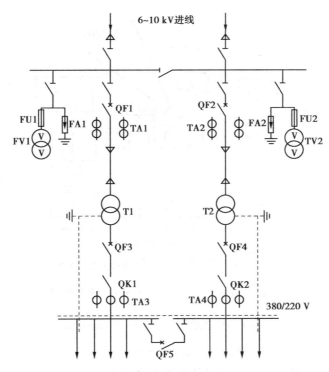

图 3.51　高、低压侧均采用单母线分段的两台变压器变电所主接线图

3.5　变配电所选址和布置

3.5.1　变配电所所址的选择

(1)变配电所所址选择的一般原则
①尽量靠近负荷中心,以降低配电系统的电压损耗、电能损耗和有色金属消耗量。
②进出线方便,特别是要便于架空线出线。
③尽量靠近电源侧,特别是选择工厂总变配电所时要考虑这一点。
④占地面积小,位于厂区外的变电所尽量不占或少占农田。
⑤交通方便,便于变压器等大型用电设备的运输。
⑥应避免设在多尘或有腐蚀性气体的场所,当无法远离时,应尽量设在污染源的上风侧。
⑦应考虑地形和地质条件,避免设在有剧烈震动的地方或低洼积水地处。
⑧不妨碍工厂的发展,考虑扩建的可能。
⑨所址的选择应方便职工的生活。
(2)负荷中心的确定
　　工厂或车间负荷中心,通常用负荷指示图近似确定。负荷指示图是将电力负荷(计算负荷)按一定比例(如以面积代表)用负荷圆的形式标注在工厂或车间的平面图上,如图 3.52 所示。各车间负荷圆的圆心应与车间的负荷中心大致相符。

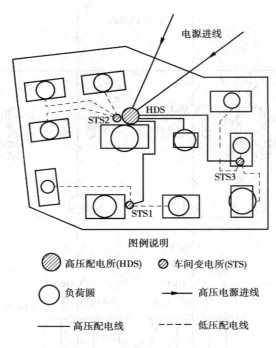

图 3.52　某工厂的负荷指示图

由车间的计算负荷 $P_{30} = K\pi r^2$，可得负荷圆的半径为

$$r = \sqrt{\frac{P_{30}}{K\pi}} \tag{3.3}$$

式中，K 为负荷圆的比例，kW/mm^2。通过负荷指示图可以直观和概略地确定工厂或车间的负荷中心，再结合选择变配电所所址的条件综合考虑，对几种方案进行分析比较，最后选择其中最佳方案来确定变配电所的所址。

3.5.2　变配电所的总体布置

变配电所的总体布置应满足以下要求：

①便于运行维护和检修。有人值班的变配电所，一般应设值班室。值班室应尽量靠近高低压配电室，尤其应靠近高压配电室，且有直通门，以使值班人员巡回检查的线路最短。

②保证运行维护的安全。值班室内不得有高压设备；变电所各室的大门都要朝外开，以利于人身安全和事故处理；变压器室的大门不能朝向易燃的露天仓库，在炎热地区的变压器室，大门应尽量避免朝西开。

③进出线方便。当采用架空进线时，高压配电室应位于进线侧，变压器室应靠近低压配电室，低压配电室应位于架空出线侧。

④节约土地和建筑费用。尽量把低压配电室与值班室合并，但此时低压配电屏的下面和侧面离墙的距离不得小于 3 m；当高压开关柜数量较少时，可与低压配电屏布置在同一室内，但间距不得小于 2 m；当高压电容器柜数量较少时，可装在高压配电室内，低压电容器柜可直接装在低压配电室内。

⑤应留有发展扩建的余地。

本章小结

在供配电系统中,担负电能输送和分配任务的电路,称为一次系统。一次系统中的所有电器设备,称为一次设备。对一次系统进行监视、控制、测量和保护作用的电路,称为二次系统,二次系统中的所有电器设备,称为二次设备。

电弧产生的根本原因是触头周围存在大量可被游离的中性点,电弧的产生过程中有强电场发射、热点发射、碰撞游离和热游离等物理过程。灭弧的条件是去游离率大于游离率,去游离的方法是复合和扩散。开关电器中常用的灭弧方式有速拉灭弧、冷却灭弧、采用多断口灭弧和采用新型介质灭弧发等。

供配电系统中常用的高压开关设备主要有高压断路器、高压隔离开关、高压负荷开关等。高压断路器的作用是接通或断开负荷电流,故障时断开短路电流;高压隔离开关的主要任务是隔离高压电源,保证人身和设备检修安全;高压负荷开关可以通断一定的负荷电流和过负荷电流,由于断流能力有限,常与高压熔断器配合使用。低压开关设备主要有低压断路器、低压开关等。低压断路器既能带负荷通断电路,又能在短路、过负荷、欠电压时自动跳闸。低压开关主要作用是隔离电源,按功能作用又分为刀开关、刀熔开关和负荷开关。

熔断器主要用于线路及设备的短路或过负荷保护。高压熔断器有户内式、户外式两类型,其户内式 RN1 型用于保护电力线路和电力变压器,RN2 型用于保护电压互感器,属于"限流"式熔断器;户外 RW 系列跌落式熔断器用于户外场所的高压线路和设备的短路保护,属于"非限流"式熔断器。低压熔断器有瓷插式、螺旋式、无填料密封管式、有填料密封管式等。

避雷器是保护电力系统中电气设备的绝缘,免受沿线路传来的雷电过电压损害的一种保护设备。

变压器是变电所中最重要的一次设备,其功能是将电力系统中的电压升高或降低以利于电能的合理输送、分配和利用。110 kV 及以上的双绕组变压器通常采用 YNd11 联结;35 ~ 60 kV 的变压器通常采用 Yd11 联结;6 ~ 10 kV 配电变压器通常采用 Yyn0 或 Dyn11 联结。

互感器的作用是使二次设备与主电路隔离和扩大仪表、继电器的使用范围。电流互感器串联于线路中,其二次额定电流一般为 5 A,通常有 4 种接线方法;电压互感器并联在线路中,二次额定电压一般为 100 V。通常也有 4 种接线方式。要求熟悉电流、电压互感器的符号、工作原理、准确度等级、接线方式等,并牢记其使用注意事项。

成套的配电装置是厂家成套供应的设备,分为高压成配电装置(高压开关柜)、低压成配电装置(低压配电屏)和全封闭组合电器。高压开关柜有固定式和手车式两大类,目前的开关柜都具有"五防"闭锁功能;低压配电屏有固定式和抽屉式两种类型。

电气主接线是变电所电气部分的主体,是保证连续供电和电能质量的关键环节。对电气主接线的基本要求是安全、可靠、灵活、经济。供配电系统变电所常用的电气主接线基本形式有线路—变压器单元接线、单母线接线和桥式接线。要求熟悉各种接线方式的特点、适用于场合及变配电所主接线的设计原则。

思考题与习题

1. 熄灭电弧的条件是什么？

2. 高压断路器、高压隔离开关和高压负荷开关柜有哪些功能？

3. 倒闸操作的基本要求是什么？

4. 低压断路器有哪些功能？按结构形式可分为哪两大类？

5. 熔断器的主要功能是什么？什么是限流式熔断器？

6. 避雷器有哪些常见的结构形式？各适用于哪些场合？

7. Dyn11 联结配电变压器和 Yyn0 联结配电变压器相比较有哪些优点？

8. 电流互感器的常用接线方式有哪几种？电压互感器的常用接线方式有哪几种？

9. 什么是高压开关柜的"五防"？

10. 对电气主接线的基本要求是什么？在工厂变电所中电气主接线有哪些基本形式？各有什么优缺点？

11. 某一降压变电所内装有两台双绕组变压器,该变电所有两回 35 kV 电源进线,6 回 10 kV 出线,低压侧拟采用单母线分段接线,试画出高压侧分别采用内桥接线、外桥接线和单母线分段接线时,该变电所的电气主接线图。

第 **4** 章

短路故障的分析计算

当电力系统运行参数超过允许的波动范围时就被认为是非正常运行或出现故障。电力系统正常运行时三相是对称的,电气参数基本相同。故障时,根据故障端口电气特征的不同,大体可分为短路故障(横向故障)和断线故障(纵向故障)。短路故障对电气设备危害大,严重危及系统安全性和经济性。本章重点讨论短路故障,对纵向故障仅作简单介绍。

4.1 短路的原因、后果及其形式

4.1.1 短路故障原因

所谓供电系统短路故障,是指供电系统相与相之间或相与地之间发生的非正常接通的现象。引起短路故障的原因主要有:各种形式的过电压、绝缘材料的自然老化、机械损伤、运行操作不当、维护不良、鸟兽蛇鼠、风雪雨雹等自然和人为因素。

短路时,由于系统的总阻抗大大减小,电流急剧增大,其值可为正常工作电流的几十倍甚至几百倍,高达几十万安培;同时,短路部分电压大幅度下降,当发生三相金属性短路时,短路点的电压将降到零。

4.1.2 短路的后果

大的短路电流通过电器设备会产生热量,持续时间越长发热越严重,使设备因过热而损坏甚至烧毁。大的短路电流还将产生很大的电动力,使设备机械变形、扭曲甚至损坏。短路时,电压大幅度下降,电动机因电磁转矩降低而减速或停转,会使用户产品报废甚至损坏设备;短路故障会使系统中的功率分布突然发生变化而失衡,可能导致发电机失去同步,破坏系统的稳定性,造成大面积停电。此外不对称接地短路所产生的零序磁通,会对邻近的通信线路、铁道信号系统等产生严重的电磁干扰。

对短路过程的分析计算在电力系统设计和运行的许多工作中具有十分重要的意义。例如电气接线的选择,电气设备及导体的动稳定、热稳定校验;继电保护和自动装置的整定计算;系统静态稳定、暂态稳定分析等均离不开短路故障的分析计算。

4.1.3 短路的形式

在三相供电系统中,可能发生的短路有三相短路、两相短路、单相接地短路和两相接地短路 4 种形式,前两种为相间短路,后两种为接地短路,它们依次分别可用 $k^{(3)}$,$k^{(2)}$,$k^{(1)}$ 和 $k^{(1,1)}$ 表示。三相短路(稳态)是对称短路,其他类型的短路都是不对称短路。各种短路类型示意图如图 4.1 所示。

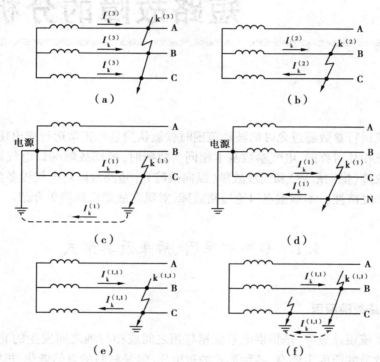

图 4.1　短路的类型
(a)三相短路;(b)两相短路;(c)、(d)单相接地短路;(e)、(f)两相接地短路

运行经验表明,在这些短路故障中,单相接地短路占比最大,三相短路的机会最少,但三相短路故障对系统造成的后果最为严重,且对称三相短路的分析计算又是不对称短路计算的基础,因此必须首先重点分析三相短路。

4.2　无限大容量系统三相短路分析计算

无限大容量系统也称为无限大功率源系统,理想的无限大功率源系统即是内阻为零、电压恒定不变的电源系统,工程实际中并不存在这样的理想系统,在短路分析计算中,当电源内阻抗不超过短路回路总阻抗的 5% ~ 10% 时,就可近似认为是无限大容量系统。高压正弦交流系统中,电器元件的运行电阻要比电抗小许多,因此,在工程计算中一般均忽略电阻而只考虑电抗,以便简化计算。

4.2.1　电力系统各元件电抗标幺值的计算

(1)标幺制的概念

在短路电流计算中,各电气量,如电流、电压、阻抗、功率(或容量)等参数,可以用有名值表示,也可以用标幺值表示。为了计算方便,通常在特别简单的高压系统和 1 kV 以下的低压系统中直接采用有名值,当高压系统中有多个不同电压等级时,由于存在电抗换算问题,多采用标幺值。

所谓标幺制就是将系统中各物理量的有名值均用标幺值表示的一种相对单位制。如某一物理量标幺值 A_* 等于它的实际有名值 A 与所选定的基准值 A_d 的比值,即 $A_* = A/A_d$。它是一个无量纲的值。用标幺值进行短路计算时,一般先选定基准容量 S_d 和基准电压 U_d,则其他几个基准电气量可用欧姆定律和功率方程导出,如电流和电抗基准可分别按下式计算:

$$I_d = \frac{S_d}{\sqrt{3}\,U_d} \tag{4.1}$$

$$X_d = \frac{U_d}{\sqrt{3}\,I_d} = \frac{U_d^2}{S_d} \tag{4.2}$$

在工程计算中,为了计算方便,常取基准容量 $S_d = 100$ MV·A,基准电压用各级线路的平均额定电压,即 $U_d = U_{av}$。

所谓线路平均额定电压,是指线路始端最大额定电压与线路末端最小额定电压的平均值。一般取线路的平均额定电压为 $1.05U_N$,U_N 是线路额定电压,部分线路的额定电压见表 4.1。

表 4.1　部分线路额定电压对应的平均额定电压

额定电压 U_N/kV	0.22	0.38	3	6	10	35	60	110	220	330	500	1 000
平均额定电压 U_{av}/kV	0.23	0.4	3.15	6.3	10.5	37	63	115	230	345	525	1 050

(2)电力系统各元件电抗标幺值的计算

电力系统主要有发电机、含源电力网、变压器、线路、电抗器、电动机、综合负荷等电气元件与系统。供电系统三相短路计算中,多采用电气元件的名牌参数计算电抗标幺值。

1)同步发电机

同步发电机的电抗标幺值计算中涉及的名牌参数主要有额定容量、额定电压、短路电抗标幺值、暂态电抗标幺值和次暂态电抗标幺值等。名牌参数中的标幺值是以其本身的额定容量为基准得到的,次暂态电抗为有阻尼汽轮发电机和水轮发电机的短路电抗,因此统一基准的同步发电机电抗标幺值和次暂态电抗标幺值分别由下式求得:

$$X_{G*} = X_{G(N)*}\frac{S_d}{S_{G(N)}} \tag{4.3}$$

$$X_{G*}'' = X_{G(N)*}''\frac{S_d}{S_{G(N)}} \tag{4.4}$$

式中，$X_{G(N)*} = X_{G(N)*}$ 为发电机额定参数基准下的电抗标幺值；$S_{G(N)}$ 为发电机额定容量；S_d 为系统统一基准容量。

2）含源电力网

一般用含源电力系统变电所高压馈电线出口的短路容量 S_k 来计算，当 S_k 未知时，也可由其出口处断路器的断流容量 S_{oc} 代替，因此电力系统的电抗为

$$X_S = \frac{U_{av}^2}{S_k} = \frac{U_{av}^2}{S_{oc}} \tag{4.5}$$

$$X_{S*} = \frac{S_d}{S_k} = \frac{S_d}{S_{oc}} \tag{4.6}$$

3）电力线

通常给出线路长度和每千米的电抗值，可按下式求出其电抗的标幺值：

$$X_{L*} = X_{L(N)*} \frac{S_d}{U_{av}^2} \tag{4.7}$$

式中，$X_{L(N)*} = X_1 L$，L 为线路长度，X_1 为线路单位长度电抗值。

4）变压器

由名牌参数给出的 S_N，U_N 和短路电压百分数 $U_k\%$ 可方便求得统一基准下的变压器电抗标幺值：

$$X_{T*} = X_{T(N)*} \frac{S_d}{S_{T(N)}} \tag{4.8}$$

式中，$X_{T(N)*} = U_k\%$，$S_{T(N)}$ 是变压器的额定容量。

5）电抗器

由电抗器名牌参数额定电压 $U_{R(N)}$，额定电流 $I_{R(N)}$ 和电抗百分数 $X_{R(N)}\%$，可方便的到电抗器的统一基准标幺值：

$$X_{R*} = X_{R(N)*} \frac{S_d}{S_{R(N)}} \frac{U_{R(N)}^2}{U_d^2} \tag{4.9}$$

式中，$X_{R(N)*} = X_{R(N)}\%/100$，$S_{R(N)}$ 为电抗器的额定容量。

6）异步电动机

异步电动机次暂态电抗的额定标幺值可由下式确定：

$$X'' = \frac{1}{I_{st}} \tag{4.10}$$

式中，I_{st} 为异步电动机以额定电流为基准的启动电流标幺值，一般为 $4 \sim 7$，因此可近似取 $X'' = 0.2$。

7）综合负荷

综合负荷参数由该地区用户的典型成分和配网典型线路平均参数确定。工程中，常取综合负荷电抗标幺值为 $X'' = 0.35$（额定运行参数为基准）。

4.2.2 无限大容量系统三相短路的暂态分析

(1)暂态过程

正常运行的高压供电系统三相是对称的，短路发生前，电路处于某一稳定状态，系统中的

a 相电压和电流可分别表示为:

$$u_a = U_m \sin(\omega t + \alpha)$$
$$i_a = I_m \sin(\omega t + \alpha - \varphi) \tag{4.11}$$

如图 4.2(a)所示,当在电路中的 k 点发生短路时,电路就被分成两个独立的回路。理论上三相对称电路短路后仍然对称,因此可只取一相分析计算,等效单相电路如图 4.2(b)所示,其中一个回路仍与电源相连,而另一个回路则变成无源回路,无源回路的电流将从短路发生瞬间的初始值不断衰减,一直到该电路磁场中所储藏的能量全部变为电阻中所消耗的热能为止,电流衰减到零。在与电源相连的回路中,由于每相阻抗减小了,电流会在短时间内增大,由电路原理知识可得短路电流变化的微分方程:

$$Ri_k = L \frac{\mathrm{d}i_k}{\mathrm{d}t} = U_m \sin(\omega t + \alpha) \tag{4.12}$$

解此微分方程得

$$i_k = \frac{U_m}{Z} \sin(\omega t + \alpha - \varphi_k) + Ce^{-\frac{t}{T_a}} = I_{pm} \sin(\omega t + \alpha - \varphi_k) + Ce^{-\frac{t}{T_a}} = i_p + i_{np} \tag{4.13}$$

式中,i_p 为短路电流的周期分量(强制分量);$I_{pm} = U_m/Z$ 为周期分量电流的幅值;i_{np} 为短路电流的非周期分量(自由分量);T_a 为非周期分量电流的衰减时间常数,$T_a = L/R$;α 为电源电压的相位角(合闸角);Z 为电源至短路点的阻抗,$Z = \sqrt{R^2 + (\omega L)^2} = \sqrt{R^2 + X^2}$;$\varphi_k$ 为短路电流与电压之间的相角;C 为积分常数,由初始条件决定。

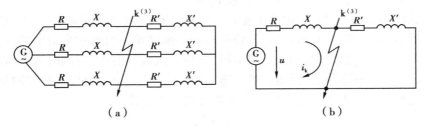

图 4.2　无限容量系统中的三相短路
(a)三相电路;(b)等值单相电路

根据换路定理,当 $t = 0$ 时可推得短路全电流的表达式为:

$$i_k = I_m \sin(\omega t + \alpha - \varphi_k) + [I_m \sin(\alpha - \varphi) - I_m \sin(\alpha - \varphi_k)]e^{-\frac{t}{T_a}} \tag{4.14}$$

如果电抗远大于电阻,可认为 $\varphi_k \approx 90°$,将它代入式(4.14)可得:

$$i_k = -I_{pm} \cos(\omega t + \alpha) + [I_m \cos(\omega t - \varphi) + I_{pm} \cos \alpha]e^{-\frac{t}{T_a}} \tag{4.15}$$

由此可知,当短路前空载(即 $I_m = 0$),且短路正好发生在电源电压过零(即 $\alpha = 0$)时。若非周期分量电流的初始值最大,短路全电流的瞬时值就最大,短路最严重。相应的短路电流的变化曲线,如图 4.3 所示。

(2)三相短路冲击电流

最严重三相短路电流的最大瞬时值称为冲击电流,用 i_{sh} 表示。由图 4.3 可知,这一电流将在短路发生后约半个周期(即 $t = 0.01\ \mathrm{s}$)出现。因此,冲击电流的瞬时值应为:

$$i_{sh} = I_{pm} + I_{pm}e^{-\frac{0.01}{T_a}} = I_{pm}(1 + e^{-\frac{0.01}{T_a}}) = \sqrt{2} K_{sh} I_p \tag{4.16}$$

式中,I_p为短路电流周期分量有效值;K_{sh}为短路电流冲击系数,它表示冲击电流对周期分量幅值的倍数。当回路内仅有电抗,而电阻$R=0$时,$K_{sh}=2$,意味着短路电流的非周期分量不衰减;当回路内仅有电阻,而电感$L=0$时,$K_{sh}=1$,意味着不产生非周期分量。因此,当时间常数T_a的值由零变至无限大时,$1 \leqslant K_{sh} \leqslant 2$。

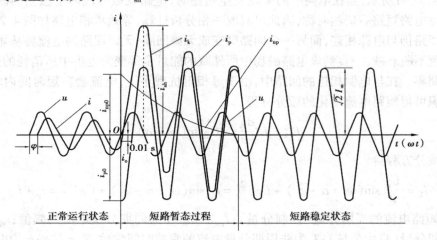

图 4.3　无限大容量系统三相短路电流变化曲线

工程计算中,高压电网发电机母线短路取$K_{sh}=1.9$,发电厂高压母线短路取$K_{sh}=1.85$,其他部位短路取$K_{sh}=1.8$;低压电网短路时,取$K_{sh}=1.3$。

以上讨论的冲击电流只是由电源侧提供给短路点的,如果电网中有较大容量的电动机,且短路点又靠近时,还应考虑电动机反电动势的影响。短路瞬间当电动机对短路点的反电动势大于短路点的残压时,电动机变为发电机运行,向短路点提供电流,但同时由于短路点的电压下降导致电动机的转速下降,使反电动势迅速下降,因此这部分短路电流持续时间很短,只在计算冲击电流时计及。电动机的反馈冲击电流可按下式计算:

$$i_{sh.M} = \sqrt{2} \frac{E''_{M*}}{X''_M} K_{sh} I_{NM} \tag{4.17}$$

式中,$K_{sh.M}$为电动机短路电流冲击系数,3~6 kV 电动机可取 1.4~1.6,380 V 的电动机可取 1;E''_{M*}为电动机次暂态电动势标幺值,X''_{M*}为电动机次暂态电抗,不同交流电动机及综合负荷的次暂态电势和电抗标幺值见表 4.2。

表 4.2　交流电动机次暂态电势和电抗标幺值

电动机类型	感应电动机	同步电动机	同步调相机	综合负荷
E''_{M*}	0.9	1.1	1.2	0.16
X''_{M*}	0.2	0.2	0.8	0.35

通常低压电动机在 20 kW 以上或高压电动机总功率不小于 100 kW 时就应将反馈短路电流作为短路点冲击电流的一部分。

这就是三相短路时 A 相的暂态分析计算,其他两相的分析方法与 A 相类似,只是电流相位分别落后 120°和 240°。

三相短路时,只有短路电流的周期分量才对称,各相短路电流的非周期分量并不相等,非周期分量初始值为最大或零值的情况只可能在一相中出现。

（3）三相短路冲击电流有效值

在短路过程中任意时刻短路电流有效值是指以该时刻为中心的一个周期内短路全电流瞬时值的方均根值,即:

$$I_{kt} = \sqrt{\frac{1}{T}\int_{t-\frac{T}{2}}^{t+\frac{T}{2}} i_k^2 dt} = \sqrt{\frac{1}{T}\int_{t-\frac{T}{2}}^{t+\frac{T}{2}} (i_{pt} + i_{npt})^2 dt} \qquad (4.18)$$

全电流包含周期分量和非周期分量,为了简化计算,通常假设在计算所取的一个周期内周期分量电流的幅值为常数,而非周期分量电流的数值在该周期内恒定不变且等于该周期中点的瞬时值,即 $I_{np} = i_{npt}$。

将这些关系代入式(4.16)计算整理得 t 时刻的冲击电流有效值:

$$I_{kt} = \sqrt{I_{pt}^2 + I_{npt}^2} = \sqrt{I_p^2 + I_{npt}^2} \qquad (4.19)$$

当 $t = 0.01$ s 时就得到最大冲击电流有效值为:

$$I_{sh} = \sqrt{I_p^2 + i_{np(t=0.01\,s)}^2} = \sqrt{I_p^2 + [\sqrt{2}(K_{sh}-1)I_p]^2} = I_p\sqrt{1 + 2(K_{sh}-1)^2} \qquad (4.20)$$

分别将不同的冲击电流系数代入即可得到相应的冲击电流有效值与周期电流有效值间的关系。当 $K_{sh} = 1.9$ 时,$I_{sh} = 1.62I_p$;$K_{sh} = 1.8$ 时,$I_{sh} = 1.51I_p$;$K_{sh} = 1.3$ 时,$I_{sh} = 1.09I_p$。

（4）短路容量的计算

短路容量定义为短路电流与短路点正常工作电压(一般用平均额定电压)的乘积,因此短路容量有名值和标幺值可分别用式(4.21)和式(4.22)计算。

$$S_k = \sqrt{3}\,U_{av}I_{sh} \qquad (4.21)$$

$$S_{k*} = \frac{S_k}{S_d} = \frac{I_{sh}}{I_d} = I_{sh*} \qquad (4.22)$$

不难看出,短路容量的标幺值等于短路电流最大有效值的标幺值。注意短路电流最大有效值包括非周期分量。

4.2.3　无限大容量系统三相短路稳态电流计算

（1）三相短路稳态电流的概念

三相短路稳态电流是指短路过渡过程结束,非周期分量衰减完后的短路电流,其有效值常用 I_∞ 表示。在无限大容量系统中,由于系统母线电压维持不变,因此短路后任何时刻的短路电流周期分量有效值(习惯上用 I_k 表示)始终不变,对供电系统有:

$$I_\infty = I_p = I_k = I_{0.2s} \qquad (4.23)$$

式中,$I_{0.2s}$ 为短路后 0.2 s 时三相短路电流周期分量的有效值,因为,供电系统此时非周期分量已基本衰减至零。

（2）工程计算的约定

高压电网短路计算中,通常总电抗远大于总电阻,因此可以只计各主要元件的电抗而忽略其电阻,当短路回路的总电阻大于总电抗的 1/3 时才需计及电阻。短路故障的稳态,三相电路是对称的,可只取其中一相进行计算。

（3）三相短路电流计算

将短路电路中各主要元件的电抗标幺值求出以后可以画出由电源到短路点的等效电路

图,通过对网络进行化简,最后可求出短路回路总电抗的标幺值。由于元件的电抗均采用标幺值,与短路计算点的电压无关,因此无须进行电压换算。

根据标幺值的定义,短路电流的标幺值为

$$I_{k*} = \frac{I_k}{I_d} = \frac{\dfrac{U_{av}}{\sqrt{3}X_{\sum}}}{\dfrac{U_d}{\sqrt{3}X_d}} = \frac{\dfrac{U_{av}}{U_d}}{\dfrac{X_{\sum}}{X_d}} = \frac{1}{X_{\sum *}} \tag{4.24}$$

式中,$X_{\sum}$ 为短路回路总电抗标幺值,显然短路电流标幺值等于短路回路总电抗标幺值的倒数,也可以认为是欧姆定律的标幺值表达式,其中分子的1为电势标幺值,则短路电流有名值为

$$I_k = I_{k*} \times I_d \tag{4.25}$$

例4.1　试求如图4.4所示供电系统中,总降压变电所10 kV母线上 k_1 点和车间变电所380 V母线上 k_2 点发生三相短路时的短路电流 I_k、短路容量 S_k、短路冲击电流 i_{sh} 及冲击电流有效值 I_{sh}。图4.4中标明了计算所需的技术数据。

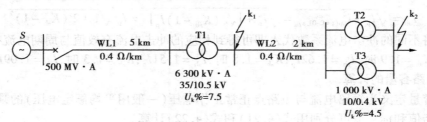

图4.4　例4.1接线图

解:第一种方法用标幺制法求解。

(1)选取基准容量 $S_d = 100$ MV·A,基准电压 $U_{d1} = 10.5$ kV,$U_{d2} = 0.4$ kV,则基准电流为:

$$I_{d1} = \frac{S_d}{\sqrt{3}U_{d1}} = \frac{100}{\sqrt{3} \times 10.5} = 5.5 \, (\text{kA})$$

$$I_{d2} = \frac{S_d}{\sqrt{3}U_{d2}} = \frac{100}{\sqrt{3} \times 0.4} = 144.3 \, (\text{kA})$$

(2)计算各元件的电抗标幺值。

电力系统:

$$X_{S*} = \frac{S_d}{S_{oc}} = \frac{100}{500} = 0.2$$

线路WL1:

$$X_{L1*} = 0.4 \times 5 \times \frac{100}{37^2} = 0.146$$

线路WL2:

$$X_{L2*} = 0.4 \times 5 \times \frac{100}{10.5^2} = 0.726$$

变压器T1:

$$X_{T1*} = X_{T1(N)} \cdot \frac{S_d}{S_{T1(N)}} = 0.075 \times \frac{100}{6.3} = 1.19$$

变压器 T2：

$$X_{T2*} = 0.045 \times \frac{100}{1} = 4.5$$

（3）作出等值电路。

如图 4.5 所示，图上标出各元件的序号、电抗标幺值和短路计算点。

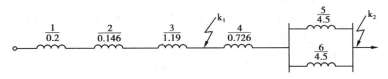

图 4.5　例 4.1 的短路等效电路

（4）求 k_1 点的总等效电抗标幺值及三相短路电流和短路容量。

$$X_{1\sum*} = X_{1*} + X_{2*} + X_{3*} = 0.2 + 0.146 + 1.1 = 1.536$$

$$I_{k1} = \frac{I_{d1}}{X_{1\sum*}} = \frac{5.5}{1.536} = 3.58(\text{kA})$$

$$i_{k1sh} = K_{sh}\sqrt{2}I_{k1} = 1.8 \times \sqrt{2} \times 3.58 = 9.13(\text{kA})$$

$$I_{k1sh} = I_{k1}\sqrt{1 + 2(K_{sh} - 1)^2} = 1.51I_{k1} = 1.51 \times 3.58 = 5.41(\text{kA})$$

$$S_{k1} = \sqrt{3}U_{av}I_{k1sh} = \sqrt{3} \times 10.5 \times 5.41 = 98.386(\text{MV} \cdot \text{A})$$

（5）求 k_2 点的总等效电抗值及三相短路电流和短路容量。

$$X_{2\sum*} = \frac{X_{1*} + X_{2*} + X_{3*} + X_{4*} + X_{5*}}{2} = \frac{0.2 + 0.146 + 1.19 + 0.726 + 4.5}{2} = 4.512(\Omega)$$

$$I_{k2} = \frac{I_{d2}}{X_{2\sum*}} = \frac{144.3}{4.512} = 32(\text{kA})$$

$$i_{k2sh} = K_{sh}I_{k2} = 1.84 \times 32 = 58.88(\text{kA})$$

$$I_{k2sh} = I_{k2}\sqrt{1 + 2(K_{sh} - 1)^2} = 1.09I_{k2} = 1.09 \times 32 = 34.88(\text{kA})$$

$$S_{k2} = \sqrt{3}U_{av}I_{k2sh} = 1.732 \times 0.4 \times 34.88 \approx 21.165(\text{MV} \cdot \text{A})$$

第二种方法用有名制求解 k_1 点短路时的 I_k，S_k，i_{sh} 和 I_{sh}。

电源系统电抗：

$$X_1 = X_S \approx \frac{U_{av}^2}{S_k} = \frac{U_{av}^2}{S_{oc}} = \frac{(35)^2}{500} = 2.45(\Omega)$$

WL1 电抗：

$$X_2 = X_{WL1} = 0.4 \times 5 \approx 2(\Omega)$$

变压器 T1 电抗：

$$X_3 = X_{T1} = \frac{U_k\%}{100} \times \frac{U_N^2}{S_N} = \frac{7.5}{100} \times \frac{35^2}{6.3} \approx 14.583(\Omega)$$

T1 变比：

$$N_{t1} = \frac{35}{10.5} = 3.33$$

等值电路如图 4.6 所示。

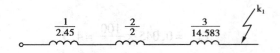

图 4.6　例 4.1 的短路等效电路

电源到短路点的 10 kV 总电抗：

$$X_{h\sum} = X_1 + X_2 + X_3 = 2.45 + 2 + 14.583 \approx 19.03(\Omega)$$

35 kV 三相短路电流及短路容量：

$$I_{hk1} = \frac{U_S}{\sqrt{3} X_{h\sum}} = \frac{38.5 \times 10^3}{19.03\sqrt{3}} \approx 1.168(kA)$$

$$i_{hk1sh} = K_{sh}\sqrt{2} I_{hk1} = 1.8 \times \sqrt{2} \times 1.168 \approx 2.973(kA)$$

$$I_{hk1sh} = I_{hk1}\sqrt{1 + 2(K_{sh} - 1)^2} = 1.51 I_{hk1} = 1.51 \times 1.168 \approx 1.764(kA)$$

$$S_{hk1} = \sqrt{3} U_{hav} I_{hk1} = 1.732 \times 36.75 \times 1.168 \approx 74.344(MV \cdot A)$$

归算到变压器低压侧短路电流及短路容量：

$$I_{k1} = I_{hk1} \times n_{T1} = 1.168 \times 3.333 \approx 3.889(kA)$$

$$i_{k1sh} = i_{hk1sh} \times n_{T1} = 2.973 \times 3.333 \approx 9.909(kA)$$

$$I_{k1sh} = I_{hk1sh} \times n_{T1} = 1.764 \times 3.333 \approx 5.879(kA)$$

$$S_{k1} = \sqrt{3} U_{Lav} I_{k1sh} = 1.732 \times 10.5 \times 5.879 \approx 106.923(MV \cdot A)$$

比较两种算法结果，想想差别在什么地方？

以上是无穷大电源系统的分析计算，很多实际电网的电源阻抗是不为零的，这种情况该怎么分析计算？留给读者思考，不再赘述。

4.3　不对称故障的分析计算

所谓电力系统不对称故障是指使原本相同的三相系统参数不再相同的故障，即凡是打破三相等值电路参数相同性的故障被称作不对称故障。如除三相短路的其他短路、非三相同时断线和非全相串补故障等。不对称故障也可分为横向不对称故障和纵向不对称故障，横向不对称故障的分析计算在继电保护、安全自动装置中应用广泛，因此应重点掌握。工程中对不对称故障的分析计算常采用对称分量法。

4.3.1　对称分量的基本概念

在电力系统中，除了三相短路外，还有不对称短路，如单相接地短路、两相短路和两相接地短路等。由于短路部分电路不对称，因此不能用三相对称短路系统的简单计算方法，于是提出了对称分量法。这一方法的思路是将一个不对称的三相系统分解成三组各自对称的序分量系统，分别对这 3 个对称分量系统进行分析计算后，将 3 个序分量结果再组合为总的短路电气量，这 3 个对称的序分量分别被称为正序、负序和零序。所谓正序即与正常对称运行下的相序相同的相序，而负序（或称反序）则是指与正序相反的相序，零序就是三相瞬时电量方向相同，无先后之分的零相序。它们的相量图如图 4.7 所示。

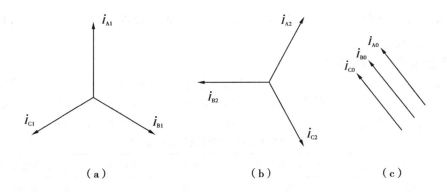

图 4.7　三相量的对称分量

（a）正序分量；（b）负序分量；（c）零序分量

已知任意一个不对称系统的 A,B,C 三相电量,可用下列算式求得 A 相对应的正、负和零 3 个序分量,即

$$\overset{*}{F}_1 = \frac{1}{3}(\overset{*}{F}_A + \alpha\overset{*}{F}_B + \alpha^2\overset{*}{F}_C)$$

$$\overset{*}{F}_2 = \frac{1}{3}(\overset{*}{F}_A + \alpha^2\overset{*}{F}_B + \alpha\overset{*}{F}_C) \qquad\qquad (4.26)$$

$$\overset{*}{F}_0 = \frac{1}{3}(\overset{*}{F}_A + \overset{*}{F}_B + \overset{*}{F}_C)$$

如果当求出某相（如 A 相）的 3 个序分量,要合成三相电量时,可用下式求得:

$$\overset{*}{F}_A = \overset{*}{F}_{A1} + \overset{*}{F}_{A2} + \overset{*}{F}_{A0}$$

$$\overset{*}{F}_B = \alpha^2\overset{*}{F}_{A1} + \alpha\overset{*}{F}_{A2} + \overset{*}{F}_{A0} \qquad\qquad (4.27)$$

$$\overset{*}{F}_A = \alpha\overset{*}{F}_{A1} + \alpha^2\overset{*}{F}_{A2} + \overset{*}{F}_{A0}$$

其中,$\alpha = e^{j120°} = -\frac{1}{2} + j\frac{\sqrt{3}}{2}$,$\alpha^2 = e^{-j120°} = -\frac{1}{2} - j\frac{\sqrt{3}}{2}$,$\alpha^3 = 1$,$1 + \alpha + \alpha^2 = 0$。

通过式（4.26）和式（4.27）可以把 3 组对称分量合成 3 个不对称相量,也可以把 3 个不对称相量分解成 3 组对称分量。在三相对称系统中,因三相量的和为零,所以不存在零序分量。因此,只有当三相电流（或电压）之相量和不等于零时才有零序分量。如果三相电源系统是三角形联结,或是没有中性线的星形联结,对称外三电路而言没有零序输入。只有在星形联结的中性线中才有可能出现电流,且中性线中的电流为 3 倍零序电流。

4.3.2　电力系统中各主要元件的序电抗

元件的序阻抗是指电气元件的三相参数对称时,元件两端某一序的电压降与通过该元件同一序电流的比值,即:

$$z_1 = \frac{\Delta\overset{*}{V}_{a1}}{\overset{*}{I}_{a1}}, \quad z_2 = \frac{\Delta\overset{*}{V}_{a2}}{\overset{*}{I}_{a12}}, \quad z_0 = \frac{\Delta\overset{*}{V}_{a0}}{\overset{*}{I}_{a0}} \qquad\qquad (4.28)$$

式中，z_1，z_2，z_0 分别为正、负、零序阻抗；$\Delta\dot{V}_{a1}$，$\Delta\dot{V}_{a2}$，$\Delta\dot{V}_{a0}$ 分别为在元件上的正、负、零序压降；$\dot{I}_{a1}$，$\dot{I}_{a2}$，$\dot{I}_{a0}$ 分别为流过元件的正、负、零序压流。

（1）同步发电机的序阻抗

同步发电机对称运行时。只有正序电势和正序电流，此时的运行参数都是正序参数，如稳态时的同步电抗 X_d，X_q，暂态过程中的 X_d'，X_q' 和 X_d''，X_q'' 等。同步发电机的负序电抗与故障类型有关，零序电抗和发电机结构有关。发电机的各序电抗标幺值的平均值见表 4.3。

表 4.3　发电机的各序电抗标幺值的平均值

发电机类型	次暂态电抗 X_d''	正序电抗 X_1	负序电抗 X_2	零序电抗 X_0
汽轮发电机	0.125	1.62	0.16	0.06
水轮发电机（有阻尼）	0.2	1.15	0.25	0.07
水轮发电机（无阻尼）	0.27	1.15	0.45	0.07

不难看出有阻尼的水轮发电机和汽轮发电机的负序阻抗和正序阻抗均较接近，发电机本身的零序电抗很小。但由于我国发电机的中性点不接地或经高阻抗接地，短路计中通常取发电机的零序电抗为无穷大。

（2）变压器的序阻抗

三相变压器的负序电抗与正序电抗相等，而零序电抗则可能不同。变压器的零序电抗与变压器的铁心结构及三相绕组的接线方式等因素有关。

1）变压器零序电抗与铁心结构的关系

对于由 3 个单相变压器组成的变压器组及三相五柱式或壳式变压器，零序主磁通与正序主磁通一样，都以铁心为回路，因磁导率大，零序励磁电流很小，故零序励磁电抗 X_{m0} 的数值很大，在短路计算中可当作 X_{m0} 为无穷大。对于三相三柱式变压器，零序主磁通不能在铁心内形成闭合回路，只能通过充油空间及油箱壁形成闭合回路，因磁导率小，励磁电流很大，所以零序励磁电抗要比正序励磁电抗 X_{m1} 小得多，在短路计算中，应视为有限值，通常取 $X_{m0}=0.3\sim1$。

2）变压器零序电抗与三相绕组接线方式的关系

在星形联结的绕组中，零序电流无法流通，从等效电路的角度来看，相当于变压器绕组开路；在中性点接地的星形联结绕组中，零序电流可以畅通，因此从等效电路的角度来看，相当于变压器绕组短路；在三角形联结的绕组中，零序电流只在绕组内部环流，不能流到外电路，因此从外部看进去，相当于变压器绕组开路。可见，变压器三相绕组不同的接线方式对零序电流的流通情况有很大的影响，因此其零序电抗也不相同。

根据上述讨论，可以画出各类双绕组变压器的零序等效电路，如图 4.8 所示。

（3）线路的序电抗

线路的负序电抗和正序电抗相等，但零序电抗却与正序电抗相差较大。当线路通过零序电流时，由于三相电流的大小和相位完全相同，各相间的互感磁通是互相加强的，因此零序电抗要大于正序电抗。零序电流是通过大地形成回路的，因此线路的零序电抗与土壤的导电地形成回路，由于架空地线中的零序电流与输电线路上的零序电流方向相反，其互感磁通是相互抵消的，将导致零序电抗减小。在实用短路计算中，线路零序电抗的平均值可采用表 4.4 所列的数据。

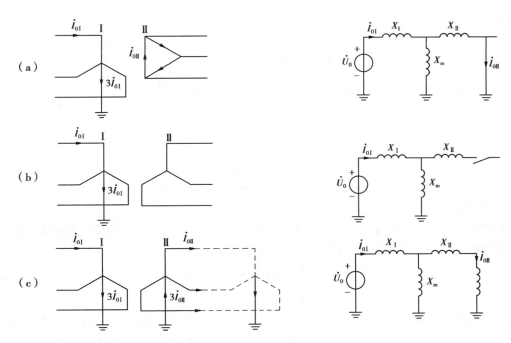

图 4.8 双绕组变压器的零序等效电路
（a）Ynd 联结；（b）Yn y 联结；（c）YN yn 联结

表 4.4 线路各序电抗的平均值

供配线路名称		$X_1 = X_2$ /($\Omega \cdot km^{-1}$)	X_0/X_1	电缆线路名称	$X_1 = X_2$ /($\Omega \cdot km^{-1}$)	X_0 /($\Omega \cdot km^{-1}$)
无避雷线架空线	单回线	0.4	3.5	1 kV 三芯电缆	0.06	0.7
	双回线		5.5	1 kV 四芯电缆	0.066	0.17
有钢质避雷线架空线	单回线		3	6~10 kV 三芯电缆	0.08	0.28
	双回线		5	20 kV 三芯电缆	0.11	0.38
有良导体避雷线架空线	单回线		2	35 kV 三芯电缆	0.12	0.42
	双回线		3			

（4）综合负荷的序阻抗

电力系统综合负荷常以工业负荷为样本，是以异步电动机为主的负荷，其正序多用恒定阻抗表示，实际计算中，在额定基准下正序电抗标幺值取 1.2。以电动机为主的综合负荷的负序电抗标幺值与正序电抗差别较大，在额定基准下取 0.35。由于电动机的中性点不接地或高电阻接地，因此以电动机为主的综合负荷零序电抗取为无穷大。

4.3.3 不对称短路的计算

根据不对称短路的类型和系统规模大小的不同，计算方法也可以有多种，这里只介绍常用的复合序网法。所谓复合序网络，是指根据序分量表示的短路点边界条件将各序网络相互连接起来所构成的网络。而序网则是正序、负序和零序彼此独立满足欧姆定律的等值电路的通称,如图 4.9 所示。

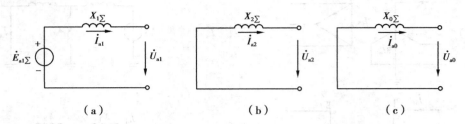

图 4.9 序网络

(a)正序网络;(b)负序网络;(c)零序网络

(1)单相接地短路的分析计算

单相接地时短路点的边界条件是故障相(假定为 A 相)电压为零(假设为金属性短路),非故障相电流相等等于零,将这些条件转换成序分量的形式就得到:

$$\mathring{U}_{a1} + \mathring{U}_{a2} + \mathring{U}_{a0} = 0 \tag{4.29}$$

$$\mathring{I}_{a1} = \mathring{I}_{a2} = \mathring{I}_{a0}$$

由于故障相各序电流相等,因此正序网络、负序网络、零序网络应互相串联;故障相各序电压之和等于零,故 3 个序网络串联后应短接。由此可确定单相接地短路时的复合序网络如图 4.10 所示。

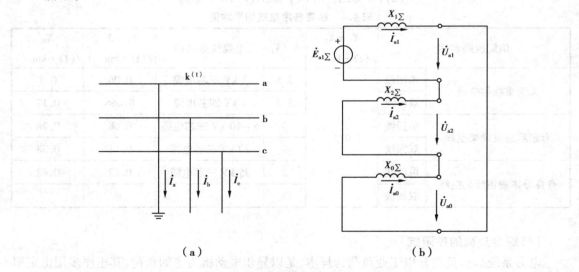

图 4.10 单相接地短路复合序网络

(a)单相短路;(b)复合序网

从复合序网络很容易求得短路点的故障相电流为:

$$I_{k}^{(1)} = |\mathring{I}_{a}| = |\mathring{I}_{a1} + \mathring{I}_{a2} + \mathring{I}_{a0}| = |3\mathring{I}_{a1}| = \frac{3E_{a1}}{X_{1\Sigma} + X_{2\Sigma} + X_{0\Sigma}} \tag{4.30}$$

非故障 B 相的电压为:

$$\mathring{U}_{b} = \alpha^2 \mathring{U}_{a1} + \alpha \mathring{U}_{a2} + \mathring{U}_{a0} = \alpha^2 j\mathring{I}_{a1}(X_{2\Sigma} + X_{0\Sigma}) - \alpha j\mathring{I}_{a1}X_{2\Sigma} - j\mathring{I}_{a1}X_{0\Sigma} \tag{4.31}$$

(2) 两相短路

如图 4.11(a)表示 b,c 两相短路的情况,短路点的边界条件是非故障相电流为零,故障的两相电压相等,电流大小相等方向相反,即:$\overset{*}{I}_a = 0, \overset{*}{I}_b = -\overset{*}{I}_c, \overset{*}{U}_b = \overset{*}{U}_c$。

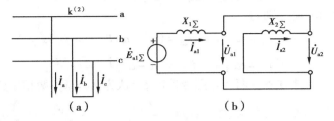

图 4.11　两相短路及其复合序网

(a)两相短路;(b) 复合序网

将它们转换成序分量形式的边界条件是:

$$
\begin{aligned}
\overset{*}{I}_{a0} &= 0 \\
\overset{*}{I}_{a1} &= -\overset{*}{I}_{a2} \\
\overset{*}{U}_{a1} &= \overset{*}{U}_{a2}
\end{aligned}
\tag{4.32}
$$

可见,在两相短路中零序电流为零,零序网络不起作用。按照边界条件,可得到两相短路时的复合序网络如图 4.12 所示。从而可得:

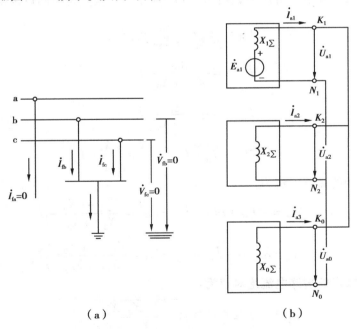

(a)

(b)

图 4.12　两相短路接地及其复合序网

(a)两相短路接地;(b)复合序网

$$\overset{*}{I}_{a1} = -\overset{*}{I}_{a2} = \frac{\overset{.}{E}_{a1\Sigma}}{j(X_{1\Sigma} + X_{2\Sigma})} \tag{4.33}$$

$$\overset{.}{U}_{a1} = \overset{.}{U}_{a2} = -j\overset{*}{I}_{a2}X_{2\Sigma} = j\overset{*}{I}_{a1}X_{2\Sigma}$$

短路点的故障相电流分别为：

$$\overset{*}{I}_b = \alpha^2\overset{*}{I}_{a1} + \overset{*}{\alpha}I_{a2} = (\alpha^2 - \alpha)\overset{*}{I}_{a1} = -j\sqrt{3}\overset{*}{I}_{a1} \tag{4.34}$$

$$\overset{*}{I}_c = \overset{*}{\alpha}I_{a1} + \alpha^2\overset{*}{I}_{a2} = (\alpha - \alpha^2)\overset{*}{I}_{a1} = j\sqrt{3}\overset{*}{I}_{a1}$$

当在远离发电机的地方发生两相短路故障时，可认为 $X_1 = X_2$，两相短路电流为：

$$I_k^{(2)} = |\overset{*}{I}_b| = |\overset{*}{I}_c| = \sqrt{3}I_{a1} = \sqrt{3}\frac{E_{a1\Sigma}}{X_{1\Sigma} + X_{2\Sigma}} = \sqrt{3}\frac{E_{a1\Sigma}}{2X_{1\Sigma}} = \frac{\sqrt{3}}{2}I_k^{(3)} \tag{4.35}$$

式(4.35)表明，供配电系统中的两相短路电流为同一地点三相短路电流的 0.866 倍，因此两相短路电流计算可用同一地点三相对称短路的计算方法方便求得。

(3)两相接地短路

两相接地短路故障点的边界条件是非故障相短路电流为零，两故障相电压相等等于零。转换成序分量边界条件为：

$$\overset{*}{I}_{a1} + \overset{*}{I}_{a2} + \overset{*}{I}_{a0} = 0 \tag{4.36}$$

$$\overset{.}{U}_{a1} = \overset{.}{U}_{a2} = \overset{.}{U}_{a0}$$

由此得到非故障相的复合序网如图 4.12(b)所示。根据复合序网可求得各序分量：

$$\overset{*}{I}_{a1} = \frac{\overset{.}{E}_{a1\Sigma}}{j(X_{1\Sigma} + X_{2\Sigma}//X_{0\Sigma})}$$

$$\overset{*}{I}_{a2} = -\frac{X_{0\Sigma}}{X_{2\Sigma} + X_{0\Sigma}}\overset{*}{I}_{a1} \tag{4.37}$$

$$\overset{*}{I}_{a0} = -\frac{X_{2\Sigma}}{X_{2\Sigma} + X_{0\Sigma}}\overset{*}{I}_{a1}$$

$$\overset{.}{U}_{a1} = \overset{.}{U}_{a2} = \overset{*}{U}_{a0} = j\frac{X_{2\Sigma} + X_{0\Sigma}}{X_{2\Sigma}X_{0\Sigma}}\overset{*}{I}_{a1}$$

短路点故障相的短路电流为：

$$\overset{*}{I}_b = \alpha^2\overset{*}{I}_{a1} + \overset{*}{\alpha}I_{a2} + \overset{*}{I}_{a0} = \left(\alpha^2 - \frac{X_{2\Sigma} + \alpha X_{0\Sigma}}{X_{2\Sigma} + X_{0\Sigma}}\right)\overset{*}{I}_{a1} \tag{4.38}$$

$$\overset{*}{I}_c = \overset{*}{\alpha}I_{a1} + \alpha^2\overset{*}{I}_{a2} + \overset{*}{I}_{a0} = \left(\alpha - \frac{X_{2\Sigma} + \alpha^2 X_{0\Sigma}}{X_{2\Sigma} + X_{0\Sigma}}\right)\overset{*}{I}_{a1}$$

进而求出故障点的短路电流绝对值为：

$$I_k^{(1,1)} = I_b = I_c = \sqrt{3}\sqrt{1 - \frac{X_{0\Sigma}X_{2\Sigma}}{(X_{0\Sigma} + X_{2\Sigma})^2}}\overset{*}{I}_{a1} \tag{4.39}$$

短路点非故障相电压为：

$$\overset{.}{U}_a = 3\overset{.}{U}_{a1} = j\frac{3X_{2\Sigma}X_{0\Sigma}}{X_{2\Sigma} + X_{0\Sigma}}\overset{*}{I}_{a1} \tag{4.40}$$

(4)正序等值定则

从以上 3 种简单不对称短路电流的计算式中不难发现一个规律，即正序电流均可用正序电势除以正序电抗与附加电抗的和求得,这说明不对称短路的正序分量电流与在短路点串接一定电抗后发生三相短路的电流相等,该概念被称为正序等效定则,其数学表达式为:

$$\overset{*}{I}{}_{a1\Sigma}^{(n)} = \frac{\overset{*}{E}{}_{a1\Sigma}}{j(X_{a1\Sigma} + X_{\Delta}^{(n)})} \tag{4.41}$$

式中,$X_{\Delta}^{(n)}$ 代表在短路点串接的附加电抗,上角标(n)是指短路类型符号。

从此前各种类型的短路电流绝对值算式中还发现,短路电流的绝对值与它的正序分量绝对值成正比,即:

$$I_k^{(n)} = m^{(n)} I_{a1}^{(n)} \tag{4.42}$$

式中,$m^{(n)}$ 为对应不同短路类型的比例系数。

各种简单短路时的附加电抗和类型比例系数见表4.5。

表 4.5　各类短路的附加电抗和类型比例系数表

短路类型 $f^{(n)}$	$X_{\Delta}^{(n)}$	$M^{(n)}$
三相短路 $f^{(3)}$	0	1
两相短路接地 $f^{(1,1)}$	$\dfrac{X_{2\Sigma} X_{0\Sigma}}{X_{2\Sigma} + X_{0\Sigma}}$	$\sqrt{3}\sqrt{1 - \dfrac{X_{2\Sigma} X_{0\Sigma}}{(X_{2\Sigma} + X_{0\Sigma})^2}}$
两线短路 $f^{(2)}$	$X_{2\Sigma}$	$\sqrt{3}$
单相接地 $f^{(1)}$	$X_{2\Sigma} + X_{0\Sigma}$	3

正序等效定则告诉我们,只要事先求出系统对短路点的总负序电抗和零序电抗,计算出相应的附加电抗和短路类型比例系数,就可以用类似计算对称三相短路电流的方法获得不对称短路电流。

短路电流主要用于保护装置整定及短路动稳定和热稳定的校验。在供电系统同一地点发生短路时,两相短路和单相短路电流均较三相短路电流小,因此在一般电气设备和导体的选择校验中,采用三相短路电流,而在保护装置的灵敏度校验中,应采用两相(或单相)短路电流。

4.3.4　纵向不对称故障的分析计算

电网短路故障是短路点 f 处出现了相与相,相与地之间非正常接通的情况,由故障节点 f 与零电位点组成故障端口。纵向故障则是在网络中的两个相邻节点之间出现不正常断线或三相阻抗不等的现象,它的故障端口由相邻的两个故障点 f 和 f′组成。

纵向不对称故障主要有单相断线、两相断线和串补电容击穿等。非对称断线是纵向故障的主要形式,如人为操作不当或自然因素造成的线路断裂,断路器三相不同时合闸、继电保护单相跳闸等,因此我们重点讨论单相断线和两相断线,对其他如串补电器被短接或击穿等三相阻抗不相等故障的分析计算可用相同方法进行。

不对称纵向故障系统仍然是只在故障部位不对称而其余系统参数完全对称,因此与短路故障分析方法类似,将不对称的故障部分用对称分量法转换成正、负和零序 3 个对称系统进行分析计算。

(1)单相断线

用与不对称短路相同的分析思路与方法,先求出从故障端口看进去的各序等值阻抗,再根

103

据单相断线的边界条件作复合序网,由复合序网建立方程求出各序电流和全电流。

a 相断线故障处的边界条件是断线相电流为零,其余两相的故障端口电压为零,显然有与两相短路(b,c 两相故障,a 相正常)时相同的故障点边界条件,即:

$$\dot{I}_{Fa}=0,\Delta\dot{U}_{Fb}=\Delta\dot{U}_{Fc}=0 \tag{4.43}$$

用对称分量表示有:

$$\dot{I}_{F(1)}+\dot{I}_{F(2)}+\dot{I}_{F(0)}=0$$

$$\Delta\dot{U}_{F(1)}=\Delta\dot{U}_{F(2)}=\Delta\dot{U}_{F(0)} \tag{4.44}$$

由此式得到断线相的复合序网如图 4.12 所示。根据复合序网可求得断线相各序分量:

$$\dot{I}_{a1}=\frac{\dot{E}_{a1\Sigma}}{j(X_{1\Sigma}+X_{2\Sigma}//X_{0\Sigma})}$$

$$\dot{I}_{a2}=-\frac{X_{0\Sigma}}{X_{2\Sigma}+X_{0\Sigma}}\dot{I}_{a1} \tag{4.45}$$

$$\dot{I}_{a0}=-\frac{X_{2\Sigma}}{X_{2\Sigma}+X_{0\Sigma}}\dot{I}_{a1}$$

$$\dot{U}_{a1}=\dot{U}_{a2}=\dot{U}_{a0}=j\frac{X_{2\Sigma}+X_{0\Sigma}}{X_{2\Sigma}X_{0\Sigma}}\dot{I}_{a1}$$

值得指出的是式(4.45)中的 $\dot{E}_{a1\Sigma}=\Delta\dot{U}_F$ 即为断线相端口开路电压,而不是短路系统中电源电势;各序电抗是从断线端口 f,f′ 看入的等效序电抗,与短路时从短路点到零电位点间的序电抗不同。

断线点非故障相的电流为:

$$\dot{I}_b=\alpha^2\dot{I}_{a1}+\alpha\dot{I}_{a2}+\dot{I}_{a0}=\left(\alpha^2-\frac{X_{2\Sigma}+\alpha X_{0\Sigma}}{X_{2\Sigma}+X_{0\Sigma}}\right)\dot{I}_{a1} \tag{4.46}$$

$$\dot{I}_c=\alpha\dot{I}_{a1}+\alpha^2\dot{I}_{a2}+\dot{I}_{a0}=\left(\alpha-\frac{X_{2\Sigma}+\alpha^2 X_{0\Sigma}}{X_{2\Sigma}+X_{0\Sigma}}\right)\dot{I}_{a1}$$

断线相端口电压为:

$$\dot{U}_a=3\dot{U}_{a1}=j\frac{3X_{2\Sigma}X_{0\Sigma}}{X_{2\Sigma}+X_{0\Sigma}}\dot{I}_{a1} \tag{4.47}$$

(2)b,c 两相断线

这种纵向故障的分析计算方法与单相断线故障相同,从故障点边界条件看,与单相接地短路故障一致,因此 b,c 两相断线故障的计算方法与 a 相接地短路类似,同样可用单相短路的计算公式计算故障参数,公式中的电势、各序电抗的物理意义与纵向故障系统相同,健全相(特征相)的故障电流和各故障相的端口电压计算公式留给读者思考导出。

4.4　低压电网故障电流计算的特点

4.4.1　低压电网特点

①由于低压电网中配电变压器容量远小于高压电力系统的容量,因此在计算配电变压器低压侧短路电流时,可认为配电变压器高压侧电压保持不变。

②由于低压回路中各元件的电阻与电抗相比已不能忽略,因此计算时需用阻抗值。

③由于低压电网的电压等级通常只有一级,因此计算中采用有名值计算比较方便。

4.4.2　低压电网中各主要元件的阻抗

(1)电源侧电力系统的阻抗

低压电网的电源通常由高压电力系统提供,因此这部分阻抗的电阻相对于电抗很小,一般不予考虑。电力系统的电抗可按下式来计算:

$$X_s = \frac{U_N^2}{S_{oc}} \tag{4.48}$$

式中,X_s 为电力系统的电抗;S_{oc} 为电力系统出口的三相短路容量或高压断路器的断流容量;U_N 为变压器低压侧的额定电压。应用时注意各参数的单位。

(2)配电变压器的阻抗

变压器的电阻 R_T、电抗 X_T 和阻抗 Z_T 可按下式来计算:

$$
\begin{aligned}
R_T &= \frac{\Delta P_k U_N^2}{S_N^2} \\
Z_T &= \frac{U_k\% U_N^2}{100 S_N} \\
X_T &= \sqrt{Z_T^2 - R_T^2}
\end{aligned}
\tag{4.49}
$$

式中,ΔP_k 为变压器的额定短路损耗,kW;S_N 为变压器的额定容量,kV·A;$U_k\%$ 为变压器的短路电压百分数;U_N 为变压器低压侧的额定电压,V。

(3)母线的阻抗

在工程实用计算中,母线的电抗常采用以下简化公式计算:

母线截面面积在 500 mm² 以下时,$X_W = 0.17 \, l\mathrm{m}\Omega$;

母线截面面积在 500 mm² 以上时,$X_W = 0.13 \, l\mathrm{m}\Omega$。

其中,l 为母线长度,m。

(4)其他元件的阻抗

低压断路器过电流线圈的阻抗、低压断路器及刀开关触头的接触电阻、电流互感器一次绕组的阻抗及电缆的阻抗等可查有关产品样本得到。

4.4.3 低压电网三相短路电流的计算

(1)三相短路电流有效值的计算

对三相阻抗相同的低压配电系统,三相短路电流有效值可按下式计算:

$$I_k = \frac{U_{av}}{\sqrt{3}\sqrt{R_\Sigma^2 + X_\Sigma^2}} \tag{4.50}$$

如仅在一相或两相上装设电流互感器而使短路电流不对称时,采用没有电流互感器那一相的总阻抗。

(2)短路冲击电流的计算

由于低压电网的电阻值较大,非周期分量电流衰减较快,因此只在变压器低压侧母线附近短路时,在短路第一个周期内才考虑分周期分量影响,冲击电流计算公式为:

$$i_{sh} = \sqrt{2}K_{sh}I_k \tag{4.51}$$

式中,K_{sh} 为短路电流的冲击系数,可根据短路回路中 X/R 的比值从如图 4.13 所示中查得。当短路点不在变压器低压侧母线附近,则可不考虑非周期分量,即 $K_{sh} = l$。

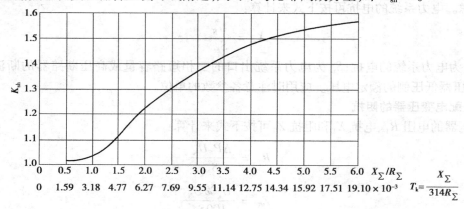

图 4.13　K_{sh} 与 X/R 的关系

(3)冲击电流有效值

$$\text{当 } K_{sh} > 1.3 \text{ 时}, I_{sh} = I_k\sqrt{1 + 2(K_{sh} - 1)^2}$$
$$\text{当 } K_{sh} < 1.3 \text{ 时}, I_{sh} = I_k\sqrt{1 + \frac{T_k}{0.02}} \tag{4.52}$$

式中的短路时间常数 $T_k = \dfrac{X_\Sigma}{0.02}$。

(4)低压电网两相短路电流的计算

由于低压电网距发电机较远,且变压器容量远小于系统容量,因此两相短路电流可按下式计算:

$$I_k^{(2)} = \frac{\sqrt{3}}{2}I_k^{(3)} \tag{4.53}$$

(5)低压电网单相短路电流的计算

①应用对称分量法。

当求得单相短路时的正序、负序和零序阻抗时,可用对称分量法求出短路电流:

$$I_k^1 = \frac{3U_\varphi}{Z_{1\Sigma} + Z_{2\Sigma} + Z_{0\Sigma}} \qquad (4.54)$$

②在实际计算中,单相短路电流常通过"相—零"回路阻抗来求。

$$I_k^{(1)} = \frac{3U_\varphi}{Z_T + Z_{\varphi 0}} \qquad (4.55)$$

式中,Z_T 为变压器的单相阻抗;$Z_{\varphi 0}$ 为"相—零"回路阻抗,它包括除变压器以外的所有电器元件阻抗,如线路和电器线圈的阻抗、触头接触电阻等,可通过查阅有关产品样本获得。

本章小结

短路的种类有三相短路、两相短路、单相接地短路和两相接地短路。其中,发生单相接地短路的概率最大,发生三相短路的概率最小,但一般三相短路电流最大,造成的危害也最严重,因此选择、校验电气设备用的短路电流,以三相短路计算值为主。

采用标幺值法计算三相短路电流,避免了多级电压系统中的阻抗变换,计算简便,在工程中广泛采用。应掌握基准值的选取、电力系统各元件电抗标幺值的计算方法。

无限大容量系统发生三相短路时,短路全电流由周期分量和非周期分量组成。短路电流周期分量在短路过程中保持不变,从而有 $I'' = I_\infty = I_p = I_k$,使短路计算十分简便。应了解次暂态短路电流、稳态短路电流、冲击短路电流和短路容量的物理意义。

无限大容量系统的短路电流为 $I_k = I_d / X_\Sigma^*$,其中 I_d 为基准电流,X_Σ^* 为短路回路总电抗的标幺值。

对称分量法是分析不对称转录的有效方法,它是将一组三相不对称系统分解成三相对称的正序,负序和零序 3 个分量系统,各序分量相互独立。对于各种不对称短路,都可以根据短路点的边界条件方程建立复合型网络求解。

两相短路电流可近似看成同一地点三相短路电流的 $\sqrt{3}/2$ 倍,进行两相短路计算的目的主要是校验保护的灵敏度。

低压电网短路计算时,一般将配电变压器的高压侧看作无限大容量系统,而且通常计入短路电路所有元件的阻抗。

思考题与习题

1. 什么是短路? 短路的类型有哪几种? 短路对电力系统有哪些危害?

2. 什么是标幺值? 在短路电流计算中,各物理量的标幺值是如何选取的?

3. 什么是无限大容量系统? 它有什么特征?

4. 什么是短路冲击电流、短路次暂态电流和短路稳态电流? 在无限大容量系统中,它们与短路电流周期分量有效值之间有什么关系?

5. 某工厂变电所装有两台并列运行的 S9-800(Yyn0 联结)型变压器,其电源由地区变电站通过一条 8 km 的 10 kV 架宅线路供给。已知地区变电站出口断路器的断流容量为 500 MV · A,试用标幺制法求该厂变电所 10 kV 高压侧和 380 V 低压侧的三相短路电流及三相短路容量。

6. 如图 4.14 所示网络中,各元件的参数已标于图中,试用标幺值法计算 k 点发生三相短路时短路点的短路电流。

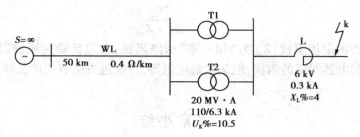

图 4.14 习题 6 图

第5章
电气设备的选择与校验

电气设备的选择与校验是供配电系统的主要内容之一,选择是否合理将直接影响整个供配电系统的可靠运行。本章主要介绍供配电系统中常用电气设备的选择与校验方法。

5.1 选择电气设备的原则

选择电气设备的一般条件是保证电气设备在正常工作条件下能可靠工作,而在短路情况下不被损坏。换句话说,就是按照正常工作条件选择,按照短路情况校验。

5.1.1 按正常工作条件选择

(1)环境条件

环境条件主要包括设备的安装地点、环境温度、海拔高度、相对湿度以及防尘、防腐、防爆、防火等要求。

(2)额定电压

电气设备的额定电压 U_N 应不低于设备安装地点电网的最高工作电压 $U_{W.max}$,即

$$U_N \geqslant U_{W.max} \tag{5.1}$$

(3)额定电流

电气设备的额定电流 I_N 应不小于设备正常工作时的最大负荷电流 $I_{W.max}$,即

$$I_N \geqslant I_{W.max} \tag{5.2}$$

一般情况下,$I_{W.max}$ 取线路的计算电流 I_{30} 或变压器的额定电流 I_{NT}。目前,我国生产的电气设备是按环境温度 $\theta = 40$ ℃设计的,如果安装地点的实际环境温度 $\theta \neq 40$ ℃,则额定电流应乘以温度校正系数 K_θ:

$$K_\theta = \sqrt{\frac{\theta_{al} - \theta_0'}{\theta_{al} - \theta_0}} \tag{5.3}$$

109

式中，θ_{al}表示电气设备长期工作时的最高允许温度；θ'_0为安装地点的实际环境温度。

5.1.2 按短路情况校验

(1) 动稳定校验

动稳定是指电气设备所承受的短路电流的力效应的能力，满足动稳定的条件是：

$$i_{max} \geqslant i_{sh}^{(3)} \text{ 或 } I_{max} \geqslant I_{sh}^{(3)} \tag{5.4}$$

式中，i_{max}和I_{max}分别表示电气设备允许通过的最大电流的峰值及其有效值。

(2) 热稳定校验

热稳定是指电气设备所承受的短路电流的热效应的能力，满足热稳定的条件是：

$$I_t^2 t \geqslant I_\infty^2 t_{ima} \tag{5.5}$$

式中，I_t表示电气设备在时间t内的热稳定电流，kA；I_∞表示三相短路稳态短路电流，kA；t是厂家给出的热稳定试验时间，s；t_{ima}是假想时间，s。

(3) 断流能力校验

断路器和熔断器等电气设备，均承担着切断短路电流的任务，其必须具备在通过最大短路电流时能将其可靠切断的能力。因此，选用此类设备时，必须校验断流能力，即

$$I_{oc} > I_k^{(3)} \text{ 或 } S_{oc} > S_k^{(3)} \tag{5.6}$$

式中，I_{oc}，S_{oc}分别表示断路器在额定电压下的最大开断电流(kA)和开断容量(MV·A)；$I_k^{(3)}$，$S_k^{(3)}$分别表示安装地点的最大三相短路电流(kA)和短路容量(MV·A)。

5.2 开关设备的选择与校验

5.2.1 高压开关设备的选择与校验

高压开关设备的选择，主要是对高压断路器、高压隔离开关以及高压负荷开关的选择。具体选择与校验的项目可参照表5.1进行。高压开关柜形式的选择应根据使用的环境条件来确定是户内式还是户外式；根据供电可靠性要求来确定是固定式还是手车式。此外，还应考虑经济合理。

表5.1　高压电气设备的选择和校验项目

设备名称	电压/kV	电流/A	断流容量/(MV·A)	短路电流校验	
				动稳定	热稳定
高压断路器	√	√	√	√	√
高压隔离开关	√	√	×	√	√
高压负荷开关	√	√	×	√	√
高压熔断器	√	√	√	×	×
电流互感器	√	√	×	√	√
电压互感器	√	×	×	×	×

续表

设备名称	电压/kV	电流/A	断流容量/(MV·A)	短路电流校验	
				动稳定	热稳定
限流电抗器	√	√	×	√	√
消弧线圈	√	√	×	×	×
母线	×	√	×	√	√
电缆、绝缘导线	√	√	×	×	√
支持绝缘子	√	×	×	√	×
穿墙套管	√	√	×	√	√

注:表中"√"表示选择此项,"×"表示不选择此项。

例 5.1　某 35 kV 户内变电所,已知变压器容量为 5 000 kV·A,电压比为 35/10.5 kV,10 kV 母线的最大三相短路电流为 3.35 kA,冲击电流为 8.54 kA,三相短路容量为 60.9 MV·A,继电保护动作时间为 1.1 s,断路器断路时间取 0.2 s。试选择变压器二次侧的高压开关柜内的高压断路器和高压隔离开关。

解:变压器二次侧的额定电流为

$$I_{N2} = \frac{S_N}{\sqrt{3}\,U_{N2}} = \frac{5\,000}{\sqrt{3} \times 10.5}\text{ A} = 275\text{ A}$$

假想时间为

$$t_{ima} = t_k = t_{pr} + t_{oc} = 1.1\text{ s} + 0.2\text{ s} = 1.3\text{ s}$$

查附录表 16 和 17,选择 SN10-10I/630 型断路器和 GN8-10T/400 型隔离开关,设备具体参数及计算数据见表 5.2。

表 5.2　高压断路器和高压隔离开关的选择

序　号	安装地点的电气条件		所选设备的技术数据			结　论
	项　目	数据	项　目	SN10-10I/630型断路器	GN8-10T/400型隔离开关	
1	$U_{W.max}$/kV	10	U_N/kV	10	10	合格
2	$I_{W.max}$/A	275	I_N/A	630	400	合格
3	I_k/kA	3.35	I_{oc}/kA	16		合格
4	S_k/MV·A	60.9	S_{oc}/MV·A	300		合格
5	i_{sh}/kA	8.54	i_{max}/kA	40	40	合格
6	$I_\infty^2 t_{ima}$/(kA²·s)	14.6	$I_t^2 t$/(kA²·s)	1 024	980	合格

5.2.2　低压开关设备的选择与校验

低压开关设备的选择,与高压一次设备选择一样,必须满足正常条件下和短路故障条件下的要求,同时设备应安全可靠地工作,并且维护方便,投资经济合理。低压一次设备的选择校验项目见表5.3,关于低压电流互感器、电压互感器、母线、电缆、绝缘子等和表5.1相同,此略。

表5.3 低压电气设备的选择和校验项目

设备名称	电压/ kV	电流/A	断流容量 /(MV·A)	短路电流校验	
				动稳定	热稳定
低压断路器	√	√	√	×	×
低压刀开关	√	√	√	×	×
低压负荷开关	√	√	√	×	×
低压熔断器	√	√	√	×	×

5.3 变压器及互感器的选择与校验

5.3.1 变电所主变压器台数和容量的选择

(1)变电所主变压器台数的选择

选择主变压器台数时应遵循以下原则:

①应满足用电负荷对供电可靠性的要求。对供有大量一、二级负荷的变电所,应装两台主变压器。若只有一条电源进线,或变电所可由低压侧电网取得备用电源时,可装一台主变压器。若绝大部分负荷为三级负荷,其少量的二级负荷可由邻近低压电网取得备用电源时,可装一台主变压器。

②对季节性负荷或昼夜变化较大的负荷,应使变压器在经济状态下运行,可用两台变压器供电。

③除上述情况外,车间变电所可采用一台变压器。但是,当集中负荷较大时,虽为三级负荷,也可采用两台或多台变压器。

(2)变压器容量的选择

1)装有一台主变压器的变电所

主变压器的容量 $S_{N.T}$ 应满足全部用电设备的总计算负荷 S_{30} 的需要,即

$$S_{N.T} \geqslant S_{30} \tag{5.7}$$

2)装有两台主变压器的变电所

每台变压器的容量 $S_{N.T}$ 应同时满足以下两个条件:

①任意一台变压器单独运行时,应满足总计算负荷 S_{30}60% ~70%的需要,即

$$S_{N.T} = (0.6 \sim 0.7)S_{30} \tag{5.8}$$

②任意一台变压器单独运行时,应满足全部一、二级负荷的需要,即

$$S_{N.T} \geqslant S_{30(I+II)} \tag{5.9}$$

3)车间变电所主变压器单台容量的上限值

车间变电所主变压器的单台容量一般不宜大于 1 000 kV·A,这样可使变压器更接近于

车间负荷中心,减少低压配电线路的投资和电能损耗,并且变压器低压侧短路电流不致太大,开关电器的电流容量和短路动稳定易满足要求。

4)适当考虑负荷的发展

应适当考虑今后 5 ~ 10 年电力负荷的发展,留有一定的余地,同时还要考虑变压器有一定的正常过负荷能力。干式变压器的过负荷能力较小,更宜留有较大的裕量。

这里必须指出:变压器的额定容量是指在一定环境温度下所能持续的最大输出容量。

按 GB 1094.1—1996《电力变压器第 1 部分总则》规定,电力变压器正常使用的环境温度条件是最高气温为 40 ℃,最高日平均气温为 30 ℃,最高年平均气温为 20 ℃。如果变压器安装地点的年平均气温每升高 1 ℃,变压器的容量就要减少 1%,因此室外变压器的实际容量为

$$S_{\mathrm{T}} = \left(1 - \frac{\theta_{\mathrm{av}} - 20}{100} \right) S_{\mathrm{N.T}} \tag{5.10}$$

对室内变压器,由于散热条件差,一般室内环境温度比室外大约高 8 ℃,其容量还要减少 8%,因此室内变压器的实际容量为:

$$S_{\mathrm{T}} = \left(0.92 - \frac{\theta_{\mathrm{av}} - 20}{100} \right) S_{\mathrm{N.T}} \tag{5.11}$$

例 5.2　某 10/0.4 kV 变电所,总计算负荷为 1 200 kV·A,其中一、二级负荷 680 kV·A。试初步选择该变电所主变压器的台数和容量。

解:根据变电所有一、二级负荷的情况,确定选两台主变压器。

每台容量为:$S_{\mathrm{N.T}} = (0.6 \sim 0.7) \times 1\ 200\ \mathrm{kV \cdot A} = (720 \sim 840)\ \mathrm{kV \cdot A}$

且:$S_{\mathrm{N.T}} \geq 680\ \mathrm{kV \cdot A}$

因此初步确定每台主变压器容量为 800 kV·A。

5.3.2　电流互感器的选择和校验

电流互感器应按照装设地点的条件及额定电压、一次电流、二次电流(一般为 5 A)、准确度等级进行选择,并校验动稳定和热稳定。

(1)电流互感器的选择

1)额定电压

电流互感器的额定电压应不低于安装地点电网的额定电压。

2)额定电流

电流互感器一次绕组的额定电流应不小于线路的计算电流,二次绕组的额定电流通常为 5 A。

3)准确度等级的选择

为了保证电流互感器的准确度,其二次侧的实际负荷必须小于其准确度等级所规定的额定二次负荷,即

$$S_{\mathrm{N2}} \geq S_2 \tag{5.12}$$

二次回路的负荷 S_2 取决于二次回路阻抗 Z_2 的值,即

$$S_2 = I_{\mathrm{N2}}^2 Z_2 = I_{\mathrm{N2}}^2 \left(\sum |Z_{\mathrm{i}}| + R_{\mathrm{WL}} + R_{\mathrm{tou}} \right) = \sum S_{\mathrm{i}} + I_{\mathrm{N2}}^2 (R_{\mathrm{WL}} + R_{\mathrm{tou}}) \tag{5.13}$$

式中,S_{i}、Z_{i} 分别表示仪表和继电器电流线圈的额定负荷(VA)和阻抗(Ω);R_{tou} 为所有接头的接触电阻,取 0.1 Ω;R_{WL} 为连接导线的电阻,其计算公式为:

$$R_{WL} = \frac{l_c}{\gamma A} \tag{5.14}$$

式中,γ 为导线的电导率,m/$\Omega \cdot$ mm^2;铜线取 53 m/$\Omega \cdot$ mm^2,铝线取 32 m/$\Omega \cdot$ mm^2。l_c 为连接导线的计算长度,m;与电流互感器的连接方式有关,如果电流互感器为一相式接线时,则 $l_c = 2l$;为三相完全星型接线时,$l_c = l$;为两相不完全星形接线和两相电流差接线时,$l_c = \sqrt{3}l$。A 为导线的截面面积,mm^2;连接导线一般采用铜芯绝缘导线,其截面不得小于 1.5 mm^2。

(2)电流互感器的校验

1)动稳定校验

电流互感器产品的动稳定倍数 K_{es},因此满足动稳定的条件为

$$\sqrt{2} K_{es} I_{N1} \geq i_{sh} \tag{5.15}$$

其中,$K_{es} = \dfrac{i_{max}}{\sqrt{2} I_{N1}}$。

2)热稳定校验

电流互感器产品的热稳定倍数 K_t,因此满足热稳定的条件为

$$(K_t I_{N1})^2 t \geq I_\infty I_{ima} \tag{5.16}$$

其中,$K_t = \dfrac{I_t}{I_{N1}}$。

保护用的电流互感器,还应按照 10% 误差曲线校验。其是指电流互感器的误差为 10% 时,一次电流倍数 $n_i = I_1/I_{N1}$ 与二次负荷阻抗最大允许值的关系曲线,如图 5.1 所示。如果已知系统短路时通过电流互感器一次侧的电流倍数 n_i,就可在 10% 误差曲线上查得对应的二次负荷最大允许值。

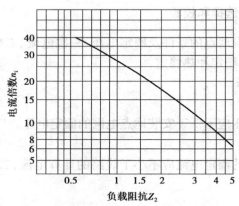

图 5.1　电流互感器的 10% 误差曲线

5.3.3　电压互感器的选择和校验

电压互感器应按照装设地点的条件及一次电压、二次电压(一般为 100 V)、准确度等级进行选择。由于它的一、二次侧均有熔断器保护,故不需要进行短路校验。

1）额定电压

电压互感器一次绕组的额定电压应与安装地点电网的额定电压相同,二次绕组的额定电压通常为 100 V。

2）准确度等级的选择

为了保证电压互感器的准确度,其二次侧的实际负荷必须小于其准确度等级所规定的额定二次负荷,即

$$S_{N2} \geq S_2 = \sqrt{\left(\sum_{i=1}^{n} S_i \cos \varphi_i\right)^2 + \left(\sum_{i=1}^{n} S_i \sin \varphi_i\right)^2} \tag{5.17}$$

式中,S_i,$\cos \varphi_i$ 分别表示二次侧所接仪表并联线圈消耗的功率及其功率因素。

5.4　熔断器的选择与校验

5.4.1　熔断器熔体额定电流的选择

（1）保护电力线路的熔断器熔体额定电流的选择

保护电力线路的熔断器,其熔体额定电流应按以下条件选择:

①为了保证在线路正常运行时熔体不致熔断,应使熔体的额定电流 $I_{N.FE}$ 不小于线路的计算电流 I_{30},即

$$I_{N.FE} \geq I_{30} \tag{5.18}$$

②为了保证在线路出现尖峰电流时熔体不致熔断,应使熔体的额定电流 $I_{N.FE}$ 不小于线路的尖峰电流 I_{pk},即

$$I_{N.FE} \geq KI_{pk} \tag{5.19}$$

式中,K 为小于 1 的计算系数,应根据熔体的特性和电动机启动情况来决定。启动时间在 3 s 以下（轻载启动）,取 $K = 0.25 \sim 0.35$;启动时间在 $3 \sim 8$ s（重载启动）,取 $K = 0.35 \sim 0.5$;启动时间超过 8 s 或频繁启动、反接制动等,取 $K = 0.5 \sim 0.6$。如果线路尖峰电流与计算电流的比值接近于 1,则可取 $K = 1$。

③为了使熔断器能可靠地保护导线和电缆,以便在线路发生短路或过负荷时能及时切断线路电流,熔断器的熔体额定电流 $I_{N.FE}$ 必须与被保护线路的允许电流 I_{al} 相配合,因此满足以下条件:

$$I_{N.FE} \leq K_{OL} I_{al} \tag{5.20}$$

式中,I_{al} 是绝缘导线或电缆的允许载流量;K_{OL} 是其允许短时过负荷倍数。如果熔断器只作为短路保护用时,对电缆和穿管绝缘导线,取 $K_{OL} = 2.5$;对明敷绝缘导线,取 $K_{OL} = 1.5$。如果熔断器作为短路保护和过负荷保护用时,取 $K_{OL} = 1$。

（2）保护电力变压器的熔断器熔体额定电流的选择

对于保护电力变压器的熔断器,其熔体额定电流应按下式选择:

$$I_{N.FE} = (1.5 \sim 2) I_{N.T} \tag{5.21}$$

式中,$I_{N.T}$ 是变压器的额定电流,熔断器装在哪侧,就用那侧的额定电流。

（3）保护电压互感器的熔断器熔体额定电流的选择

由于电压互感器二次侧的负荷很小，因此保护高压电压互感器的 RN2 型熔断器的熔体额定电流一般为 0.5 A。

5.4.2 熔断器的选择和校验

（1）熔断器的选择

选择熔断器时应满足下列条件：

①额定电压熔断器的额定电压应不低于被保护线路的额定电压。

②额定电流熔断器的额定电流应不小于它所安装熔体的额定电流。

（2）熔断器的校验

1）断流能力校验

对限流式熔断器（如 RN1 型、RT0 型等），由于其能在短路电流达到冲击值之前将电弧完全熄灭、切除短路，因此应满足下列条件：

$$I_{oc} \geq I''^{(3)} \tag{5.22}$$

式中，I_{oc} 表示熔断器的最大分断电流；$I''^{(3)}$ 表示熔断器安装地点的三相次暂态短路电流有效值，在无限大容量系统中 $I''^{(3)} = I_\infty^{(3)} = I_k^{(3)}$。

对非限流式熔断器（如 RW4 型、RM10 型等），由于其不能在短路电流达到冲击值之前将电弧完全熄灭、切除短路，因此应满足下列条件：

$$I_{oc} \geq I_{sh}^{3} \tag{5.23}$$

式中，$I_{sh}^{(3)}$ 表示熔断器安装地点的三相短路冲击电流有效值。

2）熔断器保护的灵敏度校验

为了保证熔断器在其保护区内发生短路故障时可靠地熔断，按规定，熔断器保护的灵敏度应按下式计算：

$$K_S = \frac{I_{k.min}}{I_{N.FE}} \geq 4 \sim 7 \tag{5.24}$$

式中，$I_{k.min}$ 表示熔断器保护线路末端的最小短路电流。对 TN 系统和 TT 系统来说，$I_{k.min}$ 是线路末端的单相短路电流；对 IT 系统和中性点不接地系统来说，$I_{k.min}$ 是线路末端的两相短路电流。

例 5.3 有一台 Y 型电动机，其额定电压为 380 V，额定功率为 18.5 kW，额定电流为 35.5 A，启动电流倍数为 7。该电动机采用 RT0 型熔断器作短路保护，短路电流 $I_k^{(3)}$ 最大可达 13 kA。试选择熔断器及其熔体的额定电流。

解：（1）选择熔体及熔断器的额定电流

$$I_{N.FE} \geq I_{30} = 35.5 \text{ A}$$

$$I_{N.FE} \geq KI_{pk} = 0.3 \times 35.5 \text{ A} \times 7 = 74.55 \text{ A}$$

因此由附录表 10 可选 RT0-100 型熔断器，即 $I_{N.FU} = 100$ A，而熔体选 $I_{N.FE} = 80$ A。

（2）校验熔断器的断流能力

查附录表 10 得，RT0-100 型熔断器的 $I_{oc} = 50$ kA $> I''^{(3)} = I_k^{(3)} = 13$ kA，其断流能力满足要求（注：因为未给 $I_{k.min}$ 数据，熔断器保护灵敏度校验从略）。

5.4.3 前后熔断器之间的选择性配合

所谓选择性配合，就是要求在线路发生短路故障时，靠近故障点的熔断器首先熔断，将故障切除,从而保证系统的其他部分仍能正常运行。

前后熔断器之间的选择性配合,应按照其保护特性曲线(又称安秒特性曲线)来进行校验。如图 5.2(a)所示线路中,当在 WL2 的首端 k 点发生三相短路时,则 FU1 和 FU2 都有短路电流流过。按保护选择性的要求,应该是 FU2 的熔体首先熔断,切除故障线路 WL2,而 FU1 不再熔断,干线 WL1 正常运行。但是熔体的实际熔断时间与其产品的标准特性曲线查得的熔断时间可能有 ±50% 的误差,从最不利的情况考虑,当在 k 点发生三相短路时,设 FU2 的实际熔断时间 t_2' 比标准保护特性曲线上查得的时间 t_2 大 50%(为正偏差),即 $t_2' = 1.5t_2$;而 FU1 的实际熔断时间 t_1' 比标准保护特性曲线上查得的时间 t_1 小 50%(为负偏差),即 $t_1' = 0.5t_1$,由图 5.2(b)可知,为保证前后两熔断器 FU1 和 FU2 动作的选择性,必须满足的条件是 $t_1' > t_2'$,即

$$t_1 > 3t_2 \tag{5.25}$$

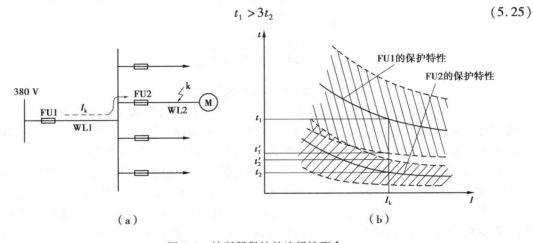

(a)   (b)

图 5.2 熔断器保护的选择性配合

(a)熔断器在线路中的选择性配置;(b)熔断器保护特性曲线进行选择性校验

也就是说前一级熔断器(FU1)的熔断时间,至少应为后一级熔断器(FU2)熔断时间的 3 倍,才能保证前后熔断器动作的选择性。若不用熔断器的保护特性曲线来校验选择性,一般只要前一级熔断器熔体的额定电流比后一级熔断器熔体的额定电流大 2 ~ 3 级,就能保证选择性动作。

5.5 导线截面的选择与校验

5.5.1 线路的结构和敷设

电力线路按结构可分为架空线路和电缆线路两大类。

(1)架空线路的结构和敷设

架空线路与电缆线路相比,具有成本低、投资少、安装容易、维护检修方便、易于发现和排除故障等优点,因而被广泛采用。但由于架空线路露天架设,容易遭受雷击和风雨等自然灾害的侵袭,且它需要占用大片土地做出线走廊,有时会影响交通和市容,因此其使用受到一定的限制。目前,现代化城市和工厂有逐渐减少架空线路、采用电缆线路的趋势。

1)架空线路的结构

架空线路主要由导线、杆塔、横担、绝缘子和金具等部件组成,如图 5.3 所示。有的架空线路上还装设有避雷线(架空地线)。

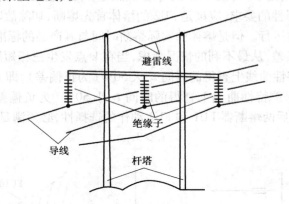

图 5.3　架空线路的结构

①导线　架空线路的导线是在露天条件下运行的,它不仅要承受导线自重、风压、冰霜及温度变化的影响,还要承受空气中各种有害气体的化学侵蚀,其工作条件相当恶劣。因此,导线必须有较高的机械强度和耐化学腐蚀能力,而且还应有良好的导电性能。

导线常用的材料有铜、铝和钢等。铜具有良好的导电性能和抗拉强度,且具有较强的抗化学腐蚀能力,是理想的导线材料,但是铜属于贵金属,其成本高,应尽量节约。铝的导电性能比较好(仅次于铜),且具有质轻价廉的优点,因此在档距较小的 10 kV 及以下线路上被广泛采用。钢的机械强度很高,而且价廉,但其导电性能差,且为磁性材料,感抗大,故一般不宜单独作导线材料,而用作铝导线的钢芯或避雷线。

导线可分为裸导线和绝缘导线两大类,架空线路一般采用裸导线。裸导线按结构分,有单股线和多股绞线两种,绞线又分为铜绞线(TJ)、铝绞线(LJ)和钢芯铝绞线(LGJ)。在企业中常用的是铝绞线,但对机械强度要求较高和 35 kV 及以上的架空线路上,则多采用钢芯铝绞线。

②杆塔　杆塔是用来支撑绝缘子和导线的,俗称电杆。杆塔应有足够的机械强度,经久耐用,便于搬运和安装。

杆塔按材料分,有木杆、钢筋混凝土杆(水泥杆)和铁塔 3 种类型。35 kV 及以下线路一般采用水泥杆;110 kV 及以上线路以及大跨越线路常采用铁塔。

③横担　横担的主要作用是用来固定绝缘子,并使各项导线之间保持一定的距离,防止风吹摆动而造成相间短路。常用的有木横担、铁横担和瓷横担。从保护环境和经久耐用看,现在架空线路上普遍采用的是铁横担和瓷横担。瓷横担是我国独创的产品,具有良好的电气绝缘性能,兼有绝缘子和横担的双重功能,能节约大量的木材和钢材,有效降低杆塔的高度,一般可节省线路投资 30% ~40%。同时,其表面便于雨水冲洗,可减少维护工作量。

横担的长度取决于电路电压的高低、档距的大小、安装方式和使用地点等,主要是保证在最困难条件下(如最大弧垂时受风吹动)导线之间的绝缘要求。

④绝缘子　绝缘子把导线固定在杆塔上,并使带电导线之间、导线与横担之间、导线与杆塔之间保持绝缘,故绝缘子应具有良好的绝缘性能和机械强度,并能承受各种气象条件的变化而不破裂。架空线路用的绝缘子主要有针式、悬式和棒式 3 种。

2）架空线路的敷设

①正确选择线路路径　选择线路路径的主要要求是：路径要短，转角要少，地质条件要好，施工维护方便，尽量减少与其他设施交叉或跨越建筑物，并与建筑物保持一定安全距离。

②确定档距、弧垂和杆高　档距（跨距）是指相邻两根电杆之间的水平距离。导线悬挂在杆塔的绝缘子上，自悬挂点至导线最低点的垂直距离成为弧垂。

弧垂的大小与档距长度、导线自重、架设松紧和气候条件等有关。弧垂不宜过大，也不宜过小，过大可造成导线对地或对其他物体的安全距离不够，而且导线摆动时容易引起相间短路；过小将使导线内的应力增大，容易使导线断线。线路的档距、弧垂与杆高相互影响。档距越大，杆塔数量越少，则弧垂增大，杆高增加；反之，档距越小，杆塔数量越多，则弧垂减小，杆高降低。

③确定导线在杆塔上的排列方式　导线在杆塔上的排列方式有水平排列、三角排列和垂直排列 3 种方式。通常，三相四线制低压线路的导线，一般都采用水平排列；三相三线制的导线，可三角排列，也可水平排列；多回路导线同杆架设时，可三角、水平混合排列，也可垂直排列；电压不同的线路同杆架设时，电压较高的线路应架设在上面，电压较低的线路应架设在下面；动力线与照明线同杆架设时，动力线在上面，照明线在下面。

（2）电缆线路的结构和敷设

电缆线路与架空线路相比，具有成本高、投资大等缺点，但它具有运行可靠、不易受自然环境的影响、不占地面空间和不影响市容的优点，因此在不适宜采用架空线路的地方以及现代化城市和工厂中，电缆线路得到了越来越广泛的应用。

1）电缆线路的结构

电缆结构一般包括导体、绝缘层和保护皮 3 部分。

电缆的导体通常采用多股铜绞线或铝绞线制成。根据电缆中导体的数目不同，电缆可分为单芯、三芯和四芯等种类。单芯电缆的导体截面是圆形的；三芯或四芯电缆的导体截面除圆形外，更多的是采用扇形，以便充分利用电缆的截面面积，如图 5.4 所示。

电缆的绝缘层用来使导体与导体之间、导体与保护包皮之间保持绝缘。电缆使用的绝缘材料一般有油浸纸、橡胶、聚乙烯、交联聚氯乙烯等。电缆的保护包皮用来保护绝缘层，使其在运输、敷设及运行过程中免受机械损伤，并防止水分进入和绝缘油外渗。

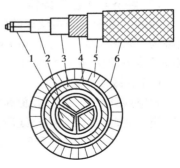

图 5.4　扇形三芯电缆
1—导体；2—纸绝缘；3—铅包皮；
4—麻衬；5—钢带铠甲；6—麻被

2）电缆头

电缆头包括电缆中间接头和终端头。电缆头是电缆线路的薄弱环节，大部分电缆线路故障都发生在电缆头处。因此，电缆头的安装质量至关重要，要求密封性好，有足够的机械强度，其绝缘耐压强度不低于电缆本身的耐压强度。

3）电缆的敷设

电缆的敷设路径要尽可能短，转弯最少，尽量避免与各种地下管道交叉，散热要好。工厂中电缆常用的敷设方式有直接埋地敷设、电缆沟敷设和电缆桥架敷设 3 种方式，而电缆隧道、电缆排管等敷设方式较少采用。

电力线路常用的基本接线方式有：①放射式接线，是指由地区变电所或企业总降压变电所

6～10 kV 母线直接向用户变电所供电,中间不接任何其他的负荷,各用户变电所之间也没有任何电气联系。②树干式接线,是指由电源端向负荷配出干线,在干线的沿线引出数条分支线向用户供电,只能用于三级负荷。③环式接线,在配电网中广泛应用。在实际供配电系统中,往往是由各种不同接线方式的网络所组成,在选择接线方式时,首先考虑的因素是满足用户对供电可靠性和电能质量的要求,同时还应考虑运行灵活性、操作安全、有利于自动化、投资费用少、运行费用低和留有发展余地等基本要求。一般要求对多种可能的接线方案进行技术经济比较后才能确定。

5.5.2 导线截面选择和校验条件

由于导线(包括电缆、母线,下同)是供配电系统中输送及分配电能的主要元件,因此其选择是否合理将直接影响电网的安全运行。为保证供电系统安全、可靠、优质、经济地运行,导线截面的选择必须满足以下条件:

(1)发热条件

导线在通过正常最大负荷电流(即计算电流)时产生的发热温度,不应超过其正常运行时的最高允许温度。

(2)电压损失条件

导线在通过正常最大负荷电流(即计算电流)时产生的电压损失,不应超过其正常运行时允许的电压损失。

(3)经济电流密度条件

经济电流密度是指使线路的年运行费用支出最小的电流密度,按这种原则选择的导线截面称为"经济截面"。对于 35 kV 及其以上的高压线路及 35 kV 以下的长距离、大电流的线路,宜按经济电流密度选择;对于工厂内的 10 kV 及以下线路,通常不按此原则选择。

(4)机械强度条件

架空线路要经受风雨、覆冰和多种因素的影响,因此必须有足够的机械强度,以防导线发生断裂。为此,要求架空路线所选的截面不小于其最小允许截面(见表5.4)。

表5.4 架空线按机械强度要求的最小允许导线截面

单位:mm²

导线种类	35 kV 及以上线路	6～10 kV 线路		1 kV 以下低压线路	
		居民区	非居民区	一般	与铁路交叉时
铝及铝合金线	35	35	25	16	35
钢芯铝绞线	35	25	16	16	16
铜线	35	25	16	16	16

根据设计经验,对于供配电系统中 35 kV 及以上的外部供电线路,通常先按经济电流密度选择截面,然后再校验其他条件。对于供电线路较长(几千米至几十千米)的 6～10 kV 线路,通常先按允许电压损失条件选择截面,然后再校验发热条件和机械强度。当 6～10 kV 供电线路较短时,则按发热条件选择截面,然后再校验电压损失和机械强度。对于低压照明线路,按允许电压损失条件选择截面,再按校验其他条件;而对低压动力线路,按发热条件选择截面,再校验其他条件。

5.5.3　按发热条件选择导线和电缆截面

(1) 三相系统相线截面的选择

导线通过电流时就会发热,导线的正常发热温度不得超过其最高允许温度。根据最高允许温度,可以计算出导线在某一截面的允许载流量 I_{al},把这些载流量制成表格,在设计时按这些表格来选择截面,称为按发热条件选择截面,也称为按允许载流量选择截面。

按发热条件选择三相系统中的相线截面时,应使导线的允许载流量 I_{al} 不小于通过相线的计算电流 I_{30}。因为导线允许载流量与环境温度有关。如果导线环境温度与导线允许载流量所采用的环境温度不同时,则导线的允许载流量应乘以温度校验系数 K_θ(具体见附录表 8)。即此时按发热条件选择截面的条件为:

$$K_\theta I_{al} \geqslant I_{30} \tag{5.26}$$

式中,温度校验系数 $K_\theta = \sqrt{\dfrac{\theta_{al} - \theta_0'}{\theta_{al} - \theta_0}}$,$\theta_{al}$ 表示导线材料的最高允许温度;θ_0 表示导线的允许载流量所采用的环境温度;θ_0' 表示导线敷设地点的实际环境温度。

在室外,环境温度一般取当地最热月平均最高气温;在室内(包括电缆沟或隧道内),则取当地最热月平均最高气温加 5 ℃。对埋入土中的电缆,取当地最热月地下 $0.8 \sim 1$ m 深处的土壤月平均气温。一般情况下,铜导线允许载流量为同截面铝导线允许载流量的 1.3 倍。

必须注意,按发热条件选择导线或电缆截面时,还必须与其相应的过电流保护装置的动作电流相配合,以便在线路过负荷或短路时及时切断线路电流,保护导线或电缆不被毁坏。因此,过电流保护装置应该满足的条件为:

$$I_{op} \leqslant K_{oL} I_{al} \tag{5.27}$$

式中,I_{op} 为过电流保护装置的动作电流,对于熔断器来说等于熔体的额定电流;K_{oL} 为绝缘导线或电缆的允许短时过负荷倍数。

(2) 中性线和保护线截面的选择

1) 中性线截面的选择

三相四线制中的中性线(N 线)要流过系统中的不平衡电流或零序电流,因此中性线的允许载流量不应小于三相系统中的最大不平衡电流,同时还应考虑谐波电流的影响。

①一般三相四线制中的中性线的截面 A_0,应不小于相线截面 A_φ 的 50%,即 $A_0 \geqslant 0.5 A_\varphi$。

②由三相四线制引出的两相三线制线路和单相线路,由于中性线电流与相线电流相等,即 $A_0 = A_\varphi$。

③对于三次谐波电流相当突出的三相四线制线路,中性线的截面应不小于相线的截面,即 $A_0 \geqslant A_\varphi$。

2) 保护线截面的选择

正常情况下,保护线(PE 线)不流过负荷电流,但当发生单相接地短路时,保护线流过短路电流,因此要满足短路热稳定性的要求。按 GB 50054—1995《低压配电设计规范》规定,保护线截面 A_{PE} 选择如下:

①当 $A_\varphi \leqslant 16$ mm^2 时,$A_{PE} \geqslant A_\varphi$。

②当 16 mm$^2 < A_\varphi \leqslant 35$ mm^2 时,$A_{PE} \geqslant 16$ mm^2。

③当 $A_\varphi > 35$ mm^2 时,$A_{PE} \geqslant 0.5 A_\varphi$。

3）保护中性线截面的选择

保护中性线（PEN 线）兼有保护线和中性线的双重功能，因此其截面选择应同时满足上述保护线和中性线的要求，并取其中的最大值。

例 5.4 有一条采用 BLV 型绝缘导线穿塑料管暗敷的 380/220 V 的 TN-S 型路线，负荷主要是三相电动机，计算电流为 60 A，当地最热月平均最高气温为 30 ℃，试按发热条件选择此线路的截面。

解：(1)相线截面的选择查附录表 12 得：环境温度为 30 ℃时，35 mm² 的 BLV 型绝缘导线 5 芯穿管敷设时的 $I_{al} = 65$ A $> I_{30} = 60$ A，满足发热条件，故选相线截面 $A_\varphi = 35$ mm²。

(2)中性线截面的选择由于负荷为三相电动机，按 $A_0 \geqslant 0.5A_\varphi$，选中性线截面为 $A_0 = 25$ mm²。

(3)保护线截面的选择由于 $A_\varphi = 35$ mm²，按 $A_{PE} \geqslant 16$ mm² 选保护线截面为 $A_{PE} = 25$ mm²。因此所选导线规格为 BLV – 500 – (3 × 35 + 1 × 25 + PE25)。

5.5.4 按允许电压损失选择导线和电缆截面面积

由于线路阻抗的存在，因此当负荷电流通过线路时将产生电压损失。电压损失越大，则用电设备的端电压越低，电压偏差越大。当电压偏差超过允许值时将严重影响电气设备的正常运行。为保证供电质量，规定高压配电线路的电压损失一般不得超过线路额定电压的 5%；从配电变压器低压侧母线到用电设备受电端的低压配电线路的电压损失，一般也不超过线路额定电压的 5%；对照明效果要求较高的照明线路，则不得超过其额定电压的 2% ~ 3%。如果线路的电压损失超过了允许值，应适当加大导线或电缆的截面，直到满足要求。线路常用的基本接线方式有放射式接线、树干式接线和环式接线。

(1)线路电压损失的计算

电压降落：是指线路首末端电压的相量差，即

$$\Delta \dot{U} = \dot{U}_1 - \dot{U}_2 \tag{5.28}$$

电压损失：是指线路首末端电压的代数差，即

$$\Delta U = U_1 - U_2 \tag{5.29}$$

1）放射式线路电压损失的计算

放射式线路可以简化成终端有一个集中负荷的三相线路，如图 5.5(a)所示。设线路始端电压为 $\dot{U}_1$，末端电压为 $\dot{U}_2$，则电压降落用 $\Delta \dot{U}$ 表示；电压损失用 ΔU 表示，即

$$\Delta U = \sqrt{3} U_\varphi = \sqrt{3} I(R \cos \varphi_2 + IX \sin \varphi)$$

$$= \sqrt{3} \frac{P}{\sqrt{3} U_N R \cos \varphi}(R \cos \varphi_2 + IX \sin \varphi) = \frac{PR + QX}{U_N} \tag{5.30}$$

式中，P 为三相有功负荷功率，kW；Q 为三相无功负荷功率，kvar；U_N 为线路的额定电压，kV；R，X 为线路的电阻和电抗，Ω。

2）树干式线路电压损失的计算

树干式线路上接有多个集中负荷，计算其电压损失时，应先计算出各段线路的电压损失，则总电压损失等于各段线路的电压损失之和。下面以如图 5.6 所示的带 3 个集中负荷的三相电路为例进行说明。图中，各支路的负荷功率用小写 p，q 表示；各段干线的功率用大写 P，Q 表

示;各段线路的长度、电阻和电抗分别用小写 l, r 和 x 表示;各个负荷到电源之间的干线长度、电阻和电抗分别用大写 L, R 和 X 表示。

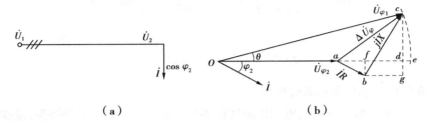

图 5.5 放射式线路电压损失相量图

(a)放射式线路简化电路图;(b)电压损失相量图

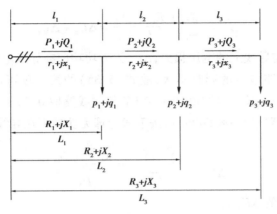

图 5.6 树干式线路电压损失计算图

为便于计算,可暂忽略各段线路的功率损耗(引起的误差尚在允许的范围之内),因此每段干线的功率可用各支路的负荷功率来表示,即

l_1 段:$\quad\quad P_1 = p_1 + p_2 + p_3 \quad\quad\quad\quad Q_1 = q_1 + q_2 + q_3$

l_2 段:$\quad\quad P_2 = p_2 + p_3 \quad\quad\quad\quad\quad Q_2 = q_2 + q_3$

l_3 段:$\quad\quad P_3 = p_3 \quad\quad\quad\quad\quad\quad\quad Q_3 = q_3$

根据式(5.30)可得各段干线的电压损失为:

l_1 段:
$$\Delta U_1 = \frac{P_1 r_1 + Q_1 x_1}{U_N}$$

l_2 段:
$$\Delta U_2 = \frac{P_2 r_2 + Q_2 x_2}{U_N}$$

l_3 段:
$$\Delta U_3 = \frac{P_3 r_3 + Q_3 x_3}{U_N}$$

由此可知,n 段干线的总电压损失为各段干线的电压损失之和,即

$$\Delta U = \sum_{i=1}^{n} \Delta U_i = \sum_{i=1}^{n} \frac{P_i r_i + Q_i x_i}{U_N} \tag{5.31}$$

若将各线干段的负荷用各支线路负荷表示,则式(5.31)可写成

$$\Delta U = \sum_{i=1}^{n} \frac{p_i R_i + q_i X_i}{U_N} \tag{5.32}$$

电压损失一般用百分数表示,其值为

$$\Delta U\% = \frac{\Delta U}{U_N \times 10^3} \times 100 = \frac{1}{10U_N^2} \sum_{i=1}^{n} P_i r_i + Q_i x_i \tag{5.33}$$

或

$$\Delta U\% = \frac{1}{10U_N^2} \sum_{i=1}^{n} p_i R_i + q_i X_i \tag{5.34}$$

(2)按允许电压损失选择导线截面

由于工厂供配电系统内部的电力线路往往不长,为了避免不必要的接头,减少导线、电缆品种的规格,各段干线常采用相同的截面的导线或电缆。

由式(5.32)可得

$$\Delta U = \sum_{i=1}^{n} \frac{p_i R_i + q_i X_i}{U_N} = \Delta U_a + \Delta U_r \tag{5.35}$$

式中,ΔU_a 为有功功率在导线上的电压损失;ΔU_r 为无功功率在导线电抗上的电压损失。

由于导线截面对线路电抗的影响不大,故式(5.35)的第二项可用平均电抗来计算。因此,可初选一种导线的单位长度电抗值(6~10 kV 架空线路取 0.35 Ω/km,35 kV 以上架空线路取 0.4 Ω/km,电缆线路取 0.08 Ω/km),按下式计算无功功率在导线电抗上的电压损失为

$$\Delta U_r = \frac{\sum_{i=1}^{n} q_i X_i}{U_N} = \frac{x_1 \sum_{i=1}^{n} q_i L_i}{U_N} \tag{5.36}$$

而电压损失的允许值 ΔU_{al} 为

$$\Delta U_{al} = \frac{\Delta U_{al}\%}{100} \times U_N \tag{5.37}$$

则线路电阻部分中的电压损失 ΔU_a 为

$$\Delta U_a = \Delta U_{al} - \Delta U_r \tag{5.38}$$

由于 $\Delta U_a = \dfrac{\sum_{i=1}^{n} p_i R_i}{U_N} = \dfrac{r_1 \sum_{i=1}^{n} p_i L_i}{U_N} = \dfrac{\sum_{i=1}^{n} p_i L_i}{\gamma A U_N}$,因此,导线截面 A 为

$$A = \frac{\sum_{i=1}^{n} p_i L_i}{\gamma A U_N U_a} \tag{5.39}$$

式中,A 为导线截面,mm^2;U_N 为线路的额定电压,kV;γ 为导线材料的电导率,km/(Ω · mm²) (铜取 0.053,铝取 0.032);ΔU_a 为电阻的电压损失,V;p_i 为各支线的有功负荷,kW;L_i 为电源至各负荷间的距离,km。

若 $\cos \varphi \approx 1$,可不计 ΔU_r,则

$$A = \frac{\sum_{i=1}^{n} p_i L_i}{\gamma A U_N U_a} \tag{5.40}$$

式中,ΔU_{al} 为允许电压损失,V。

124

例 5.5　一条 10 kV 线路向两个用户供电,三相导线为 LJ 型且呈等边三角形布置,线间距离为 1 m,环境温度为 35 ℃,允许电压损失为 5%,其他参数如图 5.7 所示,试按允许电压损失选择导线截面,并按发热条件和机械强度进行校验。

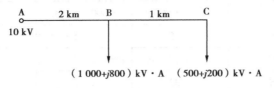

图 5.7　例 5.5 图

解: (1) 按允许电压损失选择导线截面。

设 $x_1 = 0.35$ Ω/km,则

$$\Delta U_{al} = \frac{\Delta U_{al}\%}{100} \times U_N = \frac{5}{100} \times 10\ 000\ \text{V} = 500\ \text{V}$$

$$\Delta U_r = \frac{x_1 \sum_{i=1}^{n} q_i L_i}{U_N} = \frac{0.35 \times (800 \times 2 + 200 \times 3)}{10}\ \text{V} = 77\ \text{V}$$

$$\Delta U_a = \Delta U_{al} - \Delta U_r = 500\ \text{V} - 77\ \text{V} = 423\ \text{V}$$

因此,导线截面为

$$A = \frac{\sum_{i=1}^{n} p_i L_i}{\gamma \Delta U_a U_N} = \frac{1\ 000 \times 2 + 500 \times 3}{0.032 \times 423 \times 10}\ \text{mm}^2 = 25.86\ \text{mm}^2$$

初步选 LJ-35 型铝绞线。

(2) 按发热条件进行校验线路的最大负荷电流为 AB 段承载的电流,其值为

$$I_{30} = \frac{\sqrt{(p_1 + p_2)^2 + (q_1 + q_2)^2}}{\sqrt{3}\ U_N} = \frac{\sqrt{(1\ 000 + 500)^2 + (800 + 200)^2}}{\sqrt{3} \times 10}\ \text{A} = 104\ \text{A}$$

查附录表 6 和附录表 8 知,35℃时 LJ-35 型铝绞线的允许载流量为 $K_\theta I_{al} = 0.88 \times 170$ A = 149.6 > 104 A,故满足发热条件。

(3) 按机械强度进行校验查表 5.3 知,10 kV 架空铝绞线的最小截面为 25 mm² < 35 mm²,故满足机械强度要求。

5.5.5　按经济电流密度选择导线截面

导线截面越大,线路的功率损耗和电能损耗越小,但是线路投资要增加;反之,导线截面越小,线路投资越少,但是线路的功率损耗和电能损耗却要增大。线路投资和电能损耗都影响年运行费用。因此,综合以上两种情况,使年运行费用达到最小、初投资费用又不过大而确定的符合总经济利益的导线截面,称为经济截面,用 A_{ec} 表示。

对应于经济截面的导线电流密度,称为经济电流密度,用 j_{ec} 表示。我国现行的经济电流密度规定见表 5.5。

表 5.5　经济电流密度

单位:A/mm²

导线材料	年最大负荷利用小时数/h		
	小于 3 000	3 000 ~ 5 000	大于 5 000
铝线	1.65	1.15	0.9
铜线	3.00	2.25	1.75
铝芯电缆	1.92	1.73	1.54
铜芯电缆	2.50	2.25	2.00

按经济电流密度选择导线截面时,可计算为

$$A_{ec} = \frac{I_{30}}{j_{ec}}$$ (5.41)

式中,I_{30} 为线路通过的计算电流。计算经济截面后,应选最接近而又偏小一点的标准截面,这样可节省初投资和有色金属消耗。

例 5.6　有一条长 15 km 的 35 kV 架空线路,计算负荷为 4 850 kW,功率因数为 0.8,年最大负荷利用小时数 4 600 h。试按经济电流密度选择其导线截面,并校验其发热条件和机械强度。

解:(1)按经济电流密度选择导线截面,线路的计算电流为

$$I_{30} = \frac{P_{30}}{\sqrt{3}\,U_N \cos\varphi} = \frac{4\ 850}{\sqrt{3} \times 35 \times 0.8}\ \text{A} = 100\ \text{A}$$

由表 5.5 查得 $j_{ec} = 1.15\ \text{A/mm}^2$,因此导线的经济截面为

$$A_{ec} = \frac{100}{1.15}\ \text{mm}^2 = 87\ \text{mm}^2$$

选用与 87 mm² 接近的标准截面 70 mm²,即选 LGJ-70 型钢芯铝绞线。

(2)校验发热条件,查附录表 6 知,LGJ-70 型钢芯铝绞线的允许载流量(室外、25 ℃)$I_{al} = 275\ \text{A} > I_{30} = 100\ \text{A}$,因此满足发热条件要求。

(3)检验机械强度查表 5.3 知,35 kV 钢芯铝绞线的最小允许截面为 35 mm²,因此所选 LGJ-70 型钢芯铝绞线满足机械强度要求。

5.6　母线的选择与校验

5.6.1　母线的材料、类型和布置方式

母线的材料有铜和铝,选择母线的材料时,应贯彻"以铝代铜"的方针。目前,变电所的母线除了大电流采用铜母线外,一般应采用铝母线。室外配电装置的母线多采用钢芯铝绞线,由于是软导线,因此不需要校验动稳定。室内配电装置由于线间距离较小,布置紧凑,故采用硬母线。矩形铝排母线散热较好,有一定的机械强度,便于固定和安装,在中小型变电所和发电厂中广泛应用。但是一般情况下,单条矩形母线的截面不应大于 1 000 ~ 1 200 mm²,当工作电

流较大时,可采用 2 ~ 3 条矩形母线并联使用。矩形母线一般采用三相水平排列布置方式,仅在个别变电所中采用垂直布置方式。

5.6.2　母线的选择和校验

(1)母线的截面选择

1)按发热条件选择

为使正常运行时母线的发热温度不超过允许值。其必须满足以下条件:

$$I_{al} \geqslant I_{30} \tag{5.42}$$

式中,I_{30} 表示母线的计算电流;I_{al} 表示铝母线的载流量,母线的允许载流量是按导体最高允许温度 70 ℃、环境温度 25 ℃确定的,若环境温度不等于 25 ℃,则应乘以温度校正系数 $K_\theta = \sqrt{\dfrac{70 - \theta}{70 - 25}}$。

2)按经济电流密度选择

对年平均负荷较大、母线较长、传输容量较大的回路,为了降低年运行费用,可按经济电流密度选择母线截面。母线经济截面按下式确定:

$$A = \frac{I_{30}}{j_{ec}} \tag{5.43}$$

(2)母线的校验

1)动稳定校验

当短路冲击电流通过母线时产生最大计算应力应不大于母线的允许应力,即

$$\sigma_c \leqslant \sigma_{al} \tag{5.44}$$

式中,σ_{al} 表示母线材料的允许应力,Pa,硬铜母线的 $\sigma_{al} \approx 137$ MPa,硬铝母线的 $\sigma_{al} \approx 69$ MPa;σ_c 表示为母线通过 $i_{sh}^{(3)}$ 时产生的最大应力,Pa,按下式计算:

$$\sigma_c = \frac{M}{W} \tag{5.45}$$

式中,M 表示母线通过 $i_{sh}^{(3)}$ 时受到的最大弯曲力矩,N·m;当母线跨距数为 1 ~ 2 时,$M = \dfrac{F_{max} l}{8}$;当母线跨距数大于 2 时,$M = \dfrac{F_{max} l}{10}$。$W$ 为母线界面系数,m³。如图 5.8(a)所示,当矩形母线平放时 $b > h$,$W = \dfrac{b^2 h}{6}$;如图 5.8(b)所示,当矩形母线竖放时 $b < h$,W 的计算公式不变。

若不满足要求,则需要减小 σ_c,常用的方法有:①限制短路电流,即需增加电抗器。②减小支持绝缘子之间的距离,即需增加绝缘子。③增大母线截面,即需增加投资。④变更母线放置方式,增大相间距离,即需增加配电装置尺寸。

2)热稳定校验

根据热稳定条件计算导体的最小截面为

$$A_{min} = \frac{I_\infty}{\sqrt{K_k - K_L}} \sqrt{t_{ima}} = \frac{I_\infty}{C} \sqrt{t_{ima}} \tag{5.46}$$

式中,C 表示导体的热稳定系数,$A\sqrt{s}/mm^2$;可查表 5.6。I_∞ 表示三相短路稳态电流,A;只要 $A > A_{min}$,热稳定就能满足要求。

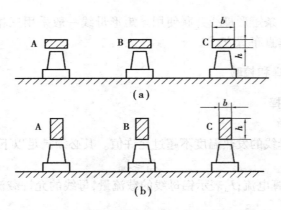

图 5.8　水平放置的母线

（a）平放；（b）竖放

表 5.6　导体在正常和短路时的最高允许温度及热稳定系数

导体种类和材料		最高允许温度/℃		热稳定系数 /(A·$\sqrt{s}$/mm²)
		正常 θ_L	短路 θ_k	
母线	铜芯	70	300	171
	铝芯	70	200	87
油浸纸绝缘电缆	铜芯 1~3 kV	80	250	148
	6 kV	65	250	150
	10 kV	60	250	153
	35 kV	50	175	
	铝芯 1~3 kV	80	200	84
	6 kV	65	200	87
	10 kV	60	200	88
	35 kV	50	175	
橡皮绝缘导线和电缆	铜芯	65	150	131
	铝芯	65	150	87
聚氯乙烯绝缘导线和电缆	铜芯	65	130	100
	铝芯	65	130	65
交联聚乙烯绝缘电缆	铜芯	90	250	135
	铝芯	90	200	80

　　例 5.7　已知某降压变电所低压侧 10 kV 母线上的短路电流为 $I''_k = I_\infty = 14$ kA,继电保护动作时间 $t_{pr} = 2$ s,短路器分闸时间 $t_{oc} = 0.2$ s,采用矩形母线平放布置方式,母线的相间距离 $s = 250$ mm,母线支持绝缘子的跨距 $l = 1$ m,跨距数大于 2,母线的工作电流 $I_{W.max} = 600$ A,试选择母线截面并进行热稳定和动稳定检验。

解:(1)截面选择根据 $I_{W.max} = 600$ A,在附录表 7 中选择 50 mm×5 mm 矩形铝母线。

(2)热稳定校验短路电流的假想时间为

$$t_{ima} = t_{pr} + t_{oc} = 2 \text{ s} + 0.2 \text{ s} = 2.2 \text{ s}$$

查表 4.5 得,铝母线的热稳定系数 $C = 87$A$\sqrt{\text{s}}/\text{mm}^2$,因此最小允许截面为

$$A_{min} = \frac{I_\infty}{C} \sqrt{t_{ima}} = \frac{14\ 000}{87} \sqrt{2.2} \text{ mm}^2 = 238.7 \text{ mm}^2$$

实际选用的母线截面 $A = 50 \times 5 \text{ mm}^2 = 250 \text{ mm}^2 > A_{min}$,因此热稳定满足要求。

(3)动稳定检验 10 kV 母线三相短路时的冲击电流为

$$i_{sh} = 2.55 \times 14 \text{ kA} = 35.7 \text{ kA}$$

a. 确定母线的截面形状系数。由于 $\dfrac{s-b}{b+h} = \dfrac{250-50}{50+5} = 3.64 > 2$,故 $K \approx 1$。

b. 母线受到的最大电动力为

$$F_{max} = 1.73Ki_{sh}^2 \frac{l}{s} \times 10^{-7} = 1.73 \times 1 \times 35\ 700^2 \times \frac{1\ 000}{250} \times 10^{-7} \text{ N} = 882 \text{ N}$$

c. 母线的弯曲力矩为

$$M = \frac{F_{max}l}{10} = \frac{882 \times 1}{10} \text{ N} \cdot \text{m} = 88.2 \text{ N} \cdot \text{m}$$

d. 母线的截面系数为

$$W = \frac{b^2 h}{6} = \frac{0.05^2 \times 0.005}{6} \text{ m}^3 = 20.8 \times 10^{-7} \text{ m}^3$$

e. 母线的计算应力为

$$\sigma_c = \frac{M}{W} = \frac{88.2}{20.8 \times 10^{-7}} \text{ Pa} = 4.24 \times 10^7 \text{ Pa}$$

铝母线排的最大允许应力 $\sigma_{al} = 6.9 \times 10^7 \text{ Pa} > \sigma_c$,因此动稳定满足要求。

本章小结

高低压电气设备的选择,一般先选择设备的工作环境条件,然后按正常工作电压和工作电流来初选型号,最后在校验短路时的热稳定和动稳定。对具有分断短路电流的设备还需要进行断流能力校验,如断路器、熔断器,对电流电压互感器,还需要选择变比、准确度,并需检验其二次负荷是否满足准确度要求。

进行供配电线路导线截面选择时,应满足发热要求、电压损失条件、机械强度条件和经济电流密度条件。

电压降落是指线路始末端电压的相差量;电压损失是电压始末端电压的代差量,要求掌握各种线路电压损失的计算方法。

思考题与习题

1. 电气设备选择的一般原则是什么？如何校验电气设备的动稳定和热稳定？

2. 什么叫电压降落？什么叫电压损失？什么是"经济截面"？

3. 某厂的有功计算负荷为 3 000 kW, 功率因数为 0.92, 该厂 6 kV 进线上拟安装一台 SN10-10 型断路器, 其主保护动作时间为 1.2 s, 断路器分闸时间为 0.2 s, 其 6 kV 母线上的 $I_k = I_\infty = 20$ kA, 试选择该断路器的规格。

4. 某 10/0.4 kV 车间变电所, 总计算负荷为 980 kV·A, 其中一、二级负荷为 700 kV·A。试初步选择该车间变电所变压器的台数和容量。

5. 某 500 kV·A 的户外电力变压器, 夏季的平均日最大负荷为 360 kV·A, 平均日负荷率 $\beta = 0.75$, 日最大负荷持续时间为 8 h, 当地年平均气温为 18 ℃, 试求该变压器的实际容量和夏季时的过负荷能力。

6. 试按发热条件选择 380/220 V, TN-C 系统中的相线和保护中性线（PEN 线）的截面及穿线的焊接钢管（G）的内径。已知线路的计算电流为 148 A, 敷设地点的环境温度为 25 ℃, 拟用 BLV 型铝芯塑料线穿钢管埋地敷设。

7. 某 10 kV 线路如图 5.9 所示, 已知导线型号为 LJ-50, 线间几何均距为 1 m, $p_1 = 250$ kW, $p_2 = 400$ kW, $p_3 = 300$ kW, 全部用电设备的 $\cos \varphi = 0.8$, 试求该线路的电压损失。

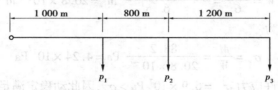

图 5.9　习题 7 图

8. 一条 10 kV 线路向两个用户供电, 允许电压损失为 5%, 环境温度为 30 ℃, 其他参数如图 5.10 所示, 若用相同截面的 LJ 型架空线路, 试按允许电压损失选择其导线截面, 按发热条件和机械强度进行校验。

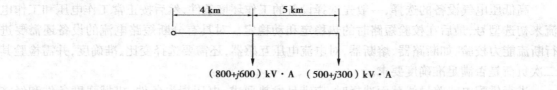

图 5.10　习题 8 图

9. 一条采用 LGJ 型钢芯铝绞线的 35 kV 线路, 计算负荷为 4 480 kW, 功率因数为 0.88, 年最大负荷利用小时数为 4 500 h, 试按经济电流密度选择其导线截面, 并按发热条件和机械强度进行校验。

10. 某 10 kV 母线三相水平平衡, 型号为 LMY-60×8 mm², 已知 $I'' = I_\infty = 21$ kA, 母线跨距为 1 000 mm, 相间距为 250 mm, 跨距数大于 2, 短路持续时间为 2.5 s, 系统为无穷大容量系统, 试校验此母线动稳定度和热稳定度。

第**6**章
供配电系统继电保护

6.1 概 述

6.1.1 供配电系统继电保护的任务与要求

(1) 电力系统继电保护的任务

随着国民经济的飞速发展,电力系统的规模越来越大,结构越来越复杂。在整个电力生产过程中,由于人为因素或大自然的原因,难免会发生这样那样的故障和不正常运行状态。电力系统非正常运行可能引发故障、影响电气设备寿命、影响用户正常工作和出废品。

发生故障会产生以下严重后果:

①数值很大的短路电流通过短路点会燃起电弧,使故障设备烧坏、损毁。

②短路电流通过故障设备和非故障设备时会发热并产生电动力,使设备受到机械性损坏和绝缘损伤以至缩短设备使用寿命。

③电力系统中电压下降,使大量用户的正常工作遭受破坏或产生废品。

④破坏电力系统各发电厂之间并列运行的稳定性,导致事故扩大,甚至造成整个系统瓦解、瘫痪。

对于电力系统运行中存在的这些故障隐患,必须采取积极的预防性措施,如提高设备质量、增加可靠性和延长使用寿命。从运行管理角度出发,应提高从业人员的安全意识和增强责任心,提高科学管理水平,强化安全措施以尽量减少事故的发生。对于不可抗拒事故的发生应做到及时发现,并迅速有选择性地切除故障器件,隔离故障范围,以保证系统非故障部分的安全稳定运行,尽可能减小停电范围,保护设备安全。

继电保护是一种能及时反映电力系统故障和不正常状态,并动作于断路器跳闸或发出信号的自动化设备。继电保护一词是指继电保护技术或由各种继电保护装置(或单元)组成的继电保护系统。其主要任务是：

①自动、迅速、有选择地切除故障器件，使无故障部分设备恢复正常运行，故障部分设备免遭毁坏。

②及时发现电气器件的不正常状态，根据运行维护条件动作于发信号、减负荷或跳闸。

（2）对电力系统继电保护的基本要求

为了使继电保护能有效地履行其任务，在技术上，对动作于跳闸的继电保护应满足4个基本要求，即选择性、速动性、灵敏性和可靠性。

1）灵敏性

继电保护的灵敏性是指对于保护范围内发生故障或不正常运行状态的反应能力。满足灵敏性要求的保护装置，应该是在事先规定的保护范围内发生故障时，无论短路点的位置在何处，短路的类型如何，系统是否发生振荡以及短路点是否有过渡电阻，都应敏锐感觉，正确反应。保护装置的灵敏性，通常用灵敏系数来衡量，它主要决定于被保护元件及电力系统的参数、故障类型和运行方式。

2）选择性

继电保护动作的选择性是指保护装置动作时，仅将故障元器件从电力系统中切除，使停电范围尽量缩小，以保证系统中的无故障部分仍能继续安全运行。如图 6.1 所示的网络接线中，当 k_1 点短路时，应由保护 1 和保护 2 动作跳闸，将故障线路切除，变电所 B 则仍可由另一条无故障的路继续供电。而当 k_3 点短路时，保护 6 动作跳闸，切除线路 CD，此时只有变电所 D 停电。由此可知，继电保护有选择性的动作可将停电范围限制到最小，甚至可以做到不中断向用户供电。

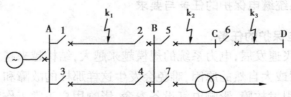

图 6.1　保护的选择性说明图

3）速动性

快速切除故障可以提高电力系统并列运行的稳定性，减少用户在低电压情况下的工作时间，减小故障器件的损坏程度。因此，速动性是指在发生故障时，保护装置力求尽可能快速动作切除故障。

在某些情况下，电力系统允许保护装置在故障时带有一定的延时。因此，对继电保护速动性的具体要求，应根据电力系统的接线以及被保护器件的具体情况来确定。下面列举一些必须快速切除的故障：

①根据维持系统稳定性的要求，须快速切除高压输电线路上发生的故障。

②导致发电厂或重要用户的母线电压低于允许值（一般为额定电压的70%）的故障。

③大容量的发电机、变压器及电动机内部所发生的故障。

④1~10 kV 线路导线截面过小，为避免过热不允许延时切除的故障等。

⑤可能危及人身安全，对通信系统或铁道信号标志系统有强烈干扰的故障等。

故障切除的总时间等于保护装置和断路器动作时间之和。一般的快速保护的动作时间为

$0.06 \sim 0.12$ s,最快的可达 $0.01 \sim 0.04$ s;一般的断路器的动作时间为 $0.06 \sim 0.15$ s,最快的可达 $0.02 \sim 0.06$ s。

4)可靠性

保护装置的可靠性是指在规定的保护范围内,发生了应该动作的故障时,不应该拒绝动作;而在该保护不该动作的情况下,则不误动作。因此可靠性包含两方面的内容:可靠不拒动和可靠不误动。从这一层面讲,灵敏性和选择性又可看作是可靠性的细分指标。

一般说来,保护装置的组成硬件的质量越高,现场接线越简单,保护装置的工作就越可靠。同时,科学的保护原理与合理的保护配置、精细的制造工艺、正确的整定计算和调整试验、良好的运行维护以及丰富的运行经验,对于提高保护的可靠性均具有重要的作用。

继电保护装置除应满足以上技术层面的 4 项基本要求外,还应适当考虑经济条件。首先应从国民经济的整体利益出发,按被保护对象在电力系统中的作用和地位来确定保护配置方式,而不能只从保护装置本身的投资来考虑。这是因为保护不完善或不可靠给国民经济所造成的损失,一般都远远超过即使是最复杂的保护装置的投资。

6.1.2　电力系统继电保护的基本原理及分类

要完成继电保护的任务,首先应正确区分电力系统正常运行与发生故障或不正常运行状态之间的差别,找出电力系统被保护范围内电气设备(输电线路、发电机、变压器等)发生故障或不正常运行时的特征,有针对性配置完善的保护以满足继电保护技术要求。

电力系统不同电气元件故障或不正常运行时的特征可能是不同的,但在一般情况下,发生短路故障之后总是伴随电流增大,电压降低,电流、电压间的相位发生变化,测量阻抗发生变化等,利用正常运行时这些基本参数与故障后的稳态值间的区别,可以构成不同稳态原理的继电保护(简称稳态保护)。例如反应电流增大的过流保护,反应电压降低的低电压保护,反应故障点到保护安装处之间距离(或阻抗)的距离保护,反应电流、电压间相位的方向保护等。

随着微型计算机继电保护的深入发展,以电力系统故障过程中的瞬间信息为故障特征的"瞬态保护"应运而生。如输电线路行波保护,基波突变量保护,故障分量距离、故障分量方向、故障分量电流差动保护等。除反应各电气元件电气量的保护外,还有根据电气设备的特点实现反应非电气量的保护,例如变压器油箱内部绕组短路时,反应油被分解产生气体压力而构成的瓦斯保护,反应电动机绕组温度升高而构成的过热保护等。

继电保护装置(或系统)是由各种继电器(机电式)或元件(微机电保护)组成。继电器或元件的分类方法很多,其中按不同参量的过量、欠量和差量划分有过电流继电器、低电压继电器、电流差动继电器;若按其结构原理划分则有电磁型、整流型、晶体管型和微机型等继电器。从继电保护系统的规模和检测控制方式可分为集中式和分布式。

6.1.3　继电保护装置的基本结构与配置原则

(1)基本结构

尽管继电保护装置的分类繁多,但其基本结构主要包括现场信号输入部分、测量部分、逻辑判断部分和输出执行部分。原理结构框图如图 6.2 所示。

图6.2　继电保护装置基本原理结构框图

1）现场信号输入部分

现场物理量有电气量和非电气量、状态量和模拟量。微机保护中如果现场模拟量由传统电磁型互感器引入，则需要如电平转换、低通滤波等前置处理后再转换成数字量。如果现场模拟量是由电子互感器、光电互感器等数字传感器引入，则前置处理、A/D转换均由互感器实现，保护装置硬件得到简化。

2）测量部分

测量部分是检测经现场信号输入电路处理后的有关物理量，并与已给定的定值或自动实时生成的判据（自适应保护）进行比较，根据比较的结果的"是"，或"非"，即"0"和"1"逻辑信号或电平信号。

3）逻辑判断部分

逻辑判断部分是根据测量部分输出量的大小、性质、逻辑状态、输出顺序等信息，按一定的逻辑关系组合、运算，最后确定是否应该使断路器跳闸或发出信号，并将有关命令传给执行部分。常用逻辑一般有"或""与""非""延时""记忆"等功能。

4）输出执行部分

非智能电器系统继电保护的输出执行部分是根据逻辑部分送来的出口信号，完成保护装置的最终任务。主要负责保护装置与现场设备的电气隔离、耦合连接、电平转换、出口跳闸、功率驱动等。

（2）继电保护配置原则

电力系统继电保护配置指的是对被保护对象，选用恰当的保护元件（或继电器）组成满足基本技术要求的高效保护系统。因此，针对不同的保护个体配置方案可能是不同的，但总的配置原则仍是从4个技术基本要求出发。

从可靠性考虑，必然会想到继电保护或断路器拒绝动作的可能性。应对继电保护拒动常用双重主保护或配置主保护和后备保护的方案解决。所谓主保护是指在满足系统稳定性的要求时限内切除故障的保护，如阶段式电流速断和限时速断，而后备保护则是指当主保护拒动时用以切除该故障的另一套保护，如定时限过流保护。如图6.1所示，当k_3点短路时，距短路点最近的保护6本应动作，切除故障，但由于某种原因，该处的继电保护或断路器拒绝动作，故障便不能消除。此时，如其前面一条线路（靠近电源侧）的保护5能动作，故障也可消除。能起保护5这种作用的保护称为相邻器件或线路的后备保护。同理，保护1和保护3又应该作为保护5和保护7的后备保护。按以上方式构成的后备保护是在远处实现的，因此又称为远后备保护（也即与主保护安装位置不同的后备保护）。在复杂的高压电网中，当实现远后备保护在技术上有困难时，也可以采用多重主保护和近后备保护（即与主保护同一安装位置的后备保护）的方式；当断路器拒绝动作时，就由同一发电厂或变电所内的其他有关保护和断路器动作切除故障，该后备保护被称作断路器失灵保护。此外在某些特殊情况下可能存在主保护和后备保护均不起作用的死区，这时还应配置用以补充主保护、后备保护不足的辅助保护。

应当指出，在保护配置过程中除了考虑可靠性，还应兼顾速动性指标。阶段式配置中的远后备保护性能比较完善，它对于由相邻器件的保护装置、断路器、二次回路和直流电源等所引起的拒绝动作,均能起到后备保护作用,但切除故障时限往往较长,在超高压、特高压电网中不能满足速动性指标的要求,因此,在高压(110 kV)及以下电压等级可优先采用远后备,当远后备不能满足速动性指标要求时,必须配置断路器失灵保护;目前在超高压、特高压系统均选用多重主保护、近后备和断路器失灵保护的配置方式,以满足速动性和可靠性要求。

6.2　基于单端信息的输电线路继电保护

电网发生短路故障时,在保护安装处总会感受到电流、电压、阻抗、相位等发生变化。可以根据这一普遍规律,分别用电流继电器、电压继电器、阻抗继电器和方向继电器等基本保护继电器(微机保护中通常称继电器为保护元件)组成保护系统。

对于线路保护而言,如果仅利用线路一侧的现场信息(电压、电流等)就能实现对线路的继电保护任务,就称之为基于单端信息的线路保护。此类保护主要作为高、中、低电压线路的成套保护,也可以作为超高压、特高压线路和电气元件的后备保护。

当今电力系统庞大而复杂,对线路保护而言,可分成单侧电源辐射网络线路和双侧电源复杂网络线路(含闭环线路、双回线路等)两大类,所谓双侧电源线路是指从两个或以上方向向短路点提供短路电流的线路。本节将详细叙述单侧电源辐射网络线路。

6.2.1　单侧电源辐射网络线路相间短路

根据电力系统的结构特征和运行要求,反应短路时电流增加的电流保护有电流速断、限时电流速断、定时过电流和反时限电流等多种元件。反应电网短路时母线电压降低的电压保护一般不单独使用,在多数情况下与其他元件(如电流继电器)联合使用。

由于电网短路电流总是较正常运行电流增大,因此电流继电器是反应电流增加而动作的保护元件(简称为增量元件或增量继电器),其动作值总是大于返回值。同理,因低电压继电器动作值总是小于返回值,则称其为减量(或欠量)继电器。

通常我们定义继电器返回系数为:

$$K_{rc} = \frac{返回值}{动作值} \tag{6.1}$$

显然,电流继电器的返回系数总是小于 1,低电压继电器的返回系数总是大于 1。返回系数是反映继电器或保护元件灵敏性的参数,电磁电流继电器一般取 0.85 左右,微机保护电流元件一般取 0.95 左右。

(1)单侧电源辐射网络线路的保护配置与组成逻辑

单侧电源辐射网络线路的电压等级不同,其继电保护系统配置也应不一样。对 110 kV 及以下电压等级电网线路一般配用阶段式电流保护系统(按动作门槛值的大小顺序排列,一个门槛值对应一段),以三段式为最常见,即是电流速断(Ⅰ段),限时速断(Ⅱ段)和定时过流(Ⅲ段)。对于 110 kV 及以下电压等级的末端线路和高压电气设备常配置基于单端信息的反时限电流保护。在 220 kV 及以上超高压线路中,可将阶段式保护作为后备。三段式电流保护系统的逻辑框图如图 6.3 所示。线路每相配置相同,第一段启动无延时出口,第二段经小延时出口,第三段经较长延时出口。

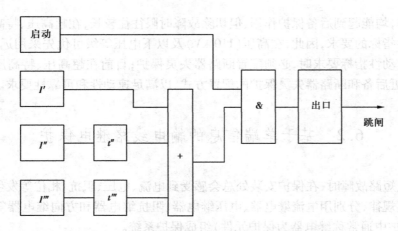

图 6.3　三段式电流保护组成元件与逻辑框图

(2)电流速断保护

为了满足系统稳定和保证重要用户供电可靠性。在简单、灵敏、可靠和保证选择性的前提下,保护装置动作切除故障的时间总是越快越好。因此,在各种电气元件上,应力求装设快速动作的继电保护。对于仅反应电流增大而瞬时动作的电流保护,被称为电流速断保护,如果电流速断保护的动作门槛由人工离线给定,则称为定值电流速断;如果由保护装置自动在线生成或调整,则称为自适应电流速断。

1)电流速断保护原理及整定计算

以如图 6.4 所示的网络接线为例,假定在每条线路上均装有电流速断保护,则当线路 A-B上发生故障时,希望保护 2 能瞬时动作,而当线路 B-C 上故障时,希望保护 1 能瞬时动作,它们的保护范围最好能达到本线路全长的 100%。

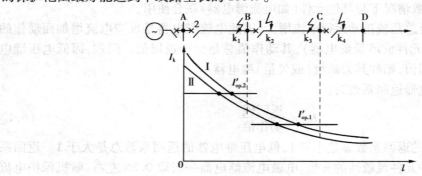

图 6.4　定值电流速断保护动作特性的分析

以保护 2 为例,当本线路末端 k_1 点短路时,希望速断保护 2 能够瞬时动作切除故障,而当相邻线路 B-C 的始端(习惯上又称为出口处)k_2 点短路时,按照选择性的要求,速断保护 2 就不应该动作,因为该处的故障应由速断保护 1 动作切除。但是实际上,k_1 点和 k_2 点短路时,从保护 2 安装处所流过短路电流的数值与保护 1 几乎是一样的。因此,希望 k_1 点短路时速断保护 2 能动作,而 k_2 点短路时又不动作的要求就不可能同时得到满足。同样,保护 1 也无法区别 k_3 和 k_4 点的短路。

为解决这个矛盾可以有两种办法:一种方法通常都是优先保证动作的选择性,即从保护装置启动参数的整定上保证下一条线路出口处短路时不启动,这又称为按躲开下一条线路出口处短路的条件整定。另一种办法就是在个别情况下,当快速切除故障是首要条件时,就采用无选择性的速断保护,用自动重合闸来纠正这种无选择性动作。以下只讲有选择性的电流速断保护。

对反应电流升高而动作的电流速断保护而言,能使该保护装置启动的最小电流值称为保护装置的启动电流,以 I'_{op} 表示,显然必须当实际的短路电流 $I_k > I'_{op}$ 时,保护装置才能启动。保护装置的启动值 I'_{op} 是用电力系统一次侧的参数表示的,它所代表的意义是:当在被保护线路的一次侧电流达到这个数值时,安装在该处的这套保护装置就能够启动。

电流速断保护整定计算原则与方法:

由电力系统短路分析可知,当电源电势一定时,短路电流的大小决定于短路点和电源之间的总阻抗 Z_r,三相短路电流可表示为:

$$I_k = \frac{E_\phi}{Z_r} = \frac{E_\phi}{Z_s + Z_k} \tag{6.2}$$

式中,E_ϕ 为系统等效电源的相电势;Z_k 为短路点至保护安装处之间的阻抗;Z_s 为保护安装处到系统等效电源之间的阻抗。

在一定的系统运行方式和故障类型下,E_ϕ 和 Z_s 等于常数,此时 I_k 将随 Z_k 的增大而减小,因此可以经计算后绘出 $I_k = f(l)$ 的变化曲线,如图 6.4 所示。当系统运行方式及故障类型改变时,I_k 都将随之变化。对每一套保护装置来说,通过该保护装置的短路电流为最大时对应的一次系统运行方式,称为系统最大运行方式,而短路电流为最小的方式,则称为系统最小运行方式。对不同安装地点的保护装置,应根据网络接线的实际情况选取其最大或最小运行方式。

在最大运行方式下三相短路时,通过保护装置的短路电流为最大,而在最小运行方式下两相短路时,则短路电流为最小,这两种情况下短路电流的变化如图 6.4 所示中的曲线 Ⅰ 和 Ⅱ 所示。为了保证电流速断保护动作的选择性,以保护 1 来讲,其启动电流 $I'_{op.1}$ 必须整定得大于 C 母线上短路时可能出现的最大短路电流,即在最大运行方式下变电所 C 母线上三相短路时的电流 $I_{k.C.max}$,即

$$I'_{op.1} > I_{k.C.max} \tag{6.3}$$

引入可靠系数 $K'_{rel} = 1.2 \sim 1.3$,则上式即可写为

$$I'_{op.1} \geq K'_{rel} I_{k.C.max} \tag{6.4}$$

对保护 2 来讲,按照同样的原则,其启动电流应整定得大于 B 母线短路时的最大短路电流 $I_{k/B.max}$,即

$$I'_{op.2} = K'_{rel} I_{k.B.max} \tag{6.5}$$

$I'_{op.1}$ 和 $I'_{op.2}$ 在图 6.4 中是直线,它与曲线 Ⅰ 和 Ⅱ 各有一个交点。在交点以前短路时,由于短路电流大于启动电流,保护装置都能动作。而在交点以后短路时,由于短路电流小于启动电流,保护将不能启动,由此可知,有选择性的电流速断保护不可能保护线路的全长。

2)电流速断的灵敏性校验

速断保护对被保护线路内部故障的反应能力(即灵敏性),可用电流速断实际保护范围的大小来衡量,此保护范围通常用线路全长的百分数来表示。由图 6.4 可知,当系统为最大运行方式时,电流速断的保护范围为最大,当出现其他运行方式或两相短路时,速断的保护范围都减小,而当出现系统最小运行方式下的两相短路时,电流速断的保护范围为最小。一般情况下,应按这种运行方式和故障类型来校验其保护范围。一种方法是利用最大、最小短路电流和

整定值作出如图 3.4 所示的曲线和直线,求得最小保护范围,判断灵敏性是否满足要求。对于单侧电源辐射线路也可以用下式计算出实际最小保护范围来判断:

$$L_{\min.2} = \dfrac{\dfrac{\sqrt{3}}{2}\dfrac{E_\Phi}{I'_{op.2}} - Z_{s.\max}}{Z_1} \qquad (6.6)$$

式中,Z_1 为线路单位长度(1 km)正序阻抗,E_Φ 为相电势。

还可以用在保护安装处两相短路的最小短路电流,近似计算灵敏系数来校验电流速断的灵敏性。对于反应电流增加而启动的增量保护灵敏系数的定义是:

$$K_{sen} = \dfrac{\text{保护安装处金属性短路最小短路电流}}{\text{速断电流保护启动电流}} \qquad (6.7)$$

一般电流速断保护灵敏系数应大于 1.5 ~ 2 才能满足灵敏性的要求。

3)电流速断保护的特点

电流速断保护的主要优点是简单可靠,动作迅速,获得了广泛的应用。它的缺点是不可能保护线路的全长,并且保护范围直接受系统运行方式变化的影响。当系统运行方式变化很大,或者被保护线路的长度很短时,速断保护就可能没有保护范围,因而不能用。

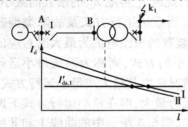

图 6.5　用于线路-变压器组
的电流速断保护

但在个别情况下,有选择性的电流速断也可以保护线路的全长,例如当电网的终端线路上采用线路-变压器组的单元接线方式时,如图 6.5 所示,由于线路和变压器可以看成是一个元件,因此,速断保护就可以按照躲开变压器低压侧线路出口处 k_1 点的短路来整定,由于变压器的阻抗一般较大,因此,k_1 点的短路电流就大为减小,这样整定之后,电流速断就可以保护线路 A-B 的全长,并能保护变压器的一部分。

当系统运行方式变化很大而电流速断的保护范围很小或失去保护范围时,可考虑用电流、电压联锁速断保护,在保证速动性情况下,增加保护范围和提高灵敏度。

(3)限时电流速断保护

具有完全选择性的定值电流速断不能保护本线路的全长时,可考虑增加一段新的保护,用来切除本线路上定值速断保护范围以外的死区故障,同时兼作速断保护近后备,这就是限时电流速断保护。对这个新设保护的要求,首先是在任何情况下都能保护本线路的全长,并具有足够的灵敏性和具有最小的动作时限。正是由于它能以最小时限快速切除全线路范围内的故障,因此,称之为限时电流速断保护。

1)工作原理和定值计算

由于要求限时速断保护必须保护本线路的全长,因此其定值保护范围必然要延伸到下一条线路中去,这样当下一条线路出口处发生短路时,就可能启动,出现灵敏性和选择性的矛盾。为了保证选择性,就必须使保护的动作带有一定的延时,延时的大小与其延伸的范围有关。为了使这一时限尽量缩短,首先考虑使它的保护定值范围不超出下一条线路速断保护的范围,而动作时限则比下一条线路的速断保护高出一个时间阶梯,此时间阶梯以 Δt 表示。

现以如图 6.6 所示的保护 2 为例来说明限时电流速断保护的整定方法。设保护 1 装有电流速断,其启动电流按式(6.2)计算后为 $I'_{op.1}$,它与短路电流变化曲线的交点 M 即为保护 1 电

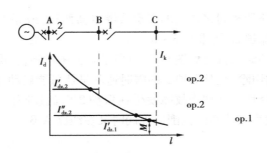

图 6.6　限时电流速断动作特性的分析

流速断的保护范围,当在此点发生短路时,短路电流即为 $I'_{op.1}$,速断保护刚好能动作。根据以上分析,保护 2 的限时电流速断不应超出保护 1 电流速断的保护范围,因此在单侧电源供电的情况下,它的启动电流就应该整定为:

$$I''_{op.2} \geqslant I'_{op.1} \tag{6.8}$$

该式中如果选取两个电流相等,就意味着保护 2 限时速断的保护范围正好和保护 1 速断保护的范围相重合。这在理想的情况下虽然可以,但是在实际中是不允许的。因为保护 2 和保护 1 安装在不同的地点,使用的是不同的电流互感器和继电器,因此它们之间的特性很难完全一样,如果正好遇到保护 1 的电流速断出现负误差,其保护范围比计算值缩小,而保护 2 的限时速断是正误差,其保护范围比计算值增大,那么实际上,当保护范围末端短路时,就会出现保护 1 的电流速断已不能动作,而保护 2 的限时速断仍然会启动的情况。由于故障位于线路 B-C 的范围以内,当其电流速断不动之后,本应由保护 1 的限时速断切除故障,如果保护 2 的限时速断也启动了,其结果就是两个保护的限时速断同时动作于跳闸,因而保护 2 失去了选择性。为了避免这种情况的发生,就不能采用两个电流相等的整定方法,而必须采用 $I''_{op.2} > I'_{op.1}$,引入可靠系数 K''_{rel},则得整定动作值为:

$$I''_{op.2} = K''_{rel} I'_{op.1} \tag{6.9}$$

对 K''_{rel},考虑到短路电流中的非周期分量已经衰减,故可选取比速断保护的 K'_{rel} 小一些,一般取 1.1 ~ 1.2。

2)动作时限的选择

从以上分析中已经得出,限时速断的动作时限 t''_2,应选择得比下一条线路速断保护的动作时限 t'_1 高出一个时间阶段 Δt,即:

$$t''_2 = t'_1 + \Delta t \tag{6.10}$$

从尽快切除故障的观点来看,Δt 应越小越好,但是为了保证两个保护之间动作的选择性,其值又不能选择得太小。现以线路 B-C 上发生故障时,保护 2 与保护 1 的配合关系为例,说明确定 Δt 的原则如下:

①Δt 应包括故障线路断路器 QF 的跳闸时间 $t_{QF.1}$(即从操作电流送入跳闸线圈的瞬间算起,直到电弧熄灭的瞬间为止),因为在这一段时间里,故障并未消除,因此保护 2 在故障电流的作用下仍处于启动状态。

②Δt 还应包括出口继电器的延时,若机电式继电保护还应包括时间继电器的提前或延后,测量电流继电器的延时返回惯性时间等,统称为继电器延迟,用 t_g 表示。

考虑一定的裕度,即再增加一个裕度时间 t_γ,就得到 t''_2 和 t'_1 之间的关系 Δt 为:

$$\Delta t = t_{QF.1} + t_g + t_r \tag{6.11}$$

对于通常采用的断路器和间接作用的二次式继电器而言,Δt 的数值位于 $0.35 \sim 0.6$ s,通常取为 0.5 s,对于微机保护 Δt 可取 $0.3 \sim 0.4$ s。

按照上述原则整定的时限特性如图 6.7(a)所示。由图可知,在保护 1 电流速断范围以内的故障,将以 t_1' 的时间被切除,此时保护 2 的限时速断虽然可能启动,但由于 t_2' 较 t_1' 大一个 Δt,因而从时间上保证了选择性。又如当故障发生在保护 2 电流速断的范围以内时,则将以 t_2' 的时间被切除,而当故障发生在速断的范围以外同时又在线路 A-B 的范围以内时,则将以 t_2'' 的时间被切除。

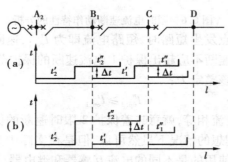

图 6.7　限时电流速断动作时限的配合
(a)和下一条线路的速断保护相配合;
(b) 和下一条线路限时速断保护相配合

由此可知,当线路上装设了电流速断和限时电流速断保护以后,它们的联合工作就可以保证全线路范围故障都能够在 0.5 s 的时间以内予以切除,在一般情况下都能够满足 110 kV 及以下电压等级线路速动性的要求。因此它们被称作此类线路的"主保护"。

3)保护装置灵敏性的校验

为了能够保护本线路的全长,限时电流速断保护必须在系统最小运行方式下,线路末端发生两相短路时,具有足够的反应能力,这个能力通常用灵敏系数 K_{sen}'' 来衡量。对反应于数值上升而动作的过量保护装置,灵敏系数的含义为:

$$K_{sen}'' = \frac{保护范围末端发生金属性短路时的最小电流值}{保护装置的动作电流} \quad (6.12)$$

式中,故障电流的计算值,应根据实际情况合理地采用最不利于保护动作的系统运行方式和故障类型来选定。但不必考虑可能性很小的特殊情况。

对保护 2 的限时电流速断而言,即应采用系统最小运行方式下线路 A-B 末端发生两相短路时的短路电流。设此电流为 $I_{k.B.min}$,代入式(6.12)中则灵敏系数为:

$$K_{sen.2}'' = \frac{I_{k.B.min}}{I_{op.2}''} \quad (6.13)$$

为了保证在线路末端短路时,保护装置一定能够动作,对限时电流速断保护应要求 $K_{sen} \geqslant 1.3 \sim 1.5$。

影响保护启动灵敏性的因素有:故障点一般都不是金属性短路,而是存在有过渡电阻,它将使短路电流减小;实际的短路电流由于计算误差或其他原因而小于计算值;保护装置所使用的电流互感器,在短路电流通过的情况下,一般都具有负误差,因此使实际流入保护装置的电流小于按额定变比折合的数值。

当校验灵敏系数不能满足要求时，那就意味着将来真正发生内部故障时，由于上述不利因素保护可能不启动，也就是达不到保护线路全长的目的，这是不允许的。为了解决这个问题，通常都是考虑进一步延伸限时电流速断的保护范围，使之与下一条线路的限时电流速断相配合，这样其动作时限就应该选择比下一条线路限时速断的时限再高一个 Δt，按照这个原则整定的时限特性如图 6.7(b) 所示，此时

$$t_2'' = t_1'' + \Delta t \tag{6.14}$$

应该指出，这仅在一些对速动性要求不高的场合使用。

(4) 定时限过电流保护

过电流保护通常是指启动电流按照躲开最大负荷电流来整定，而动作时限与短路电流大小无关的保护。它在正常运行时不应该启动，而在电网发生故障时，则能反应于电流的增大而动作，在一般情况下，它不仅能够保护本线路的全长，而且也能保护相邻线路的全长，以起到本线路近后备和相邻线路(下一线路)远后备保护的作用。

1) 工作原理和定值计算

为保证在正常运行情况下过电流保护绝不动作，显然保护装置的启动电流必须整定得大于该线路上可能出现的最大负荷电流 $I_{l.max}$。然而，在实际上确定保护装置的启动电流时，还必须考虑在外部故障切除后，保护装置是否能够返回的问题。例如在如图 6.8 所示的网络接线中，当 k_1 点短路时，短路电流将通过保护 5，4，3，这些保护都要启动，但是按照选择性的要求应由保护 3 动作切除故障，然后保护 4 和 5 由于电流已经减小而立即返回。

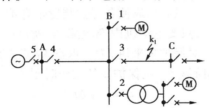

图 6.8　选择过电流保护启动电流和动作时间的网络图

实际上当外部故障切除后，流经保护 4 的电流是仍然在继续运行中的负荷电流。还必须考虑到，由于短路时电压降低，变电所 B 母线上所接负荷的电动机被制动，因此，在故障切除后电压恢复时，电动机有一个自启动的过程。电动机的自启动电流要大于它正常工作的电流，可能使上一级的过流保护不误动，保护 4 和 5 在这个自启动电流的作用下也应立即返回。因此，引入一个自启动系数 K_{ss} 来消除这种误动，它被定义为自启动时最大电流 $I_{ss.max}$ 与正常运行时流过保护安装处的最大负荷电流 $I_{l.max}$ 之比，即

$$K_{ss} = \frac{I_{ss.max}}{I_{l.max}} \tag{6.15}$$

这时保护 4 和 5 的返回电流 I_{re} 应大于 $I_{ss.max}$。考虑可靠系数 K_{rel}'''，则

$$I_{re} = K_{rel}''' I_{ss.max} = K_{rel}''' K_{ss} I_{l.max} \tag{6.16}$$

保护装置返回电流与启动电流之间的关系用继电器的返回系数 K_{re} 表示，则保护装置的启动电流为：

$$I_{op.4}''' \geqslant \frac{1}{K_{re}} I_{re} = \frac{K_{rel}''' K_{ss}}{K_{re}} I_{l.max} \tag{6.17}$$

式中,K'''_{rel}是可靠系数,一般采用 1.15 ~ 1.25;K_{ss}是自启动系数,数值大于 1,应由网络具体接线和负荷性质确定;K_{re}是机电式电流继电器的返回系数,一般采用 0.85。显然当 K_{re} 越小时,保护装置的启动电流越大,因而灵敏性就越差,这是不利的。微型机继电保护的返回系数接近 1,灵敏性得到提高。

2)过电流保护灵敏系数的校验

过电流保护灵敏系数的校验仍采用式(6.13)的形式,当过电流保护作为本线路的主保护时,应采用最小运行方式下本线路末端两相短路时的电流进行校验,要求 $K_{\text{sen}} \geq 1.3 \sim 1.5$;当作为相邻线路的远后备保护时,则应采用最小运行方式下相邻线路末端两相短路时的电流进行校验,此时要求 $K_{\text{sen}} \geq 1.2$。此外,在各个过电流保护之间,还必须要求灵敏系数相互配合,即对同一故障点而言,要求越靠近故障点的保护应具有越高的灵敏系数。

在单侧电源的网络接线中,由于越靠近电源端时,保护装置的定值越大,而发生故障后,各保护装置均流过同一个短路电流,因此上述灵敏系数应互相配合的要求自然能够满足。在后备保护之间,只有当灵敏系数和动作时限都互相配合时,才能切实保证动作的选择性。

3)过电流保护的动作时限选择

为了满足选择性的要求,在启动电流确定后还应考虑各保护元件间动作时间的配合。如图 6.9 所示,假定在每个电气元件上均装有过电流保护,各保护装置的启动电流均按照躲开被保护元件上各自的最大负荷电流来整定。这样当 k_1 点短路时,保护 1 ~ 5 在短路电流的作用下都可能启动,但要满足选择性的要求,应该只有保护 1 动作,切除故障,而保护 2 ~ 5 在故障切除之后应立即返回。这个要求只有依靠使各保护装置带有不同的时限来满足。

保护 1 位于电网的最末端,只要电动机内部故障,它就可以瞬时动作予以切除,t_1 即为保护装置本身的固有动作时间。对保护 2 来讲,为了保证 k_1 点短路时动作的选择性,则应整定其动作时限 $t_2 > t_1$。引入时间阶段 Δt,则保护 2 的动作时限为:

$$t_2 = t_1 + \Delta t \tag{6.18}$$

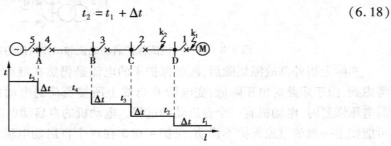

图 6.9 单侧电源放射形网络中过电流保护动作时限选择说明

保护 2 的时限确定以后,当 k_2 点短路时,它将以 t_2 的时限切除故障,此时为了保证保护 3 动作的选择性,又必须整定 $t_3 > t_2$。引入 Δt 以后则得:

$$t_3 = t_2 + \Delta t \tag{6.19}$$

以此类推。

一般说来,任一过电流保护的动作时限,应选择比相邻各元件保护的动作时限均高出至少一个 Δt,这就是所谓的阶梯形动作时限,只有这样才能充分保证动作的选择性。这种保护当故障越靠近电源端时,短路电流越大,而由以上分析可知,此时过电流保护动作切除故障的时限反而越长,因此,这是一个很大的缺点。正是由于这个原因,在电网中广泛采用电流速断和限时电流速断来作为本线路的主保护,以快速切除故障,利用过电流保护来作为本线路和相邻元件的后备保护。由以上分析也可以看出,处于电网终端附近的保护装置,过电流保护的动作时限并不长,因此在这种情况下它就可以作为主保护,而无须再装设电流速断保护。

(5)反时限电流保护

定时限过流保护的缺点是保护越靠近电源其动作时限越长,对系统稳定和设备安全不利。如果能使保护在短路电流大时切除故障时间短,短路电流小时切除故障时间相对较长就能较好解决这一问题,这种故障切除时间长短与短路电流大小成反相关特性的保护常被称为反时限电流保护。反时限过流保护数学模型有标准反时限、非常反时限和极端反时限 3 种不同的形式。由用户根据使用条件进行合理选择。

1)标准反时限的动作方程

方程以保护动作时间 t 与用来使曲线上下平移的整定时间系数 K、实时短路电流 I 及定时限过流整定动作值 I_{op} 等参数间关系的形式给出,即

$$t = \frac{0.14K}{\left(\dfrac{I}{I_{op}}\right)^{0.02} - 1} \tag{6.20}$$

2)特性曲线族

如图 6.10 所示是标准反时限特性曲线族,纵坐标为保护动作时间,横坐标是短路电流与定时限过流定值之比。实际应用时根据被保护对象的条件,求出整定时间系数 K,即可在曲线族中选出合适的特性曲线。

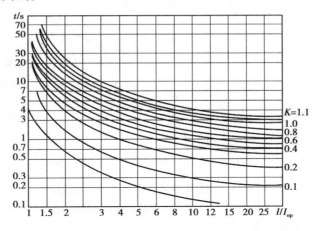

图 6.10　标准反时限特性曲线族

曲线族的左侧纵坐标为反时限保护动作时间,横坐标为实时检测电流与整定电流之比,右侧还标有每条曲线对应的时间系数 K 值。

反时限电流保护实际上包含了电流速断和反时限特性,当短路电流大于速断时会瞬时动作,其余情况下为反时限动作,由于反时限性能优于定时限,因此如果选择性不是问题时可考虑优先选择反时限电流保护。时限的选择主要考虑上下级间的配合,定值的选择应按本线路末端故障时和下一线路末端故障时均有足够的灵敏性考虑,近后备、远后备灵敏系数应分别要求大于 1. 5 和 1.2。

6.2.2 单侧电源辐射线路相间距离保护

一般在 35 kV 以上电压等级的电网中很难满足灵敏性的要求,因此有必要采用性能更加优良的保护。用反应故障点到保护安装处阻抗大小来判断故障是否发生在被保护区内的保护常称之为距离保护(或阻抗保护),反应相间故障的距离保护简称为相间距离保护。距离保护的核心是阻抗继电器(或阻抗元件)。

(1)阻抗继电器

阻抗继电器的主要作用是测量短路点到保护安装地之间的阻抗大小,并与整定阻抗值进行比较,以确定保护是否应该动作。

由欧姆定律可知阻抗等于加到线路上的电压与产生的电流之比,三相线路距离保护采用分相装设阻抗继电器作为各相检测继电器(元件),单相阻抗继电器是指加入继电器的只有一个电压 $\dot{U}_K$(可以是相电压或线电压)和一个电流 $\dot{I}_K$(可以是相电流或线电流)的阻抗继电器,$\dot{U}_K$ 和 $\dot{I}_K$ 的比值称为继电器的测量阻抗 Z_K,即

$$Z_K = \frac{\dot{U}_K}{\dot{I}_K} \tag{6.21}$$

由于 Z_K 可以写成 $R+jX$ 的复数形式,因此就可以利用复数平面来分析这种继电器的动作特性,并用一定的几何图形把它表示出来,如图 6.11 所示。

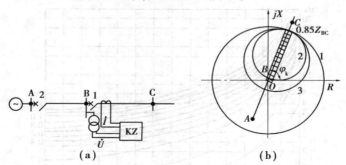

图 6.11 用复数平面分析阻抗继电器的特性
(a)网络接线;(b)被保护线路的测量阻抗及动作特性

1)构成阻抗继电器的基本原理

如图 6.11(a)中线路 B-C 的保护 1 为例,将阻抗继电器的测量阻抗画在复数阻抗平面上,如图 6.11(b)所示。线路的始端 B 位于坐标的原点,正方向线路的测量阻抗在第一象限,反方向线路的测量阻抗则在第三象限,正方向线路测量阻抗与 R 轴之间的角度为线路 B-C 的阻抗角 φ_K。如果用阶段式电流保护的思路考虑保护 1 的距离 I 段,假定启动阻抗整定为 B-C 线路的 85%,即 $Z'_{op1} = 0.85Z_{BC}$,阻抗继电器的启动特性就应包括 $0.85Z_{BC}$ 以内的阻抗,可用图 6.11(b)中阴影线的范围表示。

如果保护装置的整定阻抗经计算以后为 Z_{set},当继电器感受到的测量阻抗 Z_K 小于 Z_{set} 时,继电器应该动作,因此继电器的动作阻抗应该选择为

$$Z_{op} \leqslant Z_{set} \tag{6.22}$$

为了能消除过渡电阻以及互感器误差的影响,在机电式保护中尽量简化继电器的接线,并

便于制造和调试,通常把阻抗继电器的动作特性扩大为一个圆。如图 6.11(b)所示,其中 1 为全阻抗继电器的动作特性(以整定阻抗为半径的圆),2 为方向阻抗继电器的动作特性(以整定阻抗为直径的圆),3 为偏移特性阻抗继电器的动作特性(方向阻抗圆向反方向偏移适当位置)。此外尚有动作特性为透镜形及各式多边形的继电器等。在微机保护中实现各种多边形动作特性非常方便。因此多用多边形特性以提升距离保护的品质。

2)阻抗继电器接线方式选择

根据距离保护的工作原理,加入继电器的电压 $\dot{U}_K$ 和电流 $\dot{I}_K$ 应满足以下要求:

①继电器的测量阻抗应正比于短路点到保护安装地间的距离。

②继电器的测量阻抗应与故障类型无关,也就是保护范围不随故障类型而变化。

相间短路阻抗继电器的 0°接线方式:

所谓零度接线,即当阻抗继电器加入的电压和电流间的相位角为零度(纯电阻负载)的接线方式,如接入电压 $\dot{U}_{AB}$ 和接入电流 $\dot{I}_A - \dot{I}_B$。此外还有" +30°接线"" -30°接线"等方式。当采用 3 个继电器 K_1, K_2, K_3 分别接于三相时,能满足基本要求的几种常见接线方式名称及相应的电压和电流组合见表 6.1。

由于零度接线方式灵敏性相对较好,因此在距离保护中被广泛采用,现根据表 6.1 中的关系,在各种相间短路时对零度接线继电器进行满足基本要求的验证性分析。在此,测量阻抗仍用电力系统一次侧阻抗表示,或认为电流和电压互感器的变比为 $n_{TA} = n_{TV} = 1$。

表 6.1　阻抗继电器采用不同接线方式时,接入的电压和电流关系

继电器 接线方式	K_1		K_2		K_3	
	$\dot{U}_K$	$\dot{I}_K$	$\dot{U}_K$	$\dot{I}_K$	$\dot{U}_K$	$\dot{I}_K$
0°接线	$\dot{U}_{AB}$	$\dot{I}_A - \dot{I}_B$	$\dot{U}_{BC}$	$\dot{I}_B - \dot{I}_C$	$\dot{U}_{CA}$	$\dot{I}_C - \dot{I}_A$
+30°接线	$\dot{U}_{AB}$	$\dot{I}_A$	$\dot{U}_{BC}$	$\dot{I}_B$	$\dot{U}_{CA}$	$\dot{I}_C$
-30°接线	$\dot{U}_{AB}$	$-\dot{I}_B$	$\dot{U}_{BC}$	$-\dot{I}_C$	$\dot{U}_{CA}$	$-\dot{I}_A$

(2)单侧电源辐射线路相间距离保护的配置与组成逻辑

1)保护配置

按单侧电源辐射线路相间电流保护的思路,反应线路相间短路时阻抗减小而动作的各相距离保护系统仍用阶段式方法配置,典型配置为三段式,即距离Ⅰ段、Ⅱ段和Ⅲ段。同样由距离Ⅰ,Ⅱ段完成主保护,第Ⅲ段作为本线路的近后备和相邻线路的远后备。

2)主要组成元件逻辑

在一般情况下,距离保护装置由以下元件组成,其逻辑关系如图 6.12 所示。

①启动元件　启动元件的主要作用是在发生故障的瞬间启动整套保护,并和距离元件动作后组成与门,启动出口回路动作于跳闸,以提高保护装置的可靠性。启动元件可用电流、电压或负序和零序等突变量,具体选用哪一种,应由被保护线路的情况确定。

②距离元件（Z',Z'' 和 Z'''）　距离元件的主要作用实际上是测量短路点到保护安装地点之间的阻抗(也即距离)。单侧电源辐射线路用全阻抗特性,双侧电源复杂线路一般采用带方向的阻抗特性。

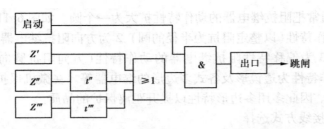

图 6.12　三段式距离保护的组成元件和逻辑框图

当发生故障时,启动元件动作,如果故障位于第Ⅰ段范围内,则 Z' 动作,并与启动元件的输出信号通过与门,瞬时作用于出口回路,动作于跳闸。如果故障位于距离Ⅱ段保护范围内,则 Z' 不动而 Z'' 动作,随即启动Ⅱ段的时间元件 t'',等 t'' 延时到达后,也通过与门启动出口回路动作于跳闸。如果故障位于距离Ⅲ段保护范围以内,则 Z''' 动作启动 t''',在 t''' 的延时之内,如果故障未被其他的保护动作切除,则在 t''' 延时到达后,仍通过与门和出口回路动作于跳闸,起到后备保护的作用。

(3)距离保护基本原理及整定计算

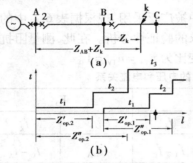

图 6.13　距离保护的作用原理
(a)网络接线;(b)时限特性

1)基本原理

距离保护是反应短路点至保护安装地之间的距离(或阻抗)而启动的,当短路点距保护安装处近时,其测量阻抗小;当短路点距保护安装处远时,其测量阻抗增大。为了保证选择性,如图 6.13 所示,当 k 点短路时,保护 1测量的阻抗是 Z_k,保护 2 测量的阻抗是 $Z_{AB} + Z_k$。按阶段式电流保护的思路可以整定保护 1 的动作时间比保护 2的动作时间短,这样,故障将由保护 1 切除,而保护 2 不致误动作。这种选择性的配合,是靠适当地选择各个保护的整定值和动作时限来完成的。

2)距离保护整定计算

①定值距离Ⅰ段　与定值电流速断对应,距离保护Ⅰ段瞬时动作没有延时,t_1 是保护本身的固有动作时间。以保护 2 为例,其第Ⅰ段本应保护线路 A—B 的全长,即保护范围为全长的100%,然而实际上却是不可能的,因为当线路 B—C 出口处短路时,保护 2 第Ⅰ段不应动作,为此,其启动阻抗的整定值必须躲开这一点短路时所测量到的阻抗 Z_{AB},即 $Z'_{op.2} < Z_{AB}$。考虑到阻抗继电器和电流、电压互感器的误差,需引入可靠系数 K'_{rel}(一般取 $0.8 \sim 0.85$),则

$$Z'_{op.2} \leqslant K'_{rel} Z_{AB} \tag{6.23}$$

同理,对保护 1 的第Ⅰ段整定动作值应为:

$$Z'_{op.1} \leqslant K'_{rel} Z_{BC} \tag{6.24}$$

如此整定后,虽然定值具有完全选择性,但只能保护本线路全长的80% ~85%,这是一个严重缺点。为了切除本线路末端15% ~20%范围以内的故障,就需设置距离保护第Ⅱ段。由于距离保护Ⅰ段不受系统运行方式影响,除非特别短线路,基本上均具有一定灵敏度,因此一般可不进行灵敏性效验。

②距离Ⅱ段　距离Ⅱ段整定值的选择相似于限时电流速断,即应使其不超出下一条线路距离Ⅰ段的保护范围,同时带有高出一个 Δt 的时限,以保证选择性。如图 6.13(a)单侧电源

网络中,当保护 1 的第 I 段末端短路时,保护 2 的测量阻抗 Z_2 为:

$$Z_2 = Z_{AB} + Z'_{op.1} \qquad (6.25)$$

引入可靠系数 K''_{rel},则保护 2 的启动阻抗为:

$$Z''_{op.2} \leqslant K''_{rel}(Z_{AB} + Z'_{op.1}) = 0.8[Z_{AB} + K'_{rel}Z_{BC}] \qquad (6.26)$$

距离 I 段与 II 段共同构成本线路的主保护。计算距离 II 段在本线路末端短路的灵敏系数,由于是反应于数值下降而动作,因此其灵敏系数为:

$$K_{sen} = \frac{\text{保护装置的动作阻抗}}{\text{保护范围末端发生金属性短路时故障阻抗的计算值}} \qquad (6.27)$$

对距离 II 段来说,在本线路末端短路时,其测量阻抗即为 Z_{AB},因此灵敏系数为:

$$K_{sen} = \frac{Z''_{op.2}}{Z_{AB}} \qquad (6.28)$$

一般要求 $K_{sen} \geqslant 1.25$。当校验灵敏系数不满足要求时,可进一步延伸保护范围,使之与下一条线路的距离 II 段相配合,考虑原则与限时电流速断保护相同。

③距离 III 段　距离 III 段作为相邻线路保护装置和断路器拒绝动作的远后备保护,同时也作为本线路距离 I,II 段的近后备保护。第 III 段采用全阻抗继电器,其启动阻抗一般按躲开最小负荷阻抗 $Z_{l.min}$ 来整定,它表示当线路上流过最大负荷电流 $I_{l.max}$ 且母线上运行电压最低时(用 $\dot{U}_{l.min}$ 表示),在线路始端所测量到的阻抗值为:

$$Z_{l.min} = \frac{\dot{U}_{l.min}}{I_{l.max}} \qquad (6.29)$$

参照过电流保护的整定原则,考虑到外部故障切除后,在电动机自启动的条件下,保护第 III 段必须立即返回原位的要求,应采用

$$Z'''_{op.2} \leqslant \frac{1}{K_{rel}K_{ss}K_{re}} Z_{l.min} \qquad (6.30)$$

式中,可靠系数 K_{rel}、自启动系数 K_{ss} 和返回系数 K_{re} 均为大于 1 的数值。

与定时过电流保护相似,启动阻抗按躲开正常运行时的最小负荷阻抗来选择,而动作时限则应根据图 6.13 的原则,使其比距离 III 段保护范围内其他各保护及相邻线路的最大动作时限高出一个 Δt。

6.2.3　双侧电源复杂网络线路相间短路保护

前面所讲的三段式电流保护和距离保护的前提条件是单侧电源辐射网络线路,各保护都安装在被保护线路靠近电源的一侧,在发生故障时短路电流从母线流向被保护线路(在无串联电容也不考虑分布电容的线路上短路时认为短路电流由电源流向短路点)。在此基础上按照选择性的条件协调配合工作。

实际上现代电网都是由很多电源组成的复杂网络,上述的保护方式不能满足系统运行的要求,分析双侧电源供电情况可以发现,如在线路两侧都装上阶段式电流保护(因为两侧均有电源),则误动的保护都是在自己保护线路的反方向发生故障时,由对侧电源供给的短路电流所致。对误动的保护而言,短路电流由线路流向母线,与保护线路内故障时的短路电流方向刚好相反。为了消除这种无选择的动作,必须用方向元件,方向元件正方向动作,反方向不动作(即闭锁保护)。

当双侧电源网络上的保护装设方向元件后,就可以把它们拆开成两个单侧电源网络保护看待,两组方向保护之间不要求配合关系,其整定计算仍可按单侧电源网络保护原则进行。

(1)电流速断保护

双侧电源辐射线路电流速断保护整定计算与单侧电源辐射线路相间电流速断相同,只需增加功率方向元件即可,这样既能保证选择性,还能提高灵敏性。必须指出,在某些情况下,不加方向元件也有选择性,但会降低灵敏度。因此建议双侧电源线路电流速断均加方向元件。

(2)限时电流速断保护

与电流速断一样需增加功率方向元件,其整定计算仍与单侧电源辐射线路限时电流速断基本相同,但需考虑保护安装地点与短路点之间有分支电流的影响。如图 6.14 所示,分支电路中有电源,此时故障线路中的短路电流 I_{BC} 将大于 I_{AB},其值为 $I_{BC} = I_{AB} + I'_{AB}$。这种使故障线路电流增大的现象,称为助增。有助增以后的短路电流分布曲线如图 6.14 所示。

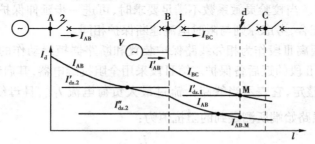

图 6.14 有助增电流时,限时电流速断保护的整定

此时保护 1 电流速断的整定值仍按躲开相邻线路出口短路整定为 $I'_{op.1}$,其保护范围末端位于 M 点。在此情况下,流过保护 2 的电流为 $I_{AB.M}$,其值小于 $I_{BC.M}$($=I_{op.1}$),因此保护 2 限时电流速断的整定动作值为:

$$I''_{op.2} \geqslant K''_{rel} I_{AB.M} \tag{6.31}$$

显然 $I''_{op.2} < I_{BC.M}$,若用 $I'_{op.1}$ 配合整定而不考虑助增电流影响,则保护 2 的实际保护范围将伸过 C 母线,造成无选择性误动,为此应引入分支系数 K_b,其定义为:

$$K_b = \frac{故障线路流过的短路电流}{保护所在线路上流过的短路电流} \tag{6.32}$$

在图 6.14 中,整定配合点 M 处的分支系数为:

$$K_b = \frac{I_{BC.M}}{I_{AB.M}} = \frac{I'_{op.1}}{I_{AB.M}} > 1 \tag{6.33}$$

代入式(6.31),则得:

$$I''_{op.2} \geqslant \frac{K''_{rel}}{K_b} I'_{op.1} \tag{6.34}$$

与单侧电源线路的整定公式相比,在分母上多了一个大于 1 的分支系数。

如图 6.15 所示,分支电路为一并联的线路,此时故障线路中的电流 $\dot{I}_{BC}$ 将小于 I_{AB},其关系为 $I_{AB} = I'_{BC} + I''_{BC}$,这种使故障线路中电流减小的现象称为外汲。此时分支系数 $K_b < 1$。短路电流的分布曲线如图 6.15 所示。

有外汲电流影响时的分析方法同于有助增电流的情况,限时电流速断的启动电流仍应按式(6.23)整定。

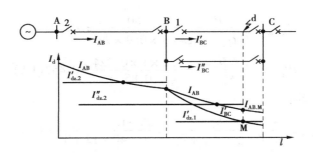

图 6.15　有外汲电流时,限时电流速断保护的整定

当变电所 B 母线上既有电源又有并联的线路时,其分支系数可能大于 1 也可能小于 1,此时应根据实际可能的运行方式,选取分支系数的最小值进行整定计算即为:

$$I''_{op.2} \geqslant \frac{K''_{rel}}{K_{b.min}} I'_{op.1} \tag{6.35}$$

(3)定时限过流保护

双侧电源复杂网络线路的定时限过流保护的整定计算与单侧电源线路过流保护相同,为了保证选择性,必须增加方向元件。

例 6.1　已知网络如图 6.16 所示,假如保护 1 配置三段式电流保护,试整定计算。

$K'''_{rel} = 1.2, K_{re} = 0.85, K_{ss} = 1, K'_{rel} = 1.25, K''_{rel} = 1.22, z_1 = 0.4\ \Omega/km$

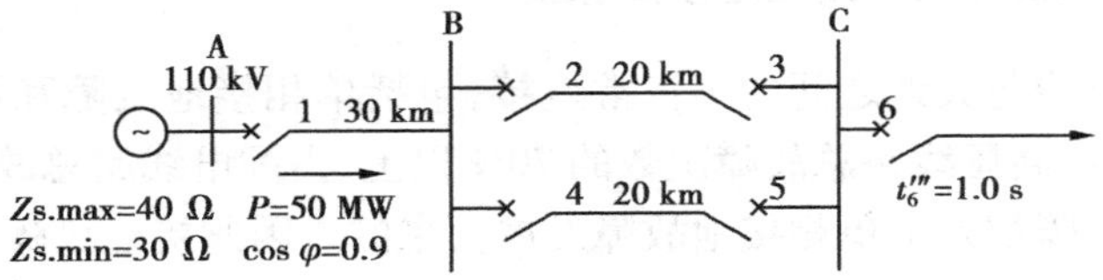

图 6.16

解:对保护 1 配置三段式电流保护。分别计算保护 1 和保护 2 的电流速断定值:

$$I_{k.B.max} = \frac{121/1.732}{30 + (30 \times 0.4)} = 1.66\ (kA)$$

$$I_{k.C.max} = \frac{121/1.732}{30 + (30 + 20) \times 0.4} = 1.397\ (kA)$$

$$I'_{op.1} = K'_{rel} I_{k.B.max} = 1.25 \times 1.66 = 2.075\ (kA)$$

$$I'_{op.2} = K'_{rel} I_{k.C.max} = 1.25 \times 1.397 = 1.746\ (kA)$$

$$I_{k.A.min} = \frac{(99/1.32) \times 0.866}{40} \approx 1.238\ (kA), K'_{sen.1} = \frac{1.238}{2.075} = 0.596$$

电流速断灵敏性校验不合格。

保护 1 的限时电流速断定值整定:

$$K_{b.min} \approx 1/2 = 0.5$$

$$I''_{op.1} = K''_{rel} I'_{op.2} / K_{b.min} = 1.23 \times 1.746/0.5 = 4.32\ (kA)$$

$$I_{k.B.min} = \frac{(99/1.732) \times 0.866}{40 + 12} \approx 0.952\ (kA), K''_{sen.1} = \frac{0.952}{4.32} = 0.22$$

电流限时速断同样不能满足灵敏性的要求。

保护 1 定时过流整定:

$$I_{l.\max} = \frac{P}{\sqrt{3}\,U_{\min}\cos\varphi} = \frac{50}{\sqrt{3}\times0.9\times99} = 0.324(\text{kA})$$

$$I'''_{op.1} = \frac{K_{rel}K_{ss}I_{l.\max}}{K_{re}} = \frac{1.2\times1\times0.324}{0.85} = 0.457(\text{kA})$$

远后备灵敏性检验:

$$I_{k.c.\min} = \frac{\sqrt{3}}{2}\frac{E_s}{Z_{s.\max}+Z_{AB}+Z_{BC}} = \frac{\sqrt{3}}{2}\frac{110/\sqrt{3}\times0.9}{40+12+8} = 0.852(\text{kA})$$

$$K'''_{sen.1} = \frac{I_{k.C.\min}}{I'''_{op.1}} = \frac{0.822}{0.457} \approx 1.8$$

满足远后备灵敏性的要求。

定时过流电流的时限:$t'''_1 = t'''_6 + 2\Delta t = 1 + 2\times0.5 = 2(\text{s})$。

从本例可知电流保护受系统运行方式及线路长度的影响使主保护没有灵敏性。这种情况下应改用距离保护或差动保护作为主保护。

对于双侧电源复杂电网线路的距离保护整定计算与电流保护类似,仍按单测电源辐射网络线路距离保护的整定计算方法,但必须用方向阻抗元件以确保选择性,此外还要考虑分支系数的影响。

6.2.4　基于单端信息的线路接地故障保护

接地故障是指导线与大地之间的不正常连接,包括单相接地故障和两相接地故障。统计表明,单相接地故障占高压线路总故障次数的70%以上、占配电线路总故障次数的80%以上,而且绝大多数相间故障都是由单相接地故障发展而来的。因此接地故障保护对于电力线路乃至整个电力系统安全运行至关重要。

接地故障与中性点接地方式密切相关,相同的故障条件但不同的中性点接地方式,接地故障所表现出的故障特征和后果、危害完全不同,因而保护策略也不相同。采用的中性点工作方式主要有中性点直接接地系统和中性点非直接接地系统(包括中性点经消弧线圈接地、中性点不接地、中性点经电阻接地3种工作方式)两种。

在中性点直接接地系统中,当发生一点接地故障时就构成单相接地短路,故障相中流过很大短路电流,故又称之为大电流接地系统。在中性点非直接接地系统中,发生单相接地故障时,由于故障点电流很小,往往比负荷电流小得多,因此又称之为小电流接地系统。大电流接地方式也称为有效接地方式,小电流接地方式称为非有效接地方式。国际上对大电流接地和小电流接地方式有个定量的标准。因为对接地点的零序综合电抗 Z_0 与正序综合电抗 Z_1 之比越大,则接地点电流越小。我国规定,当 $Z_{0\Sigma}/Z_{1\Sigma} > 4\sim5$ 倍时,属于小电流接地系统,否则属于大电流接地系统。目前我国 110 kV 及以上电压等级的电力系统均属于大电流接地系统,而110 kV 以下高电压等级的电力系统均属于小电流接地系统。

(1)大电流接地系统高压线路接地故障保护

在大电流接地系统中发生非全相接地故障时,故障相中流过很大的短路电流,要求保护尽快动作切除故障。为了反映接地短路,必须装设专用接地短路保护,并作用于跳闸。众所周知,接地短路时电网中将出现很大的零序电流,而在正常运行情况下或相间短路时零序电流是没有的或很小,因此利用零序电流来构成大电流接地系统的接地短路保护,具有显著优点。

1）接地故障时零序分量特点

在电力系统中发生接地短路（单相接地或两相接地）时，由于是非对称性短路，是一种复杂短路，如图 6.17（a）所示，因此可以利用对称分量的方法将电流和电压分解为正序、负序和零序分量，并利用复合序网来表示它们之间的关系。短路计算的零序等效网络如图 6.17（b）所示，零序电流可以看成是在故障点出现一个零序电压 $\dot{U}_{k0}$ 而产生的，它必须经过变压器接地的中性点构成回路。对零序电流的参考方向，仍然采用母线流向故障点为正，而对零序电压的参考方向，是线路高于大地的电压为正，如图 6.17（b）中的"→"所示。

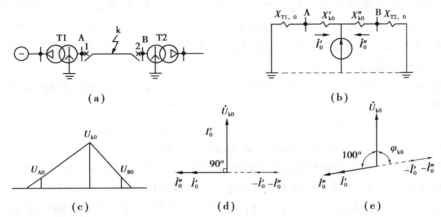

图 6.17　接地短路时的零序等效网络

（a）系统接线；（b）零序网络；（c）零序电压的分布；
（d）忽略电阻时的相量图；（e）计及电阻时的相量图（$\varphi_{k0} = 80°$）

①由上述等效网络可知，零序分量的参数的特点为：故障点的零序电压最高，系统中距离故障点越远处的零序电压越低。零序电压的分布如图 6.17（c）所示，在变电所 A 母线上零序电压为 U_{A0}，变电所 B 母线上零序电压为 U_{B0}，等等。

②由于零序电流是由 $\dot{U}_{k0}$ 产生的，当忽略回路的电阻时，按照规定的参考正方向画出零序电流和电压的向量图，如图 6.17（d）所示，$\dot{I}'_0$ 和 $\dot{I}''_0$ 将超前 $\dot{U}_{k0}$ 90°，而当计及回路电阻时，例如取零序阻抗角为 $\varphi_{k0} = 80°$，则如图 6.17（e）所示，$\dot{I}'_0$ 和 $\dot{I}''_0$ 将超前 $\dot{U}_{k0}$ 100°。

零序电流的分布，主要决定于送电线路的零序阻抗和中性点接地变压器的零序阻抗，而与电源的数目和位置无关，例如在图 6.17（a）中，当变压器 T2 的中性点不接地时，则 $I''_0 = 0$。

③对于发生故障的线路，两端零序功率的方向与正序功率的方向相反，零序功率方向实际上都是由线路流向母线的。

④从任一保护（例如保护 1）安装处的零序电压与电流之间的关系看，由于 A 母线上的零序电压 $\dot{U}_{A0}$ 实际上是从该点到零序网络中性点之间零序阻抗上的电压降，因此可表示为：

$$\dot{U}_{A0} = (-\dot{I}'_0) Z_{T1.0} \tag{6.36}$$

式中，$Z_{T1.0}$ 为变压器 T1 的零序阻抗。

该处零序电流与零序电压之间的相位差也将由 $Z_{T1.0}$ 的阻抗角决定，而与被保护线路的零序阻抗及故障点的位置无关。

⑤在电力系统的运行方式变化时,如果送电线路和中性点接地的变压器数目不变,则零序阻抗和零序等效网络就是不变的。但此时,系统的正序阻抗和负序阻抗要随着运行方式而变化,正、负序阻抗的变化将引起 U_{k1}, U_{k2}, U_{k0} 之间电压分配的改变,因而间接地影响零序分量的大小。

用零序电流和零序电压的幅值以及它们的相位关系即可实现接地短路的零序电流和方向保护。用零序电压和零序电流过滤器来分别取得零序电压和零序电流。

2)线路零序电流保护配置与整定

根据大电流接地系统发生接地故障出现零序电流这一特点,构成零序电流保护,它反映接地短路时出现的零序电流的大小而动作的保护装置。从原理上讲,零序电流保护与相间电流保护完全相同,也可构成阶段式保护,它们的整定原则、校验方法也基本相似。不同的是零序电流保护只反映电流的一个分量。

零序电流速断(零序Ⅰ段)保护只保护线路的一部分;零序电流限时速断(零序Ⅱ段)保护可保护线路全长,并与相邻元件保护相配合,动作一般带 0.5 s 延时;零序过电流(零序Ⅲ段)保护作为本线路及相邻线路的后备保护。可以根据电网的特点以及灵敏性的要求等,设置更多的零序保护段,如零序电流速断包括灵敏Ⅰ段和不灵敏Ⅰ段。

在发生单相或两相接地短路时,也可以求出零序电流 $3I_0$ 随线路长度变化的关系曲线,然后根据相似于相间短路电流保护的原则,实现反时限零序电流保护。

①灵敏Ⅰ段保护的整定　避开下一条线路出口处单相或两相接地短路时可能出现的最大零序电流 $3I_{0.\max}$,引入可靠系数 K'_{rel}(一般取为 $1.2 \sim 1.3$),即为:

$$I'_{op} \geqslant K'_{rel} 3I_{0.\max} \tag{6.37}$$

实际上应考虑三相断路器不同时合闸产生不平衡电流而误动的可能,因此必须使灵敏Ⅰ段带有约 0.1 s 的延时。由于定值较小,保护灵敏性好,故称为灵敏Ⅰ段,它的主要任务是对全相运行状态下的接地故障起保护作用。

②不灵敏Ⅰ段的整定　当线路上采用单相自动重合闸时,按上述原则整定的零序Ⅰ段,往往不能避开在非全相运行状态下发生系统振荡时所出现的最大零序电流而误动,如果按这一非全相运行条件整定,则全相运行发生接地故障时可能失去灵敏性,不能发挥零序Ⅰ段作用。因此,为了解决这个矛盾,当单相重合闸启动时,则将灵敏Ⅰ段自动闭锁,待恢复全相运行时才能重新投入。另一个是按躲过非全相运行时又发生振荡出现的最大零序电流整定的不灵敏Ⅰ段。装设它的主要目的是为了在单相重合闸过程中,其他两相又发生接地故障时,用以弥补失去灵敏Ⅰ段的缺陷,尽快将故障切除。通过重合闸将两者在非全相和全相运行之间互相切换。

③线路零序电流Ⅱ段保护　零序Ⅱ段的工作原理与相间短路限时电流速断保护一样,其启动电流首先考虑和下一条线路的零序电流速断相配合,可参照式 $I''_{op.2} \geqslant K''_{rel} I'_{op.1}$ 的原则选择,并带有高出一个 Δt 的时限,以保证动作的选择性。

但是,当两个保护之间的变电所母线上接有中性点接地的变压器时,如图 6.18(a) 所示,则由于这一分支电路的影响,将使零序电流的分布发生变化,这种情况与相间电流有助增电流的情况相同,引入零序电流的分支系数 K_{0b} 之后,则零序Ⅱ段的启动电流应整定为:

$$I''_{op.2} \geqslant \frac{K''_{rel}}{K_{0b,\min}} I'_{op.1} \tag{6.38}$$

当变压器切除或中性点改为不接地运行时,则该支路即从零序等效网络中断开,此时 $K_{0b} = 1$。

零序Ⅱ段的灵敏系数,应按照本线路末端接地短路时的最小零序电流来校验,并应满足 $K_{sen} > 1.5$ 的要求。当由于下一线路比较短或运行方式变化比较大,因而不能满足对灵敏系数的要求时,可以考虑用下列方式解决:

a. 使零序Ⅱ段保护与下一条线路的零序Ⅱ段相配合,时限再抬高一级,取为 $1 \sim 1.2$ s。

b. 保留 0.5 s 的零序Ⅱ段,同时再增加一个按第(1)项原则整定的保护,这样保护装置中,就具有两个定值和时限均不相同的零序Ⅱ段,一个定值较大,能在正常运行方式和最大运行方式下,以较短的延时切除本线路上所发生的接地故障,另一个则具有较长的延时,能保证在各种运行方式下线路末端接地短路时,保护装置具有足够的灵敏系数。

c. 从电网接线的全局考虑,改用接地距离保护。

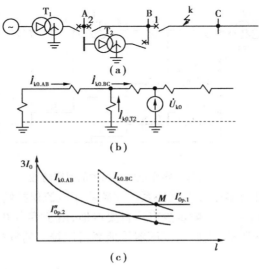

图 6.18　有分支电路时,零序Ⅱ段动作特性的分析

(a)网络接线图;(b)零序等效网络;(c)零序电流的变化曲线

④线路零序电流Ⅲ段保护　零序Ⅲ段的作用相当于相间短路的定时过电流保护,在一般情况下是作为后备保护使用的,但在中性点直接接地电网中的终端线路上,它也可以作为主保护使用。

在零序过电流保护中,对继电器的启动电流,原则上是按照避开在下一条线路出口处相间短路时所出现的最大不平衡电流 $I_{dsq.max}$ 来整定,引入可靠系数 K_{rel},即动作电流为:

$$I'''_{op.K} \geq K_{rel} I_{dsq.max} \tag{6.39}$$

式中, $I_{dsq.max} = 0.1 K_{np} K_{sam} I_{k.max}$, K_{np} 为非周期分量系数, K_{sam} 为 T 同型系数,同时还必须要求各保护之间在灵敏系数上要互相配合。

因此,实际上对零序过电流保护的整定计算,必须按逐级配合的原则来考虑,具体地说,就是本保护零序Ⅲ段的保护范围,不能超出相邻线路零序Ⅲ段的保护范围。当两个保护之间具有分支电路时,应考虑分支系数的影响,因此保护装置的启动电流应整定为:

$$I'''_{op.2} \geq \frac{K'''_{rel}}{K_{0b.min}} I'''_{op.1} \tag{6.40}$$

式中, K'''_{rel} 为配合系数,一般取为 $1.1 \sim 1.2$; K_{0b} 为零序分支系数在相邻线路的末端发生接地短路时,故障线路中零序电流与流过本保护装置中零序电流之比; $K_{0b.min}$ 为最小分支系数。

按上述原则整定的零序过电流保护,其启动电流一般都很小(在二次侧为 2~3 A),因此,在本电压级网络中发生接地短路时,它都可启动。这时,为了保证保护的选择性,各保护的动作时限也应按阶梯形逐级配合原则来确定。如图 6.19 所示的网络接线中,安装在受端变压器 T1 上的零序过电流保护 4 可以是瞬时动作的,因为在丫/△变压器低压侧的任何故障都不能在高压侧引起零序电流,所以无须考虑和保护 1~3 的配合关系。按照选择性的要求,保护 5 应比保护 4 高出一个时间阶段,保护 6 又应比保护 5 高出一个时间阶段,等等。

为了便于比较,在图 6.19 中也绘出了相间过电流保护的动作时限,它是从保护 1 开始逐级配合的。由此可知,在同一线路上的零序过电流保护与相间过电流保护相比,将具有较小的时限,这也是它的一个优点。

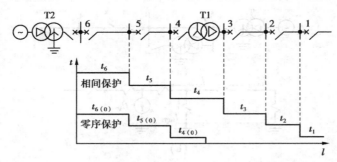

图 6.19　零序过电流保护的时限特性

⑤零序功率方向元件及多中性点接地系统线路零序电流保护特点　在双侧或多侧电源的网络中,电源处变压器的中性点一般至少有一台要接地,由于零序电流的实际流向是由故障点流向各个中性点接地的变压器,因此在变压器接地数目比较多的复杂网络中,就需要考虑零序电流保护动作的方向性问题。

如图 6.20(a)所示的网络接线,两侧电源处的变压器中性点均直接接地,这样当 k_1 点短路时,其零序等效网络和零序电流分布,如图 6.20(b)所示,按照选择性的要求,应该由保护 1 和 2 动作切除故障,但是零序电流 I'_{ok1} 流过保护 3 时,就可能引起它的误动作,同样当 k_2 点短路时,如图 6.20(c)所示,零序电流 I'_{ok2} 又可能使保护 2 误动作。此情况必须在零序电流保护上增加功率方向元件,利用正方向和反方向故障时零序功率方向的差别,来闭锁可能误动作的保护,保证动作的选择性。

零序功率方向继电器接于零序电压 $3\dot{U}_0$ 和零序电流 $3\dot{I}_0$ 之上,它只反应于零序功率的方向而动作。当保护范围内部故障时,按规定的电流、电压正方向看,$3\dot{I}_0$ 超前于 $3\dot{U}_0$ 为 95°~110°(对应于保护安装地点背后的零序阻抗角为 70°~85° 的情况),继电器此时应正确动作,并应工作在最灵敏的条件之下。

根据零序分量的特点,零序功率方向继电器显然应该采用最大灵敏角 $\varphi_{\text{sen}} = -110° \sim -95°$,当按规定极性对应加入 $3\dot{U}_0$ 和 $3\dot{I}_0$ 时,继电器正好工作在最灵敏的条件下,在微机保护中零序功率方向继电器的技术条件规定其最大灵敏角为 $-105° \pm 5°$,与上述接线是一致的。

由于越靠近故障点的零序电压越高,因此零序方向元件没有电压死区。相反地,当故障点距离保护安装地点很远时,由于保护安装处的零序电压较低,零序电流较小,继电器反而可能不启动。为此,必须校验方向元件在这种情况下的灵敏系数。例如,作为相邻元件的后备保护,相邻元件末端短路时,应采用在本保护安装处的最小零序电流、电压或功率(经电流、电压互感器转换到二次侧的数值)与功率方向继电器的最小启动电流、电压或启动功率之比来计算灵敏系数,并要求 $K_{sen} \geqslant 1.5$。

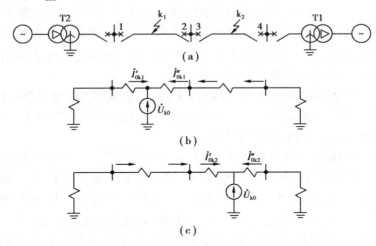

图 6.20　零序方向保护工作原理的分析
(a)网络接线;(b)k_1 点短路的零序网络;(c)k_2 点短路的零序网络

⑥大电流接地系统零序电流保护的评价　带方向和不带方向的零序电流保护是简单而有效的接地保护方式,它与采用完全星形接线方式的相间短路电流保护兼作接地短路保护比较,具有如下优点:

a.相间短路的过电流保护是按照大于负荷电流进行整定的,继电器的启动电流一般为 5 ~ 7 A,而零序过电流保护则按照避开不平衡电流的原则进行整定,其值一般为 2 ~ 3 A。由于发生单相接地短路时,故障相的电流与零序电流 $3I_0$ 相等。因此,零序过电流保护的灵敏度高。零序过电流保护的动作时限也较相间保护短。尤其是对于两侧电源的线路,当线路内部靠近任一侧发生地短路时,本侧零序 I 段动作跳闸后,对侧零序电流增大可使对侧零序 I 段也相继动作跳闸,因而使总的故障切除时间更加缩短。

b.相间短路的电流速断和限时电流速断保护直接受系统运行方式变化的影响很大,而零序电流保护受系统运行方式变化的影响要小得多。

c.由于线路零序阻抗远较正序阻抗为大,$X_0 = (2 ~ 3.5)X_1$,故线路始端与末端短路时,零序电流变化显著,曲线较陡,因此零序 I 段的保护范围较大,也较稳定,零序 II 段的灵敏系数也易于满足要求。

当系统中发生某些不正常运行状态时,例如系统振荡,短时过负荷等,由于三相是对称的,相间短路的电流保护均将受它们的影响而可能误动作,因此需要采取必要的措施予以防止,而零序保护则不受它们的影响。

实际上,在中性点直接接地的电网中,由于零序电流保护接线简单、经济,调试维护方便,工作可靠,因此获得了广泛的应用。

零序电流保护的缺点是:对于短线路或运行方式变化很大的情况,保护往往不能满足灵敏性的要求。当采用自耦变压器联系两个不同电压等级的网络时(例如 110 kV 和 220 kV 电网),则任一网络的接地短路都将在另一网络中产生零序电流,这将使零序保护的整定配合复杂化,并将增大第Ⅲ段保护的动作时限。

（2）小电流接地系统高压线路接地故障保护

在小电流接地系统中发生单相接地故障时,由于故障点的电流很小,而且三相之间的线电压仍然保持对称,对负荷的供电没有影响,因此,在一般情况下都允许再继续运行 1 ~ 2 h,而不必立即跳闸,这也是采用中性点非直接接地运行的主要优点。但是在单相接地以后,其他两相的对地电压要升高 $\sqrt{3}$ 倍。为了防止故障进一步扩大成两点或多点接地短路,保护装置就应及时发出信号,以便运行人员采取措施予以消除。

因此在小电流接地系统中,发生单相接地故障时,一般只要求继电保护能有选择性地发出信号,而不必跳闸。但当单相接地对人身和设备的安全有危险时,则应动作于跳闸。

1）中性点不接地系统单相接地故障的特点

如图 6.21 所示的最简单的网络接线,在正常运行情况下,三相对地有相同的电容 C_0,在相电压的作用下,每相都有一超前于相电压 90° 的电容电流流入地中,而三相电流之和等于零。假设在 A 相发生了单相接地,则 A 相对地电压变为零,对地电容被短接,而其他两相的对地电压升高 $\sqrt{3}$ 倍,对地电容电流也相应地增大 $\sqrt{3}$ 倍,向量关系如图 6.22 所示。在单相接地时,由于三相中的负荷电流和线电压仍然是对称的,因此,在下面分析中不予考虑,而只分析对地关系的变化。

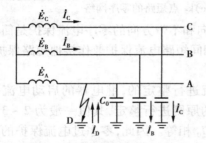 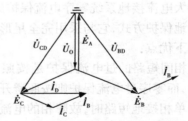

图 6.21　简单网络接线示意图　　　　　　图 6.22　A 相接地时的向量图

在 A 相接地以后,各相对地的电压为:

$$\left.\begin{array}{l} \dot{U}_{AD} = 0 \\ \dot{U}_{BD} = \dot{E}_B - \dot{E}_A = \sqrt{3}\dot{E}_A e^{-j150°} \\ \dot{U}_{CD} = \dot{E}_C - \dot{E}_A = \sqrt{3}\dot{E}_A e^{j150°} \end{array}\right\} \tag{6.41}$$

故障点 D 的零序电压为:

$$\dot{U}_{k0} = \frac{1}{3}(\dot{U}_{AD} + \dot{U}_{BD} + \dot{U}_{CD}) = -\dot{E}_A \tag{6.42}$$

在非故障相中,流向故障点的电容电流为:

$$\left.\begin{array}{l} \dot{I}_B = \dot{U}_{BD} j\omega C_0 \\ \dot{I}_C = \dot{U}_{CD} j\omega C_0 \end{array}\right\} \tag{6.43}$$

其有效值为 $I_B = I_C = \sqrt{3}\,U_\varphi \omega C_0$,其中 U_φ 为相电压的有效值。此时,从接地点流回的电流为 $\dot{I}_D = \dot{I}_B + \dot{I}_C$,由图 6.21 可知,其有效值为 $I_D = 3U_\varphi \omega C_0$。

当网络中有发电机（G）和多条线路存在时,如图 6.23 所示,每台发电机和每条线路对地均有电容存在,设以 C_{0G},C_{0I},C_{0II} 等集中的电容来表示,当线路 Ⅱ A 相接地后,如果忽略负荷电流和电容电流在线路阻抗上的电压降,则全系统 A 相对地的电压匀等于零,因而各元件 A 相对地的电容电流也等于零,同时 B 相和 C 相的对地电压和电容电流也都升高 $\sqrt{3}$ 倍,仍可用上面 3 个表达式的关系来表示,在这种情况下的电容电流分布,在图中用"→"表示。由图 6.22 可知,在非故障的线路 Ⅰ 上,A 相电流为零,B 相和 C 相中流有本身的电容电流,因此,在线路始端所反映的零序电流为:

$$3\dot{I}_{0I} = \dot{I}_{BI} + \dot{I}_{CI} \tag{6.44}$$

参照如图 6.23 所示的关系,其有效值为:

$$3I_{0I} = 3U_{\varphi}\omega C_{0I} \tag{6.45}$$

即零序电流为线路 Ⅰ 本身的电容电流,电容性无功功率的方向为由母线流向线路。

当电网中的线路很多时,上述结论可适用于每一条非故障的线路。

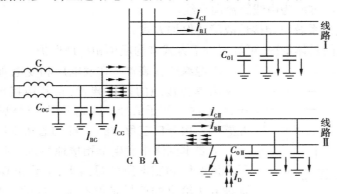

图 6.23　单相接地时,用三相系统表示的电容电流分布图

在发电机 G 上,首先有它本身的 B 相和 C 相的对地电容电流 $\dot{I}_{BG}$ 和 $\dot{I}_{CG}$,但是,由于它还是产生其他电容电流的电源,因此,从 A 相中要流回从故障点流出的全部电容电流,而在 B 相和 C 相中又要分别流出各线路上同名相的对地电容电流,此时从发电机出线端所反映的零序电流仍应为三相电流之和,由图可知,各线路的电容电流由于从 A 相流入后又分别从 B 相和 C 相流出了,因此,相加后互相抵消,而只剩下发电机本身的电容电流,故

$$3\dot{I}_{0G} = \dot{I}_{BG} + \dot{I}_{CG} \tag{6.46}$$

有效值为 $3I_{0G} = 3U_{\varphi}\omega C_{0G}$,即零序电流为发电机本身的电容电流,其电容无功功率的方向是由母线流向发电机,这个特点与非故障线路是一样的。

现在再来看看发生故障的线路 Ⅱ。在 B 相和 C 相上,与非故障的线路一样,流有它本身的电容电流 $\dot{I}_{BII}$ 和 $\dot{I}_{CII}$,而不同之处是在接地点要流回全系统 B 和 C 相对地电容电流之总和,其值为:

$$\dot{I}_D = (\dot{I}_{BI} + \dot{I}_{CI}) + (\dot{I}_{BII} + \dot{I}_{CII}) + (\dot{I}_{BG} + \dot{I}_{CG}) \tag{6.47}$$

有效值

$$I_D = 3U_{\varphi}\omega(C_{0I} + C_{0II} + C_{0G}) = 3U_{\varphi}\omega C_{0\Sigma} \tag{6.48}$$

式中,$C_{0\Sigma}$ 为全系统每相对地电容的总和,此电流要从 A 相流回去,因此,从 A 相流出的电流可表示为 $\dot{I}_{AII} = -\dot{I}_D$,这样在线路 Ⅱ 始端所流过的零序电流则为:

$$3\dot{I}_{0\text{II}} = \dot{I}_{A\text{II}} + \dot{I}_{B\text{II}} + \dot{I}_{C\text{II}} = -(\dot{I}_{B\text{I}} + \dot{I}_{C\text{I}} + \dot{I}_{BG} + \dot{I}_{CG}) \tag{6.49}$$

其有效值

$$3I_{0\text{II}} = 3U_\varphi \omega (C_{0\Sigma} - C_{0\text{II}}) \tag{6.50}$$

由此可知,由故障线路流向母线的零序电流,其数值等于全系统非故障元件对地电容电流的总和,其电容性无功功率的方向为由线路流向母线,恰好与非故障线路上的相反。

对中性点不接地电网中的单相接地故障,利用图 6.23 的分析,可以给出清晰物理概念,总结以上分析的结果,可以得出以下结论:

①在发生单相接地时,全系统都将出现零序电压。

②在非故障的元件上有零序电流,其数值等于本身的对地电容电流,电容性无功率的实际方向为由母线流向线路。

③在故障线路上,零序电流为全系统非故障元件对地电容电流之总和,数值一般较大,电容性无功率的实际方向为由线路流向母线。

2)中性点不接地系统单相接地故障的保护方式

根据网络接线的具体情况,可利用以下方式来构成单相接地保护。

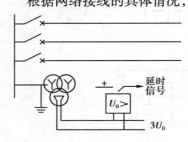

图 6.24　网络单相接地的
信号装置原理接线图

①绝缘监视装置　在发电厂和变电所的母线上,一般装设网络单相接地的监视装置,它利用接地后出现的零序电压,带延时动作于信号。因此可用一过电压继电器接于电压互感器二次开口三角形的一侧,如图 6.24 所示。

只要本网络中发生单相接地故障,则在同一电压等级的所有发电厂和变电所的母线上,都将出现零序电压。可见,这种方法给出的信号是没有选择性的。要想发现故障是在哪一条线路上,还需要由运行人员依次短时断开每条线路,并继之以自动重合闸,将断开线路投入。当断开某条线路时,零序电压的信号消失,即表明故障是在该线路之上。目前多采用微机接地故障自动选线装置实现此功能。

②零序电流保护　利用故障线路零序电流较非故障线路大的特点来实现有选择性地发出信号或动作于跳闸。这种保护一般使用在有条件安装零序电流互感器的线路上(如电缆线路或经电缆引出的架空线路)。当单相接地电流较大,足以克服零序电流过滤器中不平衡电流的影响时,保护装置也可以接于 3 个电流互感器构成的零序回路中。在微机保护中常用三相电流经计算获得零序电流。

根据图 6.23 的分析,当某一线路上发生单相接地时,非故障线路上的零序电流为本身的电容电流,因此,为了保证动作的选择性,保护装置的启动电流 I_{op} 应大于本线路的电容电流,即

$$I_{\text{op}} \geq K_{\text{rel}} 3U_\varphi \omega C_0 \tag{6.51}$$

式中,C_0 为被保护线路每相的对地电容。

按式(6.51)整定以后,还需要校验在本线路上发生单相接地故障时的灵敏系数,由于流经故障线路上的零序电流为全网络中非故障线路电容电流的总和,可用 $3U_\varphi \omega (C_\Sigma - C_0)$ 来表示,因此灵敏系数为:

$$K_{sen} = \frac{3U_\varphi \omega (C_\Sigma - C_0)}{K_{rel} 3U_\varphi \omega C_0}$$

$$= \frac{C_\Sigma - C_0}{K_{rel} C_0} \tag{6.52}$$

式中,C_Σ 为同一电压等级网络中,各元件每相对地电容之和。校验时应采用系统最小运行方式时的电容电流,也就是 C_Σ 为最小的电容电流。

由式(6.52)可知,当全网络的电容电流越大,或被保护线路的电容电流越小时,零序电流保护的灵敏系数就越容易满足要求。

③零序功率方向保护　利用故障线路与非故障线路零序功率方向不同的特点来实现有选择性的保护,动作于信号或跳闸。这种方式适用于零序电流保护不能满足灵敏系数的要求时和接线复杂的网络中。

(3)中性点经消弧阻抗接地电网线路接地故障保护原理

当中性点不接地电网中发生单相接地时,在接地点要流过全系统的对地电容电流,如果此电流比较大,就会在接地点燃起电弧,间隙性电弧一方面烧伤设备,另一方面引起弧光过电压和系统振荡,从而使非故障相的对地电压进一步升高,使绝缘损坏,形成两点或多点的接地短路或系统瓦解,造成停电事故。为了解决这个问题,通常可在中性点接入一个电感线圈、电阻或两者的组合,以减少流经故障点的电流从而消除电弧和过电压,如果 3 ~ 6 kV 电网电容电流大于 30 A,10 kV 电网电容电流超过 20 A,22 ~ 66 kV 电网电容电流大于 10 A 时,均应装设消弧阻抗。

如果用电感,为防止系统工频振荡只能采用过补偿,这时流经故障线路的零序电流将大于本身的电容电流,容性无功功率的实际方向仍然是由母线流向线路,和非故障线路的方向一样,无法利用功率方向来判别故障线路,由于过补偿度不大,很难像不接地电网那样,利用零序稳态电流大小来找出故障线路。

中性点经电阻接地方式是在变压器中性点接电阻或接一个二次侧接电阻的单相变压器。其零序等效网络及相量图如图 6.25 所示,R_N 为中性点电阻,由图可知流过非故障线路 I,II 首端的电流为本线路的对地电容电流,根据前面式子得,流过故障线路 III 首端的零序电流为:

$$3\dot{I}_{0III} = -\dot{I}_{R_N} - 3(\dot{I}_{0I} + \dot{I}_{0II}) = -\dot{U}_0 \left[\frac{1}{R_N} + j\,3\omega(C_{0I} + C_{0II}) \right] \tag{6.53}$$

可见,流过故障线路 III 始端的零序电流可分为两部分:中性点电阻 R_N 产生的有功电流为 I_{R_N},其相位与零序电压差 180°;非故障线路零序电流之和表示为 $3(I_{0I} + I_{0II})$,相位滞后零序电流 90°。流过非故障线路的零序电流只有由本支路对地电容产生的容性电流,相位超前零序电压 90°。

由于有功电流只流过故障线路,与非故障线路无关,因此,只要以零序电压作为参考矢量,将此有功电流取出,就可实现接地保护。

以上介绍了几种小电流接地系统的接地保护原理,还有一些故障选线方法正在试运行中,如电流突变量法、网络化选线方法等。应当指出,上述各种保护方式均有一定的适用条件和局限性。随着计算机和通信技术的迅速发展,小电流接地系统的接地保护原理和故障选线技术得到了快速发展,目前已经生产出了集各种保护原理于一身的微机保护装置。它将各种选线判据有机地集成,融为一体,具有各种判据有效域优势,能适应变化多端的单相接地故障形态的多层次全方位智能选线系统,以提高故障选线的可靠性。

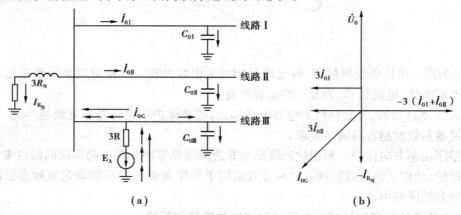

(a)　　　　　　　　　　　　　　　(b)

图 6.25　中性点经电阻接地系统零序等效网络及相量图
(a)零序等效网络图;(b)零序电压和零序电流相量图

6.3　变压器的差动保护

变压器纵差保护作为变压器的主保护,不仅能反映变压器相间、匝间短路故障,还能反映接地故障。分相变压器相间短路的概率较小,但接地短路的概率相对增加,变压器差动保护应分相装设,当选择性不能满足要求时还应配置零序差动保护,如自耦变压器。

6.3.1　变压器差动保护原理

(1)基本原理

对双绕组和三绕组变压器实现纵差保护的原理接线如图 6.26 所示,参考方向规定为指向变压器为正。由于变压器高压侧和低压侧的额定电流不同,因此,为了保证纵差保护的正确工作,就必须适当选择两侧电流互感器的变比,使得在正常运行和外部故障时,两个二次电流相等。现分 3 种情况说明变压器纵差保护基本原理:

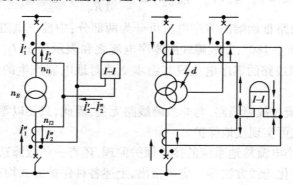

图 6.26　变压器纵差动保护的原理接线

①正常运行时合理选择互感器变比和接线方式,保证变压器两侧对应相别电流之和

$\dot{I}_{\mathrm{M}}(t) + \dot{I}_{\mathrm{N}}(t) = 0$，即当两侧互感器流过负荷电流时,其二次电流幅值相等,相位差为 $180°$,功率方向一侧为正,另一侧为负。此时差动保护不动作。

②在变压器外部(M 侧或 N 侧)发生短路或过负荷时两侧电流互感器二次电流的幅值和相位关系与①相同,差动保护不会动作。

③当变压器内部发生短路时,由于两侧电源向故障点提供短路电流,这时的电流实际方向与参考方向一致,即两侧电流方向基本相同,且幅值均较大,故有 $\dot{I}_{\mathrm{M}}(t) + \dot{I}_{\mathrm{N}}(t) \gg 0$,使差动继电器动作,从而切除故障。

(2)无制动特性纵差动保护的整定计算方法

在正常运行情况下,在传统的变压器差动保护中为防止电流互感器二次回路断线时引起差动保护误动作,保护装置的启动电流可按大于变压器的最大负荷电流 $I_{l.\max}$ 整定(当负荷电流不能确定时,采用变压器的额定电流 $I_{\mathrm{N.T}}$,引入可靠系数 K_{rel})。在微计算机变压器纵差保护中由于有互感器断线闭锁功能,该原则已不再使用(因为按 $I_{l.\max}$ 整定会大大降低纵差保护的灵敏性)。而采用以下原则,即躲开保护范围外部短路时的最大不平衡电流整定,继电器的启动电流为:

$$I_{\mathrm{op}} = K_{\mathrm{rel}} I_{\mathrm{dsq.\max}} \tag{6.54}$$

式中,K_{rel} 为可靠系数;$I_{\mathrm{dsq.\max}}$ 为保护外部短路时的最大不平衡电流。

按上述原则考虑变压器纵差动保护的启动电流,还必须能够躲开变压器励磁涌流的影响。最后还应经过现场的空载合闸试验加以检验。

变压器纵差保护的灵敏系数可按下式校验:

$$K_{\mathrm{sen}} = \frac{I_{\mathrm{k.\min}}}{I_{\mathrm{op}}} \tag{6.55}$$

式中,$I_{\mathrm{k.\min}}$ 应采用保护范围内部故障时流过继电器的最小短路电流,即采用在单侧电源供电时,系统在最小运行方式下,变压器发生短路时的最小短路电流,按照要求,灵敏系数一般不应低于 2。由此可知,影响变压器差动保护性能的关键因素是不平衡电流。

(3)变压器差动回路不平衡电流产生的源头和应对办法

1)励磁涌流的影响及应对措施

变压器的励磁电流在正常运行情况下很小,一般不超过额定电流的 2% ~ 10%。在外部故障时,由于电压降低,励磁电流减小,它的值就更小。但是当变压器空载投入或外部故障切除后电压恢复时,则可能出现数值很大的励磁电流。这是因为在稳态工作情况下,铁芯中的磁通应滞后于外加电压 $90°$。如果空载合闸时,正好在电压瞬时值 $u = 0$ 时接通电路,则铁芯中应该具有磁通 $-\Phi_m$。由于铁芯中的磁通不能突变,将出现一个非周期分量的磁通,其幅值为 $+\Phi_m$。经过半个周期以后,铁芯中的磁通就达到 $2\Phi_m$。如果铁芯中还有剩余磁通 Φ_s,则总磁通将为 $2\Phi_m + \Phi_s$。此时变压器的铁芯严重饱和,励磁电流 I_μ 将剧烈增大,此电流就称为变压器的励磁涌流 $I_{\mu.su}$,其数值最大可达额定电流的 6 ~ 8 倍,同时包含有大量的非周期分量和高次谐波分量。励磁涌流的大小和衰减时间与外加电压的相位、铁芯中剩磁的大小和方向、电源容量的大小、回路的阻抗以及变压器容量的大小和铁芯性质等都有关系。例如,正好在电压瞬时值为最大时合闸,就不会出现励磁涌流,而只有正常时的励磁电流。对三相变压器而言,无论在任何瞬间合闸,至少有两相要出现程度不同的励磁涌流。变压器断路器分、合过程励磁涌流只在一侧出现,必然在差动回路产生很大不平衡电流。

励磁涌流包含有很大成分的非周期分量,往往使涌流偏于时间轴的一侧,波形之间出现间断。同时含有大量的高次谐波,而以二次谐波为主。

根据以上特点,可用二次谐波、五次谐波的大小和电流波形是否畸变等条件判断励磁涌流出现的情况,如果确认出现励磁涌流超标即可用延时闭锁差动保护以防止误动。

2)变压器两侧电流相位不同的影响及处理办法

由于变压器常常采用Y/△-11的接线方式,因此,其两侧电流的相位差30°。此时,如果两侧的电流互感器仍采用通常的接线方式,则二次电流由于相位不同,也会有一个差电流流入继电器。为了消除这种不平衡电流的影响,通常都是将变压器星形侧的3个电流互感器接成三角形,而将变压器三角形侧的3个电流互感器接成星形,并适当考虑连接方式后即可把二次电流的相位校正过来。在微机保护中不用改变接线而用软件自动校正其相位。

3)变压器带负荷调整分接头的影响及处理办法

带负荷调整变压器的分接头调整电压,实际上是改变变压器的变比。当分接头改换时,变压器一次电压、电流均会变化,在差动回路中产生新的不平衡电流。由于分接头的调整范围有限,因此可在纵差动保护的整定值中予以考虑。

4)变压器各侧电流互感器型号不同、变比不同的影响

除电流互感器型号不同磁化曲线不一致会在差动回路产生不平衡电流外,互感器变比不同引发的计算误差也会在差动回路中产生不平衡电流。这两个因素均可以事先确定,并在定值计算时考虑进去。

根据上述分析,变压器纵差动保护回路中的最大不平衡电流 $I_{dsq.\,max}$ 可由下式确定:

$$I_{dsq.\,max} = (K_{sam} \cdot 10\% + \Delta U + \Delta f_{za})I_{k.\,max}/n_{TA} \qquad (6.56)$$

式中,10%为电流互感器容许的最大相对误差;K_{sam} 为电流互感器的同型系数,型号不同取为1;ΔU 为由带负荷调压所引起的相对误差;Δf_{za} 为由于所采用的互感器变比与计算值不同时所引起的相对误差;$I_{k.\,max}/n_{TA}$ 为保护范围外部最大短路电流归算到二次侧的数值。

工程上近似取一个值,一般按额定电流的 $0.2 \sim 0.5$ 倍计算最大不平衡电流 $I_{dsq.\,max}$。一般宜采用不小于 $0.3I_N$ 的整定值。

6.3.2 变压器比率制动差动保护

(1)比率制动差动原理

从不平衡电流表达式可知其值的大小与外部短路电流成正比,为了保证内部故障时有足够灵敏度,而外部短路时又可靠不误动,解决这一矛盾的有效办法是引入随短路电流大小变化的制动电流,以提高纵差保护性能指标,以如图 6.27 所示为例,基波相量比率制动差动保护中的差动量和制动量分别设定为:

$$I_d = |\dot{I}_d| = |\dot{I}_M + \dot{I}_N| \qquad (6.57)$$

$$I_r = |\dot{I}_r| = |\dot{I}_M - \dot{I}_N| \qquad (6.58)$$

式中,I_d 为差动电流幅值;I_r 为制动电流幅值;$\dot{I}_M$ 为 M 侧基波电流相量;$\dot{I}_N$ 为 N 侧基波电流相量。动作量 I_{op} 由制动电流 I_r 和差动电流按图 6.27 所示的特性曲线计算确定:

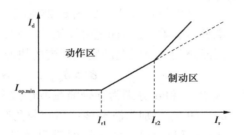

图 6.27　制动特性曲线

$$I_{op} \geqslant \begin{cases} I_{op.min} & (I_r < I_{r1}) \\ K_1(I_r - I_{r1}) + I_{op.min} & (I_{r1} < I_r < I_{r2}) \\ K_2(I_r - I_{r2}) + K_1(I_r - I_{r1}) + I_{op.min} & (I_r > I_{r2}) \end{cases} \tag{6.59}$$

式中，$I_{op.min}$ 为不带制动时差动电流最小动作值；K_1，K_2 分别为第一段和第二段折线斜率，且 $K_2 > K_1$；I_{r1}，I_{r2} 分别为第一折点和第二折点对应的制动电流，且 $I_{r1} < I_{r2}$。

对于三绕组变压器，设第三绕组侧为 P，则有差动电流：

$$I_d = |\dot{I}_d| = |\dot{I}_M + \dot{I}_N + \dot{I}_P| \tag{6.60}$$

制动电流 I_r 的计算应根据变压器的各侧绕组实际功率、流向选择。制动电流选择可以有下面两种方案：

$$I_r = |\dot{I}_M| + |\dot{I}_N| + |\dot{I}_P| \tag{6.61}$$

$$I_r = \max(|\dot{I}_M|, |\dot{I}_N|, |\dot{I}_P|) \tag{6.62}$$

制动电流的选择直接影响纵差保护的选择性和灵敏度，制动量大，纵差保护的选择性增强，抵御外部故障引起保护误动能力增强，但对内部故障的灵敏度则降低。因此应结合变压器实际工作情况合理选择确定制动电流。

最小动作电流一般取 0.3 ~ 0.5 倍额定电流，最小制动量取 0.9 ~ 1.0 倍额定电流，最大制动量取外部短路时的最大短路电流，最大动作量按躲过外部短路时的最大不平衡电流整定。特性曲线斜率为：

$$S = \frac{I_{op.max} - I_{op.min}}{I_{r.max} - I_{r.min}} \tag{6.63}$$

最大制动系数为：

$$K_{r.max} = \frac{I_{op.max}}{I_{r.max}} \tag{6.64}$$

(2)励磁涌流鉴别

依据变压器励磁涌流中含有大量的二次、五次谐波和波形畸变的特点，通常采用谐波鉴别、波形鉴别等方法判断是否有励磁涌流产生。

①二次谐波法　利用差动电流中二次谐波分量大小作为励磁涌流闭锁判据。动作方程如下：

$$I_{op.2} > K \cdot I_{op.1} \tag{6.65}$$

式中，$I_{op.2}$ 为 A，B，C 三相差动电流中各自的二次谐波电流；K 为二次谐波制动系数；$I_{op.1}$ 为对应的三相基波差动电流动作值。

闭锁方式为"或"门出口，即任一相涌流满足条件，同时闭锁三相保护。

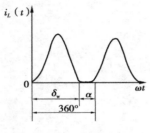

图 6.28　励磁涌流波形图

②波形比较法　如图 6.28 所示为励磁涌流波形，由于非周期分量影响，波形偏至时间轴的一侧，出现间断角，采用实时计算间断角的大小时判断励磁涌流的快速反应判据：

$$\delta_w > \delta_{w.set}, \qquad \alpha < \alpha_{set} \tag{6.66}$$

式中，δ_w 和 α 分别为励磁涌流波形波宽和间断角，$\delta_w = 360° - \alpha°$，$\delta_{w.set}$ 和 δ_{set} 分别为波宽整定和间断角整定（一般 $\delta_{w.set} = 140°$ 左右，$\alpha_{set} = 65°$ 左右）。两式同时满足才认为有励磁涌流出现，应闭锁保护。

（3）差流速断辅助元件

当在变压器内部严重故障同时产生二次谐波或波形畸变时，纵差保护将被制动，直到涌流特征信号衰减后才能出口动作，势必会延误保护动作时间，造成严重后果，因此必须设置加速差动保护动作的元件差流速断，当任一相差动电流大于差流速断整定值时瞬时动作于出口，达到快速切除故障的目的。其判据为：

$$I_{op} \geq K_i I_N \tag{6.67}$$

式中，I_{op} 为动作值；I_N 为变压器额定电流；K_i 为大于 2 的加速系数。

另外还可以根据变压器出现励磁流时端电压较高而内部短路时端电压较低的特点用变压器端电压降低作为差动速断的辅助判据，即：

$$U_{op} \leq K_u U_N \tag{6.68}$$

式中，U_{op} 为动作电压，U_N 为额定电压，K_u 为加速系数，一般取 $0.65 \sim 0.7$。

（4）TA 断线判别（要求主变各侧 TA 二次全星形接线）

当任一相差动电流大于 $0.1I_n$ 时，启动 TA 断线判别程序，如果本侧三相电流中一相无电流且其他两相与启动前电流相等，认为是 TA 断线。

（5）差动平衡系数的计算

①变压器各侧一次电流为：

$$I_n = S_n / \sqrt{3} U_n \tag{6.69}$$

式中，S_n 为变压器额定容量，$kV \cdot A$，各侧计算须使用同一容量值。U_n 为计算侧线电压，kV。

②各侧流入装置的二次电流为：

$$i_n = K_{com} \cdot I_n / n_{TA} \tag{6.70}$$

式中，K_{com} 为变压器 TA 二次接线系数，三角形接线 $K_{com} = \sqrt{3}$，星形接线 $K_{com} = 1$；n_{TA} 为 TA 变比。

③平衡系数　差动保护平衡系数可以任一电流、任一侧为基准，若以主变高压侧二次电流为基准，则：

高压侧平衡系数为：$K_h = 1$

中压侧平衡系数为：$K_m = i_{nh} / i_{nm}$

低压侧平衡系数为：$K_l = i_{nh} / i_{nl}$

式中，i_{nh} 为变压器高压侧二次电流；i_{nm} 为变压器中压侧二次电流；i_{nl} 为变压器低压侧二次电流。

（6）整定计算细节

①差动用电流互感器二次采用全星形接线，当采用常规接线时，"Δ"形接线侧不能判断

"Δ"内部断线,只能判断引出线断线。

②采用二次全星形接线时的误差,由保护软件补偿相位和幅值,可仍按常规计算方法计算差动保护的定值。

③对全星形绕组变压器,各侧电流互感器须角接,以防止区外接地故障时差动误动,或各侧电流互感器星接,用软件实现角接。此时差动保护的内部接地故障灵敏度会降低,须进行灵敏度校核工作,必要时要加配零序差动保护。

④对于 220 kV 及以上变压器差动保护,可配置双套不同原理励磁涌流制动判据的差动保护。波形比较制动原理可弥补二次谐波制动原理在空投至故障变压器时动作时间较慢的不足。

⑤差动最小动作电流一般取变压器额定电流的 0.3 ~ 0.5 倍;比例制动特性斜率一般可取 0.5;二次谐波制动系数一般取 0.15 ~ 0.2;五次谐波制动系数一般取 0.35;差流速断按躲过变压器的励磁涌流整定,在 $(2 ~ 12)I_N$ 范围内调整。

⑥差动平衡系数不能满足要求时,须外配中间变流器。

⑦整定计算时变压器额定电流应以基准侧(平衡系数为 1 的一侧或选取的基准电流)电流为 I_n,而非 TA 的二次额定值(5 A 或 1 A)。

⑧对于各侧 TA 二次额定值不同的主变差动保护,一般在保护装置内也选取不同规格的 I/V 变换器对应各侧 TA。为便于整定计算,可将各侧 I/V 变换器的变比折算到一次 TA 中。

以两卷变为例,若高压侧 TA 变比为 $N_H/1A$,低压侧 TA 变比为 $N_L/5$ A。保护装置一般选取高压侧 I/V 变换器为 1 A 规格,低压侧 I/V 变换器为 5 A 规格,此种配置相当于在低压侧加装了 5/1 的变流器,而保护软件仍以一种规格计算,因此在计算平衡系数时,低压侧 TA 的变比应按 $(N_L/5) \times (5/1)$ 计算。

6.4　变压器相间过电流保护特点

为反映变压器外部故障而引起的变压器绕组过电流,以及在变压器内部故障时作为差动保护和瓦斯保护的后备,变压器应装设过电流保护,根据变压器容量和系统短路电流水平不同,过电流保护的方式有低电压启动的过电流保护、复合电压启动的过电流保护及负序过电流保护。

6.4.1　并列运行变压器过电流保护

应考虑躲过并列运行的变压器切除一台时产生的过负荷电流及电动机自启动电流等条件,动作时限和灵敏度需要与相邻元件的过电流保护相配合。其工作原理与定时限与线路过电流保护相同。保护动作后,应跳开变压器两侧的断路器。

负荷条件可按下式计算:

$$I_{l.\,max} = \frac{n}{n-1} I_{N.\,T} \tag{6.71}$$

式中,n 为并列运行变压器的最少台数,$n \geq 2$;$I_{N.\,T}$ 为每台变压器的额定电流。

此时保护装置的启动电流应整定为:

$$I_{op} \geqslant \frac{K_{rel}}{K_{re}} \cdot \frac{n}{n-1} I_{N.T} \tag{6.72}$$

对降压变压器,还应考虑低压侧电动机自启动时的最大电流,参照式(6.72)的分析,启动电流应整定为:

$$I_{op} \geqslant \frac{K_{rel} K_{ss}}{K_{re}} I_{N.T} \tag{6.73}$$

按以上条件选择的启动电流,其值一般较大,往往不能满足作为相邻元件后备保护的要求。为此需要采取提高灵敏性的措施。

6.4.2 低电压启动的过流保护

此保护只当电流元件和电压元件同时动作后,经过预定的延时,才动作于跳闸。低电压元件的作用是保证一台变压器突然切除或电动机自动起时保护不动作情况下,电流元件的整定值可以不再考虑可能出现的最大负荷电流,而是按大于变压器的额定电流整定,即

$$I_{op} \geqslant \frac{K_{rel}}{K_{re}} I_{N.T} \tag{6.74}$$

低电压元件的启动值应小于在正常运行情况下母线上可能出现的最低工作电压,同时,外部故障切除后,电动机自启动的过程中,它必须返回。根据运行经验,通常采用

$$U_{op} = 0.7 U_{N.T} \tag{6.75}$$

式中,$U_{N.T}$ 为变压器的额定线电压。

对低电压元件灵敏系数的校验,按下式进行。

$$K_{sen} = \frac{U_{op}}{U_{k.max}} \tag{6.76}$$

式中,$U_{k.max}$ 为在最大运行方式下,相邻元件末端三相金属性短路时,保护安装处的最大线电压。

对升压变压器,如果低电压元件只接于某一侧的电压互感器上,则当另一侧故障时,往往不能满足上述灵敏系数的要求。此时可考虑采用两套低电压元件分别接在变压器两侧的电压互感器上,其触点采用并联的连接方式。

当电压互感器回路发生断线时,低电压继电器将误动作。因此,在低电压保护中一般应装设电压回路断线的信号装置,以便及时发出信号,由运行人员加以处理。

6.4.3 复合电压启动的方向过流保护

复合电压启动的方向过流(简称复压方向过流)保护作为变压器或相邻元件的后备保护,过流启动值可按需要配置若干段,每段可配不同的时限。

复压方向过流由复合电压元件(负序过电压和正序低电压)、相间方向元件及三相过流元件"与"构成。其中,相间方向元件可由软件控制字整定"投入"或"退出",相间方向的最大灵敏角也可由软件控制字整定为 −45°(−30°)或135°(150°)。一般在保护中,设有两组电压输入,复合电压元件和相间方向元件的电压输入可取自不同的电压互感器。相间方向元件的接线示意图如图 6.29 所示,保护逻辑框图如图 6.30 所示。当发生多种不对称短路时,由于出现负序过压保护会动作,当发生对称短路时会出现低电压,保护也会动作。

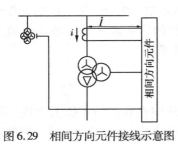

图 6.29　相间方向元件接线示意图

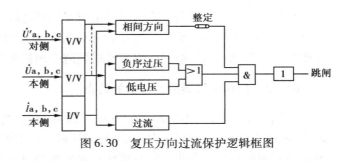

图 6.30　复压方向过流保护逻辑框图

6.5　变压器的接地保护

电力系统中,接地故障是最常见的故障形式。接于中性点直接接地系统的变压器,一般要求在变压器上装设接地保护,作为变压器主保护和相邻元件接地保护的后备保护。发生接地故障时,变压器中性点将出现零序电流和零序电压。变压器的接地后备通常都是反映这些电气量构成的。

在中性点直接接地的电网中,接地故障是常见的故障。对中性点直接接地电网中的变压器,在其高压侧装设接地(零序)保护,用来反映接地故障,并作为变压器主保护的后备保护和相邻元件的接地故障后备保护。

变压器高压绕组中性点是否直接接地运行与变压器的绝缘水平有关。220 kV 及以上的大型变压器,高压绕组均为分级绝缘,但绝缘水平不尽相同。如 500 kV 的变压器中性点的绝缘水平为 380 kV,其中性点必须接地运行;220 kV 的变压器中性点的绝缘水平为 110 kV,其中性点可直接接地运行,也可在系统不失去接地点的情况下不接地运行。变压器中性点运行方式不同,接地保护的配置方式也不同。

6.5.1　变压器中性点直接接地的零序电流保护

当发电厂、变电所单台或并列运行的变压器中性点接地运行时,其接地保护一般采用零序电流保护。该保护的电流继电器接地变压器中性点处电流互感器的二次侧,如图 6.31 所示。这种保护接线简单,动作可靠。电流互感器的变比为变压器额定变比的 1/2 ～ 1/3,电流互感器的额定电压可选低一个等级的。

在正常情况下,电流互感器中没有电流,发生接地短路时,有电流 $3I_0$ 通过,零序保护动作。图 6.31 中第 I 段的动作电流按与被保护侧母线引出线段第 I 段的动作电流在灵敏度上配合的条件来整定,即

$$I_{set} = K_{co}K_b I'_{set} \qquad (6.77)$$

式中,I'_{set} 为引出线零序电流保护后备段的动作电流;K_{co} 为配合系数,取 1.1 ～ 1.2;K_b 为零序电流分支系数。

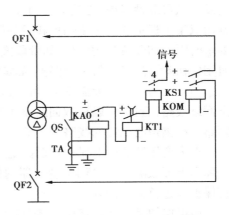

图 6.31　变压器零序电流保护原理图

第Ⅱ段的动作电流与引出线零序电流保护后备段在灵敏系数上配合。第Ⅰ段的动作时间 $t_1 = 0.5 \sim 1\ s$，第Ⅱ段的动作时间 t_2 比相邻元件零序电流保护的后备段大 Δt。零序电流保护动作后，以较短的时间跳母联，以较长时间跳变压器各侧断路器。

6.5.2 自耦变压器接地保护的特点

自耦变压器的高、中压侧之间有电的联系，有公共的接地中性点。当系统发生接地短路时，零序电流可在高、中压电网间流动，而接地中性点的零序电流的大小和方向，随系统的运行方式的不同而有较大变化。故自耦变压器的零序过电流保护应分别在高压和中压侧配置，并接在由本侧三相 TA 构成的零序电流滤过器上。

为了避免电网中发生单相接地在绕组中产生过电压，自耦变的中性点必须接地，根据其结构特点，零序电流保护应装于本侧的零序滤过器上，而不能接在中性点回路的电流互感器上，否则，单相外部短路可能不会反应，且一般高、中压侧上的零序保护应加装方向元件才能以满足选择性的要求。

本章小结

继电保护装置的任务是自动、迅速、有选择地将故障元件从系统中切除，正确反映电气设备的不正常运行状况，因此继电保护应满足选择性、速动性、灵敏性和可靠性的要求。

继电保护装置的基本结构主要包括现场信号输入部分、测量部分、逻辑判断部分和输出执行部分。

继电器是构成基点保护装置的基本元件，保护继电器按其反应物理量分，有电流继电器、电压继电器、功率继电器、气体继电器等；按其在保护装置中的功能分，有启动继电器、时间继电器、信号继电器和中间继电器等；按其组成元件分，有机电型、电子型和微机型等继电器。

针对不同的保护个体配置方案可能是不同的，但总的配置原则仍是从 4 个技术基本要求出发。从可靠性考虑，必然会想到继电保护或断路器拒绝动作的可能性。应对继电保护拒动常用双重主保护或配置主保护和后备保护的方案解决。所谓主保护是指在满足系统稳定性的要求时限内切除故障的保护，如阶段式电流速断和限时速断，而后备保护则是指当主保护拒动时用以切除该故障的另一套保护，如定时限过流保护。

当今电力系统庞大而复杂，对线路保护而言，可分成单侧电源辐射网络线路和双侧电源复杂网络线路(含闭环线路、双回线路等)两大类，所谓双侧电源线路是指从两个或以上方向向短路点提供短路电流的线路。

电力变压器的继电保护是根据变压器的容量和重要程度确定的，变压器的故障分为内部故障和外部故障。6 ~ 35 kV 变压器的保护一般有瓦斯保护、纵联差动或电流速断保护、过电流保护和过负荷保护等。

微机保护是一种数字化智能保护装置，具有功能多、性能多、可靠性高等优点，是继电保护的发展方向。

思考题与习题

1. 继电保护的任务是什么？

2. 对电力系统机电保护要哪些基本技术要求？简述它们的含义。

3. 什么是主保护、远后备保护、辅助保护、断路器失灵保护？

4. 110 kV 及以下电压等级电网的保护一般如何配置？为什么？

5. 请你展望继电保护未来的发展趋势。

6. 基于单端信息的阶段式电流保护和距离保护中，哪些是主保护？哪些是后备保护？

7. 为什么在整定计算式中有可靠系数？

8. 电流速断与定时过流保护的定值整定原则有何不同？

9. 双侧电流复杂网络线路阶段式保护与单侧电源辐射线路的配置和整定计算的异同有哪些？

10. 为什么反映接地短路的保护一般要利用零序分量而不是其他分量？

11. 大电流接地系统中发生接地短路时，零序电流的分布与什么有关？

第**7**章
供配电系统的二次回路和自动装置

供配电系统的二次回路是供配电系统的重要组成部分,是实现供配电系统安全、经济、稳定运行的重要保障。随着变配电所的综合自动化水平的提高,二次回路将起到越来越大的作用。智能变电站是智能电网的重要组成部分,因此,对其操作电源、二次回路接线图、高压断路器控制及信号回路、中央信号回路、测量和绝缘监视回路、自动装置应给予重视,并熟悉和掌握,应了解变电站综合自动化和智能变电站的有关内容。

7.1 二次回路及其操作电源

7.1.1 二次回路概述

供配电系统的二次系统(也称为二次回/电路、副电路或二次接线)是用来控制、指示、监测和保护一次系统运行的电路,包括控制(操纵)系统、信号系统、监测系统及继电保护和自动化系统等,由二次设备及其电路构成。二次电路的特点是电压低,电流小。二次回路中的所有电气设备称为二次设备。

二次回路按电源性质分,有直流回路和交流回路。直流回路是由直流电源供电的控制、保护和信号回路;交流回路又分为交流电流回路和交流电压回路。交流电流回路由电流互感器供电,交流电压回路由电压互感器或所用变压器供电,构成测量、控制、保护、监视及信号等回路。二次回路按功能用途分,有断路器控制(操作)回路、信号回路、保护回路、测量和监视回路、继电保护和自动装置回路、操作电源回路等。供配电系统的二次回路功能示意图如图7.1所示。

二次回路用来反映一次系统的工作状态和控制、调整一次设备。当一次系统发生事故时,能够立即动作,使故障部分退出运行。二次回路在供配电系统中虽然是其一次电路的辅助系统,但对一次电路的安全、可靠、优质和经济合理的运行有着十分重要的作用,是供配电系统中不可缺少的重要组成部分,也是实现供配电系统安全、经济、稳定运行的重要保障,必须予以充分的重视。

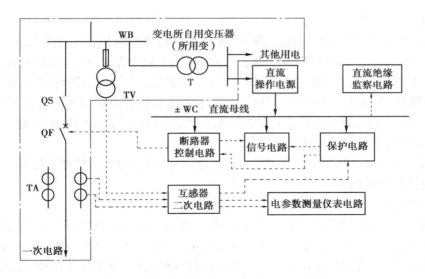

图7.1 供配电系统的二次回路功能示意图

二次回路的操作电源是供高压断路器控制回路、继电保护和自动装置回路、信号回路、监测系统及其他二次回路所需的电源。操作电源对变配电所的安全可靠运行起着极为重要的作用。因此,对操作电源的要求,首先,必须安全可靠并具有独立性,不应受供电系统运行情况的影响,保持不间断供电;其次,容量要足够大,应能够满足供电系统正常运行和事故处理所需要的容量;再次,纹波系数要小(不大于5%);最后,使用寿命、维护工作量、设备投资、布置面积均应合理。二次回路的操作电源分为直流操作电源和交流操作电源两大类。直流操作电源有由蓄电池供电的电源和由整流装置供电的电源两种。交流操作电源有由所用(站用)变压器供电和通过仪用互感器供电两种。

7.1.2 直流操作电源

直流操作电源可分为由蓄电池组供电的直流操作电源和由硅整流器供电的直流操作电源两种。操作电源的电压多采用220 V或110 V。

(1)蓄电池组供电的直流操作电源

蓄电池组供电的直流操作电源是一种与电力系统运行方式无关的独立电源系统。即使在发电厂和变电所完全停电的情况下,仍能在2 h内可靠供电,具有很高的供电可靠性。但它的运行维护工作量较大,使用寿命较短,价格较贵,并需要许多辅助设备,目前主要应用于发电厂和大型变电所,而在中小型变电所中多采用硅整流型直流操作电源。蓄电池直流操作电源类型主要有铅酸蓄电池和镉镍蓄电池两种。

1)铅酸蓄电池组

单个铅酸蓄电池的额定端电压为2 V,充电后可达2.7 V,放电后可降到1.95 V。为满足220 V的操作电压,需要230/1.95≈118个,考虑到充电后端电压升高,为保证直流系统正常电压,长期接入操作电源母线的蓄电池个数为230/2.7≈88个,而118−88=30个蓄电池用于调节电压,接于专门的调节开关上。蓄电池使用一段时间后,电压下降,需用专门的充电装置进行充电。由于铅酸蓄电池具有一定的危险性和污染性,需要专门的蓄电池室放置,投资大。因此,在变电所中现已不予采用。

171

2）镉镍蓄电池组

近年来,我国发展的镉镍蓄电池克服了上述铅酸蓄电池的缺点,其单个端电压为1.2 V,充电后可达1.75 V,其充电可采用浮充电或强充电方式由硅整流设备进行充电,其容量范围可以从几毫安到上千安,满足各种不同的使用要求,除不受供电系统运行情况的影响、工作可靠外,还有大电流放电性能好、腐蚀性小、功率大、机械强度高、使用寿命长等优点,无须专用房间来装设,可安装于控制室,因此,占地面积小且便于安装维修,在大、中型变电所中应用比较广泛。

（2）硅整流器供电的直流操作电源

硅整流直流操作电源在变电所应用比较普遍,一般可分为电容储能直流操作电源和复式整流的直流操作电源两种。

1）硅整流电容储能式直流电源

硅整流的电源来自变配电所用变压器母线,一般设一路电源进线,但为了保证直流操作电源的可靠性,可以采用两路电源和两台硅整流装置。硅整流电容储能直流操作电源如图7.2所示。硅整流器1U 主要用作断路器合闸电源,并可向控制、信号和保护回路供电,其容量较大。硅整流器2U 的容量较小,仅向控制、信号和保护回路供电。逆止元件1VD 和2VD 的作用:一是当直流电源电压因交流供电系统电压降低而降低时,使储能电容1C,2C 所储能量仅用于补偿自身所在的保护回路,而不向其他元件放电。二是限制1C,2C 向断路器的控制回路中的信号灯和重合闸继电器等放电,以保证其所供的继电保护合并跳闸线圈可靠动作。逆止元件3VD 和限流电阻R 接在两组直流母线之间,使直流合闸母线只向控制小母线WC 供电。R 用来限制控制回路短路时通过3VD 的电流,以免3VD 烧毁。储能电容器1C 用于对高压线路的继电保护和跳闸回路供电;储能电容器2C 用于对其他元件的继电保护和跳闸回路供电。储能电容器多采用容量大的电解电容器,其容量应能保证继电保护和跳闸线圈可靠的动作。

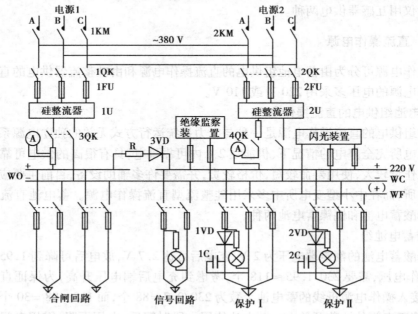

图7.2　硅整流电容储能直流操作电源

在直流母线上还接有直流绝缘监测装置和闪光装置,绝缘监测装置采用电桥结构,用以监测正负母线或直流回路对地绝缘电阻,当某一母线对地绝缘电阻降低时,电桥不平衡,检测继电器中有足够的电流流过,继电器动作发出信号。闪光装置主要提供灯光闪光电源,其工作原理示意图如图 7.3 所示。

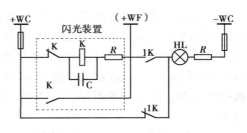

图 7.3　闪光装置工作原理示意图

在正常工作时闪光小母线 +WF 悬空,当系统或二次回路发生故障时,相应继电器 1K 动作(其线圈在其他回路中),1K 常闭触点打开。1K 常开触点闭合,使信号灯 HL 接于闪光小母线上,(+)WF 的电压较低,HL 变暗。闪光装置电容充电,充到一定值后,继电器 K 动作,其常开触点闭合,使闪光小母线的电压与正母线相同,HL 变亮。常闭触点 K 打开,电容放电,使 K 电压降低。降低到一定值后,K"失电"动作,常开触点 K 打开,闪光小母线电压变低,闪光装置的电容又开始充电。重复上述过程,信号指示灯就发出闪光信号。可见,闪光小母线平时不带电,只有在闪光装置工作时,才间断地获得低电位,其间隔时间由电容的充放电时间决定。

带电容储能装置的直流系统的优点是设备投资更少,并能减少运行维护工作量。缺点是电容器有漏电问题,且易损坏,可靠性不如蓄电池。

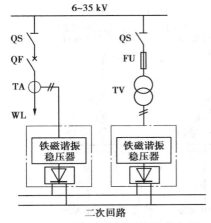

图 7.4　复式整流装置的接线示意图

2)复式整流的直流操作电源

复式整流是指提供直流操作电压的整流器电源有两个,即电压源和电流源。复式整流装置的接线示意图如图 7.4 所示。电压源由所用变压器或电压互感器供电,经铁磁谐振稳压器(当稳压要求较高时装设)和硅整流器供电给控制、保护等二次回路;电流源由反映故障电流的电流互感器供电,也经铁磁谐振稳压器(当稳压要求较高时装设)和硅整流器给控制、保护等二次回路供电。由于复式硅整流直流操作电源有电压源和电流源,因此交流供电系统在正常和事故情况下直流系统均能可靠地供电。与电容储能式相比,复式硅整流直流操作电源能输出较大的功率,电压的稳定性也较好,广泛应用于具有单电源的中小型工厂变配电所。

硅整流直流操作电源的优点是价格便宜,与铅酸蓄电池比较占地面积小、维护工作量小、体积小、不需要充电装置。其缺点是电源独立性差,电源的可靠性受交流电源影响,需加装补偿电容和交流电源自动投切装置,而且二次回路复杂。

7.1.3　交流操作电源

采用交流操作的断路器应采用交流操作电源(相应地,所有保护继电器、控制设备、信号装置及其他二次元件均应采用交流形式),这种电源分电流源和电压源两种,且有两种途径获得:一是取自所用电变压器的电压侧,这是一种较为普遍的应用方式;二是当保护、控制、信号回路的容量不大时,可取自电流互感器、电压互感器的二次侧。

电压源取自变配电所的所用变压器或电压互感器,通常所用变压器作为正常工作电源,而电压互感器因其容量小,其电压因故障发生会降低,因此只有在故障或异常运行状态且母线电压无显著变化时,保护装置的操作电源才能取自电压互感器,例如中性点不接地系统的单相接地保护、油浸式变压器内部故障的瓦斯保护等。电流源取自电流互感器,主要供电给继电保护和跳闸回路。电流互感器对于短路故障和过负荷都非常灵敏,能有效实现交流操作电源的过电流保护。

(1)取自变配电所用主变压器的交流操作电源

变配电所的用电一般应设置专门的变压器供电,称所用变压器,简称所用变。如图7.5所示为所用变压器接线位置及供电系统示意图。所用变压器一般都接在电源的进线处,如图7.5(a)所示,即使变电所母线或主变压器发生故障,所用变压器仍能取得电源,保证操作电源及其他用电的可靠性。变电所一般设置一台所用变压器,重要的变电所应设置两台互为备用的所用变压器。所用电源不仅在正常情况下能保证操作电源的供电,而且在全所停电或所用电源发生故障时,仍能实现对电源进线断路器的操作和事故照明的用电。一台所用变应接至电源进线处(进线断路器的外侧),另一台则应接至与本变电所无直接联系的备用电源上。在所用变低压侧应采用备用电源自动投入装置,以确保所用电的可靠性。值得注意的是,由于两台所用电变压器所接电源的相位关系,有时是不能并联运行的。所用变压器一般置于高压开关柜中。高压侧一般分别接在 6~35 kV Ⅰ,Ⅱ段母线上,低压侧用单母线分段接线或单母线不分段接线。

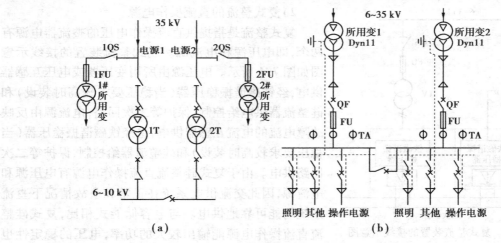

图7.5 所用变压器接线位置及供电系统示意图
(a)所用变压器接线位置;(b)所用电供电系统

所用变压器的用电负荷主要有操作电源、室外照明、室内照明、事故照明、生活用电等,所用变压器供电系统向上述用电负荷供电,如图7.5(b)所示。

(2)交流操作电源供电的继电保护装置

目前普遍采用的交流操作继电保护接线方式有直接动作式、去分流跳闸式及速饱和变流器式3种。

①直流动作式(见图7.6)。其特点是利用断路器手动操作机构内的过电流脱扣器(跳闸线圈)YR直接动作于跳闸,不需另外装设继电器,设备少,接线简单,但保护灵敏度低,实际上较少采用。

②利用继电器常闭触点去分流跳闸线圈方式（见图7.7）。正常运行时，电流继电器 KA 的常闭触点将跳闸线圈 YR 短接，断路器 QF 不会跳闸。当一次系统发生短路时，继电器动作，其常闭触点断开，于是电流互感器的二次侧短路电流全部流入 YR 而使断路器 QF 跳闸。这种接线方式比较简单、经济，且灵敏可靠，在工厂供配电系统中应用广泛。但要求电流继电器 KA 触点的容量要足够大才行。

③利用速饱和变流器的接线方式（见图7.8）。正常运行时电流继电器 KA 不动作，其常开触点是断开的，速饱和变流器 ATM 的二次侧处于开路状态（速饱和变流器和电流互感器有所不同，电流互感器的二次侧不允许开路，而速饱和变流器可以在开路下使用，因为速饱和变流器的二次绕组匝数较少，铁芯也较小，因此不会感应出很高的感应电压而影响安全），断路器的跳闸回路没有操作电源，断路器不会跳闸。当一次电路发生短路时，电流继电器动作，其常开触点闭合，接通操作电源回路，使断路器跳闸。

采用速饱和变流器的目的在于：当短路时限制流入跳闸线圈的电流；减小电流互感器的二次负荷阻抗（因饱和后阻抗变小）。但这种接线较复杂，所用的电器较多，保护灵敏度较低，一般只有当继电器容量不够时才采用。

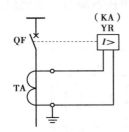

图7.6 直接动作式的
交流操作保护接线图

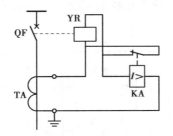

图7.7 去分流跳闸方式的
交流操作保护接线图

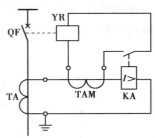

图7.8 利用速饱和变流器的
交流操作保护接线图

交流操作电源的优点是：接线简单可靠、投资低廉、维护方便。缺点是：交流继电器性能没有直流继电器完善，不能构成复杂和完善的保护，不适用于比较复杂的继电保护、自动装置及其他二次回路等。因此，交流操作电源广泛用于中小型变配电所中采用手动操作或弹簧储能操作及继电保护采用交流操作的场合，而对保护要求较高的中小型变配电所宜采用直流操作电源。

7.2 二次回路的接线图

供配电系统中的二次回路是以二次回路接线图绘制出来的，它为现场技术工作人员对电气设备的安装、调试、检修、试验、查线等提供了重要的技术资料。供配电系统的电气接线图可分为一次接线图和二次接线图。用规定的图形符号和文字符号表示一次设备及其相互连接顺序的图称为一次接线图，即主接线图；用规定的图形符号和文字符号表示二次设备的元件及其相互连接顺序的图称为二次接线图或二次回路图。二次接线图中所有开关电器和继电器触点都按照开关断开时的位置和继电器线圈中无电流时的状态绘制。

二次回路的接线图按用途可分为二次回路归总式原理接线图（简称二次回路原理图）、二次回路展开式原理接线图(简称二次回路展开图)和二次回路安装接线图3种形式。在供配电系统中,二次回路原理图和展开图主要是用来表示测量和监视、继电保护、断路器控制、信号和自动装置等二次回路的工作原理,是按功能电路如控制回路、保护回路、信号回路等来绘制的,而安装接线图是按设备(如开关柜、继电器屏、信号屏等)为对象绘制的。

7.2.1 二次回路原理图

二次回路原理图中每个元器件以整体形式绘出,这样对整个装置的构成有一个明确的概念,便于掌握其相互电气连接关系和工作原理。通常在二次回路的接线原理图上还将相应的一次设备画出,构成整个回路,便于了解各设备间的相互工作关系和工作原理。其优点是较为直观;缺点是当元器件较多时电路的接线相互交叉多,交直流回路、控制与信号回路均混合在一起,清晰度差。故原理图多在介绍和分析工作原理时使用,但对于复杂线路,看图较困难,因此,广泛应用原理展开图。

6～10 kV 高压线路电气测量回路原理接线图如图7.9(a)所示。从图中可以看出,原理图概括地反映了过电流保护装置、测量仪表的接线原理及相互关系,但不注明设备内部接线和具体的外部接线,对于复杂的回路难以分析和找出问题。因而仅有原理图还不能对二次回路进行检查维修和安装配线。

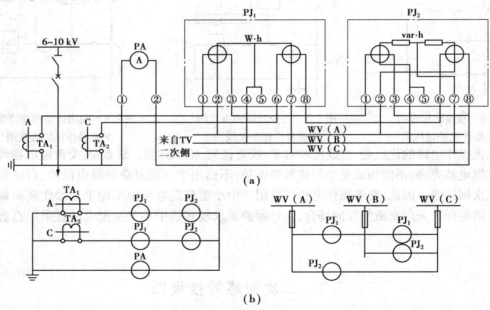

图 7.9 6～10 kV 高压线路电气测量回路原理接线图和展开接线图
TA₁、TA₂—电流互感器;TV—电压互感器;PA—电流表;
PJ₁—三相有功电度(能)表;PJ₂—三相无功电能表;WV—电压小母线;
(a)原理接线图;(b)展开接线图

7.2.2 二次回路展开图

展开图是按二次接线使用的电源来分别画出各自的交流电流回路、交流电压回路、直流操作回路及信号回路中各元件的线圈和触点。因此,属于同一个设备或元件的电流线圈、电压线圈、控制触点应分别画在不同的回路里。每一回路又分行排列,交流回路按 A,B,C 的相序排列,控制回路按继电器的动作顺序由上向下分别排列,各回路右侧通常附有文字说明,便于理解。为了避免混淆,属于同一元件的线圈和触点必须采用相同的文字符号,但各支路需标上不同的数字回路标号,较简单图形可省略回路标号,如图 7.9(b)所示。

展开图的优点是接线条理清晰,回路次序明显,易于阅读,便于分析和检查,便于了解整个装置的动作程序和工作原理,对复杂的二次回路更显突出。目前工程中主要采用这种图形。展开图是运行和安装中一种常用的图纸,又是绘制安装接线图的依据。

7.2.3 二次回路安装接线图

二次回路安装接线图是在原理图或其展开图的基础上绘制的,画出了二次回路中各设备的安装位置及控制电缆和二次回路的连接方式,是二次回路设计的最后阶段,是现场施工安装、维护必不可少的图纸,是制作和向厂家加工订货的依据,也是试验、验收的主要参考图纸。二次回路安装接线图主要包括屏面布置图、端子排图和屏后接线图。在安装图上设备均按实际位置布置,设备的端子和导线、电缆的走向均用符号、标号加以标志。这里以安装接线图为例介绍二次接线基本要求及二次接线图的绘制要求、绘制方法等。

(1)二次回路的接线要求

根据《电气装置安装工程盘、柜及二次回路接线施工及验收规范》(GB 50171—2012)规定,二次回路的接线应符合下列要求:

①按图施工,接线正确。

②导线与电气元件间采用螺栓连接、插接、焊接或压接等,均应牢固可靠。

③盘、柜内的导线不应有接头,导线芯线应无损伤。

④电缆芯线和所配导线的端部均应标明其回路编号,编号应正确,字迹清晰不易脱色。

⑤配线应整齐、清晰、美观,导线绝缘应良好,无损伤。

⑥每个接线端子的每侧接线宜为 1 根,不得超过两根,有更多导线连接时可采用连接端子;对于插接式端子,不同截面的两根导线不得接在同一端子上;对于螺栓连接端子,当接两根导线时,中间应加平垫片。

⑦二次回路接地应设专用螺栓。

⑧盘、柜内的二次回路配线:电流回路应采用电压不低于 500 V 的铜芯绝缘导线,其截面不应少于 2.5 mm²;其他回路配线不应小于 1.5 mm²;对电子元件回路、弱电回路采用锡焊连接时,在满足载流量和电压降及有足够机械强度的情况下,可采用不小于 0.5 mm² 截面的绝缘导线。

用于连接盘、柜门上电器及控制台板等可动部位的导线,还应符合下列要求:

①应采用多股软导线,敷设长度应有适当裕度。

②线束应有外套塑料缠绕管保护。

③与电器连接时,导线端部应压接终端附件。

④在可动部位两端导线应用卡子固定牢固。

引入盘、柜内的电缆及其芯线应符合下列要求:

①电缆、导线不应中间接头。必要时,接头应接触良好、牢固,不承受机械拉力,并保证原

有的绝缘水平;屏蔽电缆应保证其原有的屏蔽电气连接作用。

②引入盘、柜的电缆应排列整齐,编号清晰,避免交叉,并应固定牢固,不得使所接的端子承受机械应力。

③铠装电缆进入盘、柜后,应将钢带切断并扎紧端部,钢带应该接地。

④使用于静态保护、控制等逻辑回路的控制电缆,应采用屏蔽电缆,其屏蔽层应接地良好。

⑤橡胶绝缘芯线应用外套绝缘管保护。

⑥盘、柜内的电缆芯线,接线应牢固,排列整齐,并留有适当裕度;备用芯线应引至盘、柜顶部或线槽末端,并应标明备用标志,芯线导体不得外露。

⑦强电与弱电回路不能使用同一根电缆,并应分别成束分开排列。

⑧电缆芯线及其绝缘不应有损伤;单股芯线不应因弯曲半径小而损坏芯线及绝缘。单股芯线弯圆接线时,其弯线方向应与螺栓紧固方向一致;多股软线与端子连接时,应压紧相应规格的终端附件。

还应注意:油污环境中的二次回路应采用耐油绝缘导线,如塑料绝缘导线。日光直照下的橡胶或塑料绝缘导线,应穿金属管、蛇皮管等加以保护。

(2)二次接线图的绘制要求

接线图是用来表示成套装置或各元器件之间连接关系的一种图形。绘制接线图应遵循《电气技术用文件的编制》(GB/T 6988—2008)、《电气简图用图形符号》(GB/T 4728)、《电气设备用图形符号》(GB/T 5462—2008)、《电气工程 CAD 制图规则》(GB/18135—2008)等标准有关规定。

(3)二次接线图的绘制方法

为了便于二次回路安装接线图的绘制、安装施工和投入运行后的维护检修,在展开图中应对二次回路进行编号,在安装图中对设备进行标志。安装接线图一般应表示出各个项目(指元件、器件、部件、组件和成套设备等)的相对位置、项目代号、端子号、导线号、导线类型和导线截面等内容。

1)展开图的回路编号

对展开图进行编号可以方便维修人员进行检查以及正确地连接,根据展开图中回路的不同,如电流、电压、交流、直流等,回路的编号也进行相应的分类。具体进行编号原则如下:

①回路编号通常由 3 个及以下数字组成,不同用途的回路规定了编号的数字范围,各回路的编号要在相应的数字范围内。表 7.1 和表 7.2 列出了我国目前采用的回路编号范围。交流回路编号为了表示相序,在数字前面应加上 A,B,C,N 等符号。

表 7.1　直流回路编号范围

回路类别	保护回路	控制回路	励磁回路	信号及其他回路
编号范围	01 ~ 099 或 J1 ~ J99	1 ~ 599	601 ~ 699	701 ~ 799

表 7.2　交流回路编号范围

回路类别	控制、保护及信号回路	电流回路	电压回路
编号范围	(A,B,C,N)1 ~ 399	(A,B,C,N,L)400 ~ 599	(A,B,C,N,L)600 ~ 799

②二次回路的编号应根据等电位原则,即连接在电气回路中同一点的所有导线,都用同一

个编号表示。当回路经过仪表和继电器的线圈或开关和继电器的触点之后,就认为电位发生了变化,应给予不同的编号。

③展开图中小母线用粗线条表示,并标以文字符号。控制和信号回路中的一些辅助小母线和交流电压小母线,除文字符号外,还应给予固定数字编号。

2)二次设备的表示方法

二次回路中的设备都是从属于某些一次设备或一次线路的,而一次设备或一次线路又从属于某一成套装置,为对不同回路的二次设备加以区别,避免混淆,所有的二次设备必须标以规定的项目种类代号。

①项目代号　项目代号是用来识别项目种类及其层次关系与位置的一种代号。一个完整的项目代号包括 4 个代号段,每一代号段之前还有一个前缀符号作为代号段的特征标记,见表7.3。二次回路安装接线图中,二次设备的文字符号应与二次回路原理展开图一致。端子代号是用来识别设备或端子排的连接端子的代号。端子代号用设备所在的安装单位及顺序号或端子排代号,加":"或"−",再加端子的数字编号表示。

例如,如图 7.9 所示高压线路电气测量回路图中,无功电能表的项目代号为 PJ_2。假设这一高压线路的项目代号为 W3,而此线路又装在项目代号为 A5 的高压开关柜内,则上述无功电能表的项目代号的完整表示为" = A5 + W3 − PJ_2"。对于该无功电能表上的第 7 号端子,其项目代号则应表示为" = A5 + W3 − PJ_2:7"。不过在不致引起混淆的情况下可以简化,例如上述无功电能表第 7 号端子,就可表示为" − PJ_2:7"或"PJ_2:7"。

表 7.3　项目代号的层次与符号

项目层次(段)	代号名称	前缀符号	示　例
第一段	高层代号	=	= A5
第二段	位置代号	+	+ W3
第三段	种类代号(又称设备文字符号)	−	− PJ_2
第四段	端子代号	:	: 7

②安装单位和屏内设备　安装单位是指一个屏上属于某一次回路或同类型回路的全部二次设备的总称。为了区分同一屏中属于不同安装单位的二次设备,设备上必须标以安装单位的编号,用罗马字母Ⅰ,Ⅱ,Ⅲ等表示。当屏中只有一个安装单位时,直接用数字表示设备编号。

③设备的顺序号　对同一个安装单位内的设备按从右到左(从屏背面看)、从上到下的顺序编号,如Ⅰ1,Ⅰ2,Ⅰ3等。当屏中只有一个安装单位时,直接用数字编号,如1,2,3等。

④二次设备的表示　通常在二次回路安装接线图中每个二次设备的左上角画一个圆圈,用一横线分成两半部。安装单位的编号和设备的顺序编号应放在圆圈的上半部,设备的种类代号及同型设备的顺序号放在圆圈的下半部。

(4)屏面布置图

屏面布置图是生产、安装过程的参考依据。它是按照一定的比例尺寸将屏面上各个元件和仪表的排列位置及其相互间距离尺寸表示在图样上,而外形尺寸应尽量参照国家标准屏柜尺寸,以便和其他控制屏并列时美观整齐。屏面布置图主要有控制屏、信号屏和继电器屏的屏面布置图。屏面布置的原则和要求所示如下:

①屏面布置应整齐美观,模拟接线应清晰,相同安装单位的屏面布置应一致,各屏间相同设备的安装高度应一致。

②在设备安装处画其外形图(不按比例),标设备文字符号,并标定屏面安装设备的中心位置尺寸及屏外形尺寸。

③屏面布置应满足监视、操作、试验、调节和检修方便,适当紧凑。

④仪表和信号指示元件(信号灯、光字牌等)一般布置在屏正面的上半部,操作设备(控制开关、按钮等)布置在它们的下方,操作设备(中心线)离地面一般不得低于600 mm,经常操作的设备宜布置在离地面800 ~ 1 500 mm 处。

⑤调整、检查工作较少的继电器布置在屏的上部,调整、检查工作较多的继电器布置在中部,继电器屏下面离地250 mm 处宜设有孔洞,供试验时穿线用。

如图 7.10 所示为某 35 kV 变电所主变控制屏、信号屏和继电保护屏屏面布置图。

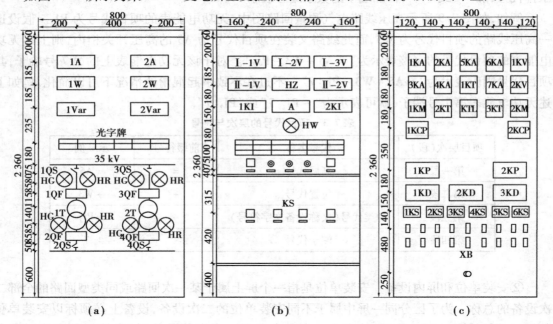

图 7.10　屏面布置图(单位:mm)
(a)35 kV 主变控制屏;(b)信号屏;(c)继电保护屏

(5)端子排图

屏外的导线或设备与屏内的二次设备相连接时,必须经过端子排。端子排由若干不同类型的接线端子组合而成,它通常垂直布置在屏后两侧。

1)接线端子种类

接线端子主要有普通端子、连接端子、试验端子和终端端子等种类。普通端子用于屏内、外导线或电缆的连接。连接端子与普通端子外形不同之处是中间有一缺口,通过缺口处的连接片与相邻端子相连,用于有分支的二次回路连接。试验端子用于在不断开二次回路的情况下需要接入试验仪器的电流回路中。终端端子板则用来固定或分隔不同安装项目的端子排，通常位于端子排的两端。

端子排的表示方法如图 7.11 所示，图中第 3，4，5 号端子是试验端子，第 7，8，9 号端子是连接端子，两端为终端端子，其余端子均为普通端子。

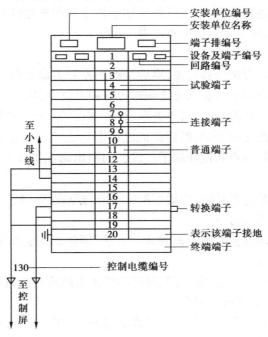

图 7.11　端子排编号表示方法图

2）端子排的连接和排列原则

应经端子连接的设备和回路为：

①屏内设备与屏外设备的连接。如屏内测量仪表、继电器的电流线圈需经试验端子与屏外电流互感器连接；中央信号回路及接至闪光小母线的回路，在运行中需要很方便地断开时应经过特殊端子或试验端子连接。

②屏内设备与直接接在小母线上的设备连接。如屏内设备与装在屏背面上部的附加电阻、熔断器或刀开关相连。

③不同安装单位保护的正电源应经端子引接它们的负电源可在屏内环接后，两端分别接至端子排与负电源相连。

④屏内不同安装单位设备之间的连接。

⑤过渡回路。

⑥同一屏内同一安装单位的设备互相连接时，不需要经过端子排。

⑦各种回路在经过端子排连接时，端子的排列顺序（垂直安装时由上而下，水平安装时由左而右）为：交流电流回路、交流电压回路、信号回路、控制回路、其他回路和转接回路。

3）端子排图

端子排图由端子排、连接导线或电缆及相应标注构成。端子排的标注包括端子的类型和编号、安装单位名称和代号、端子排代号及两侧连接的回路编号和设备端子编号等。端子排一侧接屏内设备,另一侧接屏外设备。导线或电缆的标注包括导线或电缆的编号、型号和去向。如图7.12(b)就是端子排图。

(6)屏后接线图

屏后接线图是以屏面布置图为基础,并以原理图为依据而绘制的接线图。它标明屏上各个设备引出端子之间的连接情况,以及设备与端子排之间的连接情况。它是制造厂生产屏的过程中配线的依据,也是施工和运行的重要参考图纸。

1)屏后接线图的基本原则和要求

屏后接线图是屏面布置图的背视图,屏后接线图左右方向正好与屏面布置图相反。屏后接线图应以展开的平面图形表示各部分之间布置的相对位置,如图7.12(c)所示。

屏上各设备外形可采用简化外形,如方形、圆形、矩形等表示,必要时也可采用规定的图形符号表示。图形不要求按比例绘制,但要保证设备之间的相对位置正确。设备内部一般不画出,或只画出有关的线圈、触点和接线端子。设备的引出端或接线端子按实际排列顺序画出,应注明编号及接线。

所有的二次小母线及连接导线、电缆等的编号应与原理图一致。

2)二次回路接线的表示方法

接线图上端子之间的连接导线有两种表示方法,即连续线法和中断线法(又称为"相对编号法"或"对面编号法")。

①连续线是指表示两端子之间的连接导线的线条是连续的。用连续线法表示的连接导线需要全线画出,连线多时显得过于复杂。

②中断线是指表示两端子之间的连接导线的线条是中断的。在线条中断处必须标明导线的去向,即在接线端子出线处标明对方端子的项目代号。故相对编号法就是用编号来表示二次回路中各设备相互之间连接状态的一种方法,即两个设备相连接的两个端子的编号互相对应,而不画出连接导线。没有标号的接线柱,表示空着不接。相对编号法在二次回路中已得到广泛应用。此法简明清晰,对安装接线和维护检修都很方便。如图7.12(c)所示,电流继电器1KA的编号为I1,电流继电器3KA的编号为I3,1KA的8号端子与3KA的2号端子相连。则在1KA的8号端子旁边标上"I3:2",在3KA的2号端子旁边标上"I1:8"。相对编号法可以应用到屏内设备,经端子排与屏外设备的连接。

如图7.12所示为10 kV出线电流保护二次安装接线图所示。图7.12(a)为展开图,图7.12(b)为端子排图,图7.12(c)为屏后接线图。由图中可清楚地看到继电器等设备在屏上的实际位置。所有编号按规定给出,工程中这些编号写在接线端或电缆芯线端所套的塑料套管上。

7.2.4   二次回路图的阅读方法

二次回路在绘制时遵循着一定的规律,看图时首先应清楚电路图的工作原理、功能以及图纸上所标符号代表的设备名称,然后再看图纸。

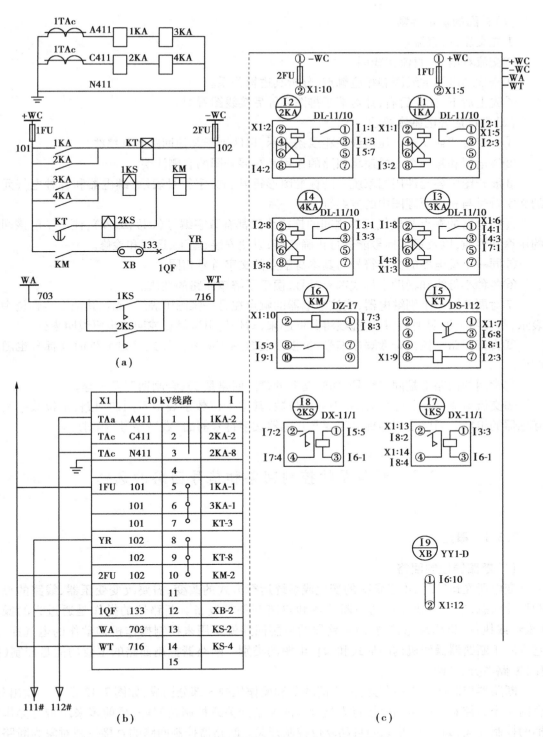

图 7.12　10 kV 出线电流保护二次安装接线图

1KA,2KA—过电流保护电流继电器;3KA,4KA—速断保护电流继电器;

1KS,2KS—信号继电器;KT—时间继电器;KM—中间继电器

（a）展开图;（b）端子排图;（c）屏后接线图

（1）看图的基本要领

①先交流，后直流。

②交流看电源，直流找线圈。

③查找继电器的线圈和相应触点，分析其逻辑关系。

④先上后下，先左后右，针对端子排图和屏后接线图看图。

（2）阅读展开图基本要领

①直流母线或交流电压母线用粗线条表示，以区别于其他回路的联络线。

②继电器和每一个小的逻辑回路的作用都在展开图的右侧注明。

③展开图中各元件用国家统一的标准图形符号和文字符号表示，继电器和各种电气元件的文字符号与相应原理图中的方案符号应一致。

④继电器的触点和电气元件之间的连接线段都有数字编号（回路编号），便于了解该回路的用途和性质，以及根据标号能进行正确连接，以便安装、施工、运行和检修。

⑤同一个继电器的文字符号与其本身触点的文字符号相同。

⑥各种小母线和辅助小母线都有标号，便于了解该回路的性质。

⑦对展开图中个别继电器，或该继电器的触点在另一张图中表示，或在其他安装到位中有表示，都在图上说明去向，并用虚线将其框起来，对任何引进触点或回路也要说明来处。

⑧直流回路正极按奇数顺序编号，负极按偶数顺序编号。回路经过元件时其标号也随之改变。

⑨常用的回路都是固定编号，如断路器的跳闸回路是33，合闸回路是3等。

⑩交流电流/电压回路的标号中的三位数，其中个位数字表示不同的回路，十位数字表示互感器的组数。回路使用的标号组要与互感器文字符号前的"数字序号"相对应。

7.3　断路器的控制回路和信号回路的选择

7.3.1　概述

（1）断路器控制回路

变电所在运行时，由于负荷的变化或系统运行方式的改变，需要改变变压器、线路的投入和切除状态，这都需要操作切换断路器和隔离开关等设备。断路器的操作是通过它的操作（操动或执行）机构来完成的，而断路器的控制回路就是用来控制操作机构动作的电气回路，它取决于断路器操作机构的形式和操作电源的类别。断路器控制回路的主要功能是控制（操作）断路器分、合闸。

断路器控制回路由控制元件、中间环节和操作机构3部分构成，如图7.13所示。发出分、合闸命令的控制元件包括由运行人员操作的控制开关或控制按钮等，目前多采用带有操作手柄的控制开关，如LW2型系列自动复位控制开关。断路器控制回路的直接控制对象为断路器的操作机构中的跳、合闸线圈。控制元件和控制对象间的中间环节是指连接控制、信号、保护、自动装置、执行和电源等元件所组成的控制电路。传送命令到执行机构的中间放大器件常用继电器、接触器。执行操作命令的断路器的操作机构是断路器自身附带的跳、合闸传动装置，主要有电磁操作机构(CD)、弹簧操作机构(CT)、液压操作机构(CY)、气动操作机构(CQ)和手动操作机构(CS)。电磁操作机构是靠电磁力进行合闸的机构,多适用于 35 kV 及以下少油断路器;弹簧操作机构是靠预先储存在弹簧内的位能来进行合闸的机构,多适用于真空断路器;液压操作机构是靠压缩气体(氮气)作为能源,以液压油作为传递媒介来进行合闸的机构,广泛适用 110 kV 及以上的少油及 SF6 断路器;气动操作机构是以压缩空气储能和传递能量的机构,只应用于空气断路器上。随操作机构的不同,控制回路也有一些差别,但接线基本相似。电磁操作机构只能采用直流操作电源,弹簧、液压和手动操作机构可交直流两用,但一般采用交流操作电源。

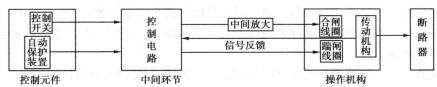

图 7.13　断路器控制回路的组成

断路器的控制方式按照控制地点的不同,可分为就地控制(又称为分散控制)和集中控制(又称为远方控制或距离控制)。就地控制是在各个断路器安装地点附近手动对断路器进行分、合闸控制,一般用于车间变电所和容量较少的总降压变电所的 6~10 kV 断路器的操作中。集中控制是在变电所主控制室或单元控制室内用控制开关(或按钮)通过控制回路对断路器进行分、合闸操作,被控制的断路器与控制室之间一般都有几十米到几百米的距离,一般用于总降压变电所的主变压器和电压为 35 kV 以上的进出线断路器以及出线回路较多的 6~10 kV 断路器的操作中。按照对断路器的控制回路监视方式的不同,有灯光监视控制回路及音响监视控制回路之分。由控制室远方集中控制及就地控制的断路器,一般多采用灯光监视控制回路,只在重要情况下才采用音响监视控制回路。

(2)信号回路

信号回路是用来指示一次系统设备运行状态的二次回路。在供配电系统中,发电厂和变电所的进出线、变压器和母线等的保护装置或监测装置动作后,都要通过中央信号系统发出相应的信号来提示运行人员。

信号按形式来分有灯光信号和音响信号。灯光信号表明不正常工作状态的性质和地点,而音响信号在于引起运行人员的注意。灯光信号通过装设在各控制屏上的信号灯和光字牌表明各种电气设备的运行情况,音响信号则通过蜂鸣器(电笛)或警铃(电铃)的声响来实现,设置在控制室内。由全所共用的音响信号,称为中央音响信号装置。

信号按用途分,有事故信号、预告信号、位置信号、指挥信号和联系信号。

事故信号用来显示断路器在一次系统事故情况下的工作状态。一般红灯闪光表示断路器自动合闸;绿灯闪光表示断路器自动跳闸。此外还有事故音响信号,即蜂鸣器发出声响和事故类型光字牌点亮。如高压断路器因线路发生短路而自动跳闸后给出的信号即为事故信号。

预告信号是在一次系统出现非正常状态时或在故障初期时发出的报警信号。该信号是预告音响信号即电铃发出声响,同时标有异常性质的光字牌亮,值班人员可根据预告信号及时处理。常见的预告信号有小电流接地系统中的单相接地、变压器过负荷、变压器的轻瓦斯保护动作、变压器油温过高、电压互感器二次回路断线、直流回路熔断器熔断、直流系统绝缘性能降低、自动装置动作等。

位置信号（又称为状态信号）用来指示电气设备的工作状态。它可使在异地进行操作的人员了解该设备现行的位置状态，以避免误动作。位置信号包括断路器位置信号（如灯光指示或操动机构分合闸位置指示器）和隔离开关位置信号等。断路器位置信号用来指示断路器正常工作的位置状态。一般红灯亮表示断路器处在合闸位置;绿灯亮表示断路器处在分闸位置。

指挥信号和联系信号是用于主控制室向其他控制室发出操作命令和控制室之间的联系。

(3)对断路器的控制回路和信号回路的要求

断路器的控制和信号回路必须完整、可靠,具体应满足以下要求:

①断路器既能在远方由控制开关进行手动合闸或跳闸,又能在自动装置和继电保护作用下自动合闸或跳闸。

②应能监视控制回路操作电源、保护装置(如熔断器)及其跳、合闸回路的完好性,以保证断路器的正常工作。通常,小型变配电所采用灯光监视方案,中大型变配电所采用音响监视方案或微机远方监视。

③断路器操作机构中的合、跳闸线圈是按短时通电设计制造的,当断路器跳闸或合闸完成后,应能迅速自动切断合、跳闸回路,解除命令脉冲,防止因通电时间过长而烧坏合、跳闸线圈。为此,在合、跳闸回路中,接入断路器的辅助触点,既可将回路切断,又可为下一步操作做好准备。

④应能指示断路器正常合闸和分闸的位置状态,并在自动合闸与自动跳闸时有明显的指示信号。如前所述,通常用红、绿灯常亮指示断路器的正常合闸与分闸位置状态,而用红、绿灯闪烁指示断路器的自动合闸和跳闸。

⑤断路器的事故跳闸信号回路,应按"不对应原理"接线。当断路器采用手动操作机构时,利用手动操作机构的辅助触点与断路器的辅助触点构成"不对应"关系,即操作机构手柄在合闸位置而断路器已经跳闸时,发出事故跳闸信号。当断路器采用电磁操作机构或弹簧操作机构时,则利用控制开关的触点与断路器的辅助触点构成"不对应"关系,即控制开关手柄在合闸位置而断路器已经跳闸时,发出事故跳闸信号。

⑥对有可能出现不正常工作状态或故障的设备,应装设预告信号。预告信号应能使控制室或值班室的中央信号装置发出音响或灯光信号,并能指示故障地点和性质。通常预告音响信号用电铃,而事故音响信号用电笛,两者有所区别。

⑦无论断路器操作机构的控制回路是否带有机械"防跳"装置(机械闭锁),都应具有防止断路器连续多次合、跳闸的电气"防跳"措施。

⑧对于采用气压、液压和弹簧操作机构的断路器,应有压力是否正常,弹簧是否拉紧到位的监视回路和闭锁回路。

⑨在满足以上基本要求的前提下,力求接线简单可靠、使用电缆芯数应尽量少。

7.3.2 电磁操动机构的断路器控制及信号回路

(1)LW2 型控制开关

LW2 型系列控制开关的正面为一操作手柄,安装于屏前,与手柄固定连接的转轴上有数节(层)触点盒,安装于屏后。触点盒的节数(每节内部触点形式不同)和形式可以根据控制回路的要求进行组合。每个触点盒内都有 4 个静触点和 1 个旋转式动触点,静触点分布在触点盒的四角,盒外有供接线用的 4 个引出线端子,动触点处于盒的中心。当手柄转动时,每个触点盒内动、静触点的通断情况,需查看触点图表。表 7.4 中给出了 LW2-Z-1a·4·6a·40·20·20/F8 型控制开关的触点图表,表中"·"表示接通,"-"表示断开,箭头所指方向为手柄位置。

表 7.4　LW2-Z-1a·4·6a·40·20·20/F8 型控制开关的触点图表

手柄和触点盒形式	F-8	1a		4		6a			40			20			20		
触点号		1-3	2-4	5-8	6-7	9-10	9-12	10-11	13-14	14-15	13-16	17-19	17-18	18-20	21-23	21-22	22-24
位置　跳闸后(TD)	←	-	·	-	·	-	-	·	-	·	-	-	-	·	-	-	·
位置　预备合闸(PC)	↑	·	-	-	-	·	-	-	·	-	-	·	-	-	·	-	-
位置　合闸(C)	↗	·	-	·	-	-	·	-	-	-	·	-	·	-	-	·	-
位置　合闸后(CD)	↑	·	-	-	-	·	-	-	·	-	-	·	-	-	·	-	-
位置　预备跳闸(PT)	←	-	·	-	·	-	-	·	-	·	-	-	-	·	-	-	·
位置　跳闸(T)	↙	-	·	-	·	-	·	-	-	-	·	-	·	-	-	·	-

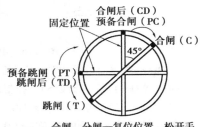

图 7.14　操作手柄位置

　　由表 7.4 可知,这种控制开关共有 6 个位置,其中有两个预备操作位置("预备合闸"和"预备跳闸")、两个操作位置("合闸"和"跳闸")和两个固定位置("合闸后"和"跳闸后")。有时用字母表示 6 种位置,"C"表示合闸中,"T"表示跳闸中,"P"表示"预备","D"表示"后",操作手柄的位置如图 7.14 所示。

　　合闸操作的顺序为预备合闸→合闸→合闸后;跳闸操作的顺序为预备跳闸→跳闸→跳闸后。可见,这种控制开关发出断路器的跳、合闸命令分两步进行。操作时,运行人员先把控制开关转到"预备合闸"(或"预备跳闸")位置,再把控制开关转至"合闸"(或"跳闸")位置,并保持在此位置(不松手),当运行人员确定断路器已完成合闸(或跳闸)动作而松开手后,控制开关在弹簧作用下会自动返回到"合闸后"(或"跳闸后")位置,从而完成整个操作过程。这种两步式控制开关对减少误操作保证安全运行非常有利,因为在两步操作过程中,使操作人员有时间核对操作是否有错误,可及时中断错误操作。另外,万一不小心碰着控制开关,它至多只会转动一个位置,不会误发合闸或跳闸脉冲。

　　(2)电磁操作机构的断路器控制及信号回路

　　如图 7.15 所示为电磁操动机构的断路器控制及信号回路。图中虚线上打黑点(●)的触点,表示控制开关在此位置时该触点通。其工作原理如下:

　　1)断路器的手动控制

　　①手动合闸。设断路器处于跳闸状态,此时控制开关 SA 处于"跳闸后"位置,其触点⑩—⑪通,QF1 闭合,HG 绿灯亮,发平光,表明断路器是断开状态,合闸回路完好又表明控制回路的熔断器 1FU 和 2FU 完好。因电阻 1R 存在,流过合闸接触器线圈 KM 的电流很小,不足以使其动作。

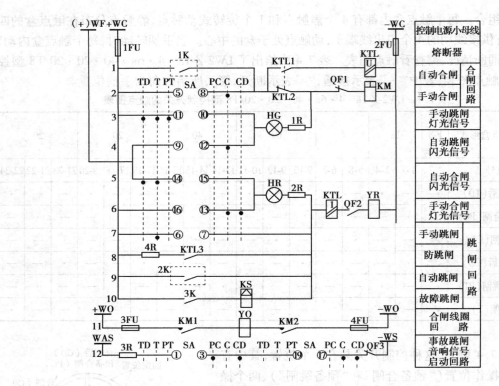

图 7.15　电磁操动机构的断路器控制及信号回路

WC—控制小母线;WF—闪光信号小母线;WS—信号小母线;WAS—事故音响信号小母线;

WO—合闸小母线;SA—控制开关;KM—合闸接触器;YO—合闸线圈;YR—跳闸线圈;

KS—信号继电器;HG—绿色信号灯;HR—红色信号灯;KTL—防跳继电器

将控制开关 SA 顺时针旋转 90°,至"预备合闸"位置,触点⑨—⑩通,将信号灯接于闪光小母线(+)WF 上,绿灯 HG 闪光,表明控制开关的位置与"合闸后"位置相同,但断路器仍处于跳闸后状态,这是利用不对应原理接线,同时提醒运行人员核对操作对象是否有误,如无误后,再将 SA 继续顺时针旋转 45°,置于"合闸"位置。SA 的⑤—⑧通,使合闸接触器 KM 接通于 + WC 和 − WC 之间,KM 动作,起触点 KM1 和 KM2 闭合,合闸线圈 YO 通电,断路器合闸。断路器合闸后,断路器辅助触点 QF1 断开使绿灯熄灭,QF2 闭合,由于⑬—⑯通,红灯亮。当松开 SA 后,在弹簧作用下,SA 自动回到"合闸后"位置,⑬—⑯通,使红灯发出平光,表明断路器手动合闸,同时表明跳闸回路完好及控制回路的熔断器 1FU 和 2FU 完好。在此通路中,因电阻 2R 存在,流过跳闸线圈 YR 的电流很小,不足以使其动作。

②手动跳闸。将控制开关 SA 逆时针旋转 90°置于"预备跳闸"位置,⑬—⑯断开,而⑬—⑭接通闪光母线,使红灯 HR 发出闪光,表明 SA 的位置与跳闸后的位置相同,但断路器仍处于合闸状态。将 SA 继续旋转 45°而置于"跳闸"位置,⑥—⑦通,使跳闸线圈 YR 经防跳继电器 KTL 的电流线圈接通,YR 通电跳闸,断路器跳闸,QF1 合上,QF2 断开,红灯熄灭,绿灯亮。当松开 SA 后,SA 自动回到"跳闸后"位置,⑩—⑪通,绿灯发出平光,表明断路器手动跳闸,又表明合闸回路完好。

2) 断路器的自动控制

断路器的自动控制通过自动装置的继电器触点,1K 和 2K(分别与⑤—⑧和⑥—⑦并联)的闭合分别实现合、跳闸的自动控制。自动控制完成后,信号灯 HR 或 HG 将出现闪光,表示断路器自动合闸或跳闸,又表示跳闸回路或合闸回路完好,运行人员需将 SA 旋转到相应的位置上,相应的信号灯发平光。

当断路器因故障跳闸时,保护出口继电器触点 3K 闭合,SA 的⑥—⑦触点被短接,YR 通电,断路器跳闸,HG 发出闪光,表明断路器因故障跳闸。与 3K 串联的 KS 为信号继电器电流型线圈,电阻很小。KS 通电后将发出信号。同时按不对应原理,即断路器在跳闸状态,QF3 闭合,而 SA 在"合闸后"位置,①—③、⑰—⑲通,事故音响小母线 WAS 与信号回路中负电源接通(成为负电源),启动事故音响装置,发出事故音响信号,如电笛或蜂鸣器发出声响。

3) 断路器的防跳

断路器的"跳跃"是指运行人员在故障时手动合闸断路器,断路器又被继电保护动作跳闸,又由于控制开关位于"合闸"位置,则会引起断路器重新合闸。为了防止这一现象,断路器控制回路设有防止跳跃的电气联锁装置。

如图 7.15 所示,若没有 KTL 防跳继电器,在合闸后,如果控制开关 SA 的触点⑤—⑧或自动装置触点 1K 被卡死,此时系统又遇到永久性故障,继电保护使断路器跳闸,QF1 闭合,合闸回路又被接通,则出现多次"跳闸—合闸"现象,这种现象称为跳跃。如果断路器发生多次跳跃现象,会使其毁坏,造成事故扩大。因此在控制回路中增设了防跳继电器 KTL。

防跳继电器 KTL 有两个线圈:一个是电流启动线圈,串联于跳闸回路;另一个是电压自保持线圈,经自身的常开触点与合闸回路并联,其常闭触点则串入合闸回路中。当用控制开关 SA 合闸(⑤—⑧通)或自动装置触点 1K 合闸时,如合在短路故障上,继电保护动作,其触点 3K 闭合,使断路器跳闸。跳闸电流流过防跳继电器 KTL 的电流线圈,使其启动,常开触点 KTL1 闭合(自锁),常闭触点 KTL2 打开,其 KTL 电压线圈也动作,自保持。断路器跳开后,QF1 闭合,如果此时合闸脉冲未解除,即控制开关 SA 的触点⑤—⑧或自动装置触点 1K 被卡死,因常闭触点 KTL2 已断开,所以断路器不会合闸。只有当触点⑤—⑧或 1K 断开后,防跳继电器 KTL 电压线圈失电后,常闭触点才闭合,这样就防止了跳跃现象。

7.3.3 弹簧操作机构的断路器控制及信号回路

采用交流操作电源的弹簧操作机构的断路器控制信号回路如图 7.16 所示,M 为储能电动机,SQ1—SQ3 为储能电动机位置开关,其余设备与图 7.15 相同。由于弹簧操作机构储能耗用功率小,因此合闸电流小,在断路器控制回路中,合闸回路可用控制开关直接接通合闸线圈 YO。

当弹簧操作机构的弹簧未拉紧时,储能位置开关 SQ1 打开,不能合闸,SQ2 和 SQ3 闭合,使电动机接通电源储能;使弹簧拉紧,SQ1 闭合,而 SQ2 和 SQ3 断开,电动机停止储能。断路器是利用弹簧存储的能量进行合闸的,合闸后,弹簧释放,电动机接通又能储能,为下次动作(合闸)作准备。

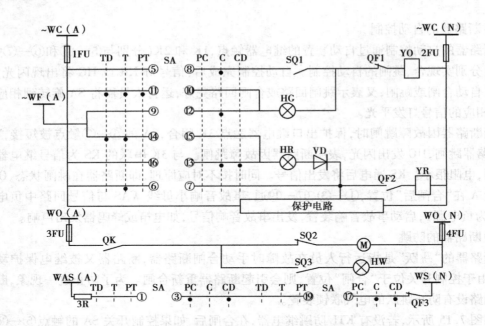

图 7.16　交流操作电源的弹簧操作机构的断路器控制及信号回路

M—储能电动机(交流);WO(A)—交流操作母线(A 相);WO(N)—交流操作母线(N 线);

HW—白色信号灯;SQ1,SQ2,SQ3—储能位置开关;QK—刀开关

7.4　中央信号装置的选择

7.4.1　概述

(1)概念和分类

中央信号装置(又称为中央信号回路)是指装设在有人值班的变配电所值班室或控制室的信号装置。中央信号装置包括事故信号和预告信号两种。

事故信号和预告信号是电气设备各种信号的中心部分,故称为中央信号,它们集中装设在中央信号屏上。每种中央信号装置都由灯光信号和音响信号两部分组成,灯光信号(包括信号灯和光字牌)是为了便于判断发生故障的设备及故障的性质,音响信号(蜂鸣器或电铃)是为了唤起值班人员的注意。

中央信号按操作电源可分为交流和直流两类;按复归方法可分为就地复归和中央复归两种;按动作性能分为能重复动作和不能重复动作两种。能重复动作是指一个信号发出后尚未处理复归前又来一个信号,中央信号仍能再次发出,适合于配电装置较多的中大型变配电所选用。由于能重复动作的中央信号回路元件较多,通常采用中央信号屏与直流屏、集中控制屏并排安装于控制室内。不能重复动作是指一次只能发出一个信号,等这个信号复归后才能接受第二个信号,适合于配电装置较少的小型变配电所选用。由于不能重复动作的中央信号回路元件较少,通常采用中央信号箱安装于值班室的墙上。

(2)对中央信号装置的要求

为了保证中央信号回路可靠和正确工作,对中央信号回路的要求如下:

①所有有人值班的变配电所,都应在控制室内装设中央事故信号和预告信号装置。

②中央事故信号在任何断路器事故跳闸时,立即(不延时)发出音响信号,并在控制屏上有表示该回路事故跳闸的灯光或其他信号。

③中央预告信号应保证在任何回路发生不正常运行时,能按要求(瞬时或延时)准确发出音响信号,并有显示故障性质或地点的指示,以便值班人员迅速处理。

④中央事故信号与预告音响信号应有区别,一般事故信号用蜂鸣器(电笛),预告信号用电铃。

⑤中央信号装置在发出音响信号后,应能手动或自动复归(解除)音响,而故障性质或地点的指示应保持,直到故障消除为止。

⑥中央事故信号和预告信号一般采用重复动作的信号装置。

⑦接线应简单、可靠,应能监视信号回路的完好性。

⑧应能对事故信号、预告信号及其光字牌是否完好进行试验。

7.4.2 中央事故信号装置

(1)中央复归不重复动作的事故信号回路

中央复归不重复动作的事故信号回路如图7.17所示。在正常工作时,断路器合上,控制开关SA的①—③和⑲—⑰触点是接通的,但1QF和2QF常闭辅助触点是断开的。若某断路器(1QF)因事故跳闸,则1QF闭合,回路+WS→HB→KM常闭触点→SA的①—③及⑲—⑰→1QF→－WS接通,蜂鸣器HB发出声响。按2SB复归按钮,KM线圈通电,常闭触点KM1打开,蜂鸣器HB断电解除音响,常开触点KM2闭合,继电器KM自锁。若此时2QF又发生了事故跳闸,蜂鸣器将不会发出声响,这就称为不能重复动作。能在控制室手动复归称为中央复归。1SB为试验按钮,用于检查事故音响是否完好。

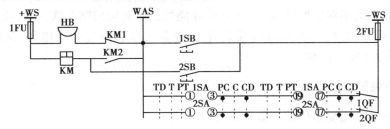

图7.17 中央复归不重复动作的事故信号回路

S—信号小母线;WAS—事故音响信号小母线;1SA,2SA—控制开关;1SB—试验按钮;

2SB—音响解除按钮;KM—中间继电器;HB—蜂鸣器

(2)中央复归重复动作的事故信号回路

如图7.18所示是重复动作的中央复归式事故音响信号回路,该信号装置采用信号冲击继电器(或信号脉冲继电器)KI,TA为脉冲变流器,其一次侧并联的二极管2VD和电容C,用于抗干扰;其二次侧并联的二极管1VD起单向旁路作用。当TA的一次电流突然减小时,其二次侧感应的反向电流经1VD而旁路,不让它流过干簧继电器KR的线圈。KR为执行元件(单触点干簧继电器),KM为出口中间元件(多触点干簧继电器)。

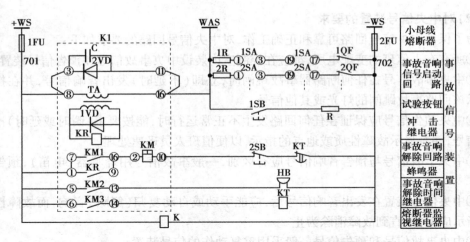

图 7.18　重复动作的中央复归式事故音响信号回路

KI—冲击继电器；KR—干簧继电器；KM—中间继电器；KT—自动解除时间继电器

当 1QF，2QF 断路器合上时，其辅助触点 1QF，2QF 均打开，各对应回路 1SA，2SA 的①—③和⑲—⑰均接通，事故信号启动回路断开。若断路器 1QF 事故跳闸，辅助常闭触点 1QF 闭合，冲击继电器的脉冲变流器一次绕组电流突增，在其二次侧绕组中产生感应电动势，使干簧继电器 KR 动作。KR 的常开触点①—⑨闭合，使中间继电器 KM 动作，其常开触点 KM1 闭合自锁，另一对常开触点 KM2 闭合，使蜂鸣器 HB 通电发出声响，同时 KM3 闭合，使时间继电器 KT 动作，其常闭触点延时打开，KM 失电，使音响自动解除。2SB 为音响解除按钮，1SB 为试验按钮。此时若另一台断路器 2QF 事故跳闸，流经 KI 的电流又增大使 HB 又发出声响，称为重复动作的音响信号回路。

重复动作是利用控制开关与断路器辅助触点之间的不对应回路中的附加电阻和信号冲击继电器来实现的。当断路器 1QF 事故跳闸，蜂鸣器发出声响，若音响已被手动或自动解除，但 1QF 的控制开关尚未转到与断路器的实际状态相对应的位置，若断路器 2QF 又发生自动跳闸时，其 2QF 断路器的不对应回路接通，与 1QF 断路器的不对应回路并联，不对应回路中串有电阻引起脉冲变流器 TA 的一次绕组电流突增，故在其二次侧感应一个电势，又使干簧继电器 KR 动作，蜂鸣器又发出音响。

7.4.3　中央预告信号装置

（1）中央复归不重复动作预告信号回路

如图 7.19 所示为中央复归不重复动作预告信号回路。KS 为反映系统异常状态的继电器常开触点，当系统发生异常工作状态时，如变压器过负荷，经一定延时后，KS 触点闭合，回路 + WS→KS→HL→WFS→KM1→HA→ - WS 接通，电铃 HA 发出音响信号，同时 HL 光字牌亮，表明变压器过负荷。1SB 为试验按钮，2SB 为音响解除按钮。2SB 被按下时，KM 得电动作，KM1 打开，电铃 HA 断电，音响被解除，KM2 闭合自锁，在系统不正常工作状态未消除之前 KS，HL，KM2，KM 线圈一直是接通的，当另一个设备发生不正常工作状态时，不会发出音响信号，只有相应的光字牌亮，即不重复动作。

（2）中央复归重复动作预告信号回路

如图 7.20 所示为重复动作的中央复归式预告信号回路，其电路结构与中央复归重复动

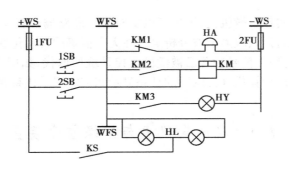

图 7.19　中央复归不重复动作预告信号回路图

WFS—预告音响信号小母线;ISB—试验按钮;2SB—音响解除按钮;HA—电铃;

KM—中间继电器;HY—黄色信号灯;HL—光字牌指示灯;KS—(跳闸保护回路)信号继电器触点

的事故信号回路基本相似。预告信号小母线分为 1WFS 和 2WFS,音响信号用电铃 HA 发出。
转换开关 SA 有 3 个位置:"工作 O"位置,左右(±45°)两个"试验 T"位置。正常工作时,SA
手柄在中间"工作 O"位置,其触点⑬—⑭、⑮—⑯接通,其他触点断开,若系统发生异常工作
状态,如过负荷动作 1K 闭合, + WS 经 1K,1HL(两灯并联),SA 的⑬—⑭,KI 到 – WS,使冲击
继电器 KI 的脉冲变流器一次绕组通电, HA 发出音响信号,同时触点 1K 接通信号源 703 至
+ WS,光字牌 1HL 亮。若要检查光字牌灯泡完好,转动 SA 手柄向左或右旋转 45°至"试验 T"
位置,其触点⑬—⑭、⑮—⑯断开,其他触点接通,试验回路为 + WS→⑫—⑪→⑨—⑩→⑧—
⑦→2WFS→HL 光字牌(两灯串联)→1WFS→①—②→④—③→⑤—⑥ → – WS,如所有光字
牌亮,表明光字牌灯泡完好,如有光字牌不亮,表明该光字牌灯泡已坏,应立即更换灯泡。

　　预告信号音响部分的重复动作是利用启动回路串联一电阻(光字牌灯泡并联)来实现的。

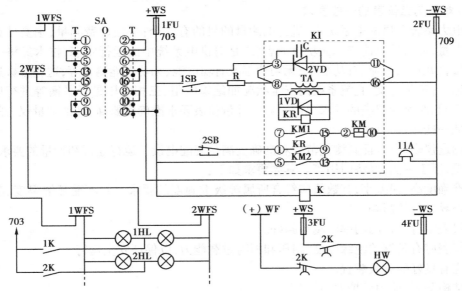

图 7.20　中央复归重复动作预告音响信号回路

SA—转换开关;1WFS,2WFS—预告信号小母线;1SB—试验按钮;2SB—音响解除按钮;

1K—某信号继电器触点;2K—监察继电器(中间);KI—冲击继电器;

1HL,2HL—光字牌灯光信号;HW—白色信号灯

目前,中央信号已实现了微机化,不仅可以实时显示断路器位置信号,还可及时报警及事件记录、历史记录、显示打印、故障录波分析等。在无人值班的自动化变配电所中,传统的能重复动作中央事故信号与预告信号装置已被微机监控系统所取代,如用多媒体计算机语音提示代替电笛和电铃报警,用计算机屏幕画面的动态显示和文字提示代替光字牌报警等。

7.5　电测量仪表与绝缘监察装置

供配电系统的测量和绝缘监察装置(又称为绝缘监视回路)是二次回路的重要组成部分,电测量仪表的要求、配置均应符合《电力装置的电测量仪表装置设计规范》(GB/T 50063—2008)的规定,以满足电气设备安全运行的需要。

7.5.1　电测量仪表

电测量仪表是指对电力装置回路的电气运行参数作经常测量、选择测量、记录用的仪表和作计费、技术经济分析考核管理用的计量仪表的总称。

为了监视供配电系统一次设备(电力装置)的运行状态和计量一次系统所消耗的电能,保证供配电系统的安全运行和用户的安全用电,使一次设备安全、可靠、优质和经济合理地运行,必须在供配电系统中装设一定数量的电测量仪表。

电测量仪表按其用途分为常用测量仪表和电能计量仪表两类,前者是对一次电路的电力运行参数作经常测量、选择测量和记录用的仪表,后者是对一次电路进行供用电的技术经济分析考核和对电力用户用电量进行测量、计量的仪表,即各种电能表。

(1)对电测量仪表的一般要求

在电力系统和供配电系统中,进行电测量的目的有3个:一是计费测量,主要计量用电单位的用电量,如有功电能表和无功电能表;二是对供电系统中的运行状态、技术经济分析所进行的测量,如电压、电流、有功功率、无功功率及有功电能、无功电能测量等,这些参数通常都需要定时记录;三是对交、直流系统的安全状况如绝缘电阻、三相电压是否平衡等进行监测。由于目的不同,对测量仪表的要求也不一样。计量仪表要求准确度要高,其他测量仪表的准确度要求要低一些。

电测量仪表,要保证其测量范围和准确度满足变配电设备运行监视和计量的要求,并力求外形美观,便于观测,经济耐用等。具体要求如下:

①准确度高,误差小,其数值应符合所属等级准确度的要求。并不受环境温度、湿度和外磁场等外界条件的影响。

②仪表本身消耗的功率应越小越好。

③仪表应有足够的绝缘强度、耐压和短时过载能力,以保证安全运行。

④应有良好的读数装置。

⑤结构坚固,使用维护方便。

(2)变配电装置中测量仪表和计量仪表的配置

电测量仪表的配置应能正确反映电力装置的电气运行参数和绝缘状况,常用测量仪表有指针式仪表、数字式仪表和记录型仪表及仪表的附件、配件。电能计量仪表的配置应满足发电、供电、用电的准确计量要求,作为考核用户或部门技术经济指标和实现电能结算的计量依据,计量仪表采用感应式或电子式电能表。

①在供配电系统每条电源进线上,必须装设计费用的有功电能表和无功电能表及反映电流大小的电流表各一只。通常采用标准计量柜,计量柜内有计量专用电流、电压互感器。

②在变配电所的每段母线上(3~10 kV),必须装设电压表4只,其中一只测量线电压,其他3只测量相电压。

③35/(6~10)kV变压器应在高压侧或低压侧装设电流表、有功功率表、无功功率表、有功电能表和无功电能表各一只,(6~10)/0.4 kV的配电变压器,应在高压侧或低压侧装设一只电流表和一只有功电能表,如为单独经济核算的单位变压器,还应装设一只无功电能表。

④3~10 kV配电线路,应装设电流表、有功电能表、无功电能表各一只,如不是单独经济核算单位时,无功电能表可不装设。当线路负荷大于5 000 kV·A及以上时,还应装设一只有功功率表。

⑤低压动力线路上应装一只电流表,55 kW及以上电动机回路应装一只电流表。照明和动力混合供电的线路上,照明负荷占总负荷15%及以上时,应在每相上装一只电流表。如需电能计量,一般应装设一只三相四线有功电能表。

⑥三相负荷不平衡程度大于10%的高压线路和大于15%的低压线路应装3只电流表,照明变压器、照明与动力公用的变压器应装3只电流表。

⑦并联电容器总回路上,每相应装设一只电流表,并应装设一只无功电能表。

(3)电测量仪表的准确度要求

①电测量装置的准确度不应低于表7.5的规定。指针式仪表选用1.5级,数字式仪表选用0.5级。交流指示仪表的综合准确度不应低于2.5级,直流指示仪表的综合准确度不应低于1.5级,接于电测量变送器二次侧仪表的准确度不应低于1.0级。用于电测量装置的电流、电压互感器及附件、配件的准确度不应低于表7.6的规定。

表7.5　电测量装置的准确度要求(GB/T 50063—2008)

仪表类型名称	准确度/级	仪表类型名称	准确度/级
指针式交流仪表	1.5	数字式仪表	0.5
指针式直流仪表	1.5	记录型仪表	应满足测量对象的准确度要求
指针式直流仪表	1.0 (经变送器二次测量)	计算机监控系统的测量部分 (交流采样)	误差不大于0.5%

表7.6　电测量装置电流、电压互感器及附件、配件的准确度要求(GB/T 50063—2008)

仪表准确度等级	准确度/级			
	电流、电压互感器	变送器	分流器	中间互感器
0.5	0.5	0.5	0.5	0.2
1.0	0.5	0.5	0.5	0.2
1.5	1.0	0.5	0.5	0.2
2.5	1.0	0.5	0.5	0.5

注:0.5级指数字式仪表的准确度等级。

②电能计量装置按其计量对象的重要程度和计量电能的多少分为5类。

a. I 类电能计量装置:月用电量 5 000 MW·h 及以上或变压器容量为 10 MV·A 及以上的高压用户。

b. II 类电能计量装置:月用电量 1 000 MW·h 及以上或变压器容量为 2 MV·A 及以上的高压用户。

c. III 类电能计量装置:月用电量 100 MW·h 及以上或负荷容量为 315 kV·A 及以上的计费用户,用户内部用于承包考核用的计量点。

d. IV 类电能计量装置:负荷容量为 315 kV·A 及以下的计费用户,用户内部技术经济指标分析、考核用的电能计量装置。

e. V 类电能计量装置:单相电力用户计费用的电能计量装置。

电能计量装置的准确度不应低于表 7.7 的规定。

表 7.7　电能计量装置的准确度要求(GB/T 50063—2008)

电能计量装置类别	准确度最低要求/级			
	有功电能表	无功电能表	电压互感器	电流互感器
I	0.2S	2.0	0.2	0.2S 或 0.2
II	0.5S	2.0	0.2	0.2S 或 0.2
III	1.0	2.0	0.5	0.5S
IV	2.0	2.0	0.5	0.5S
V	2.0	—	—	0.5S

注:① 0.2S,0.5S 级指特殊用途的电流互感器,使用于负荷电流小、变化范围不大(1% ~ 120%)的计量回路。

② 0.2 级电流互感器仅用于发电机计量回路。

③指针式测量仪表测量范围和电流互感器变流比的选择,宜保证电力设备额定值指示在标度尺的 2/3 处。有可能过负荷运行的电力设备和回路,测量仪表宜选择过负荷仪表。双向电流的直流回路和双向功率的交流回路,应采用具有双向标度的电流表和功率表。具有极性的直流电流和电压回路,应采用具有极性的仪表。重载启动的电动机和可能出现短时冲击电流的电力设备和回路,宜采用具有过负荷标度尺的电流表。

7.5.2　绝缘监察装置

(1)交流绝缘监察装置

在中性点非直接接地系统中(小电流接地系统),若发生一相接地时,接地相对地电位等于零,其他两相对地电位升高到线电压,而三相线电压不变,因此允许暂时运行 2 h。但是,由于非故障相对地电压升高为线电压,可能使某些绝缘薄弱的地方造成击穿,从而引起两相或三相短路,造成事故。因此,在发电厂、变电所通常都装设有连续工作的高灵敏度的交流绝缘监视装置,以便及时发现系统中某点接地或绝缘降低。当发生一相接地时,立即发出报警信号,通知维修人员及时处理。

交流绝缘监察装置主要用来监视小电流接地系统相对地的绝缘状况。交流绝缘监察装置可采用 3 个单相三线圈电压互感器或一个三相五芯柱三线圈电压互感器接成 $Y_0/Y_0/\triangle$(开口三角形)形接线,如图 7.21 所示为 6 ~ 10 kV 母线的绝缘监察装置及电压测量电路。

图 7.21 中电压互感器二次侧有两组线圈,一组接成星形,在它的引出线上接 3 只电压表,系统正常运行时,反映各个相电压;在系统发生一相接地时,则对应相的电压表指零,而另两只电压表读数升高到线电压。另一组接成开口三角形,在开口处接一个过电压继电器,构成零序电压过滤器。系统正常运行时,三相电压对称,开口两端电压接近于零,继电器不动作,在系统发生一相接地时,接地相电压为零,另两个相差 120° 的相电压叠加,则使开口处出现近 100 V 的零序电压,使电压继电器动作,发出报警的灯光和音响信号。图 7.21 中接于二次绕组的 3 只电压表测量的是各相相电压;接于二次绕组,通过转换开关 SA 的一只电压表测量线电压。由 SA 选择此线压具体测哪两相。

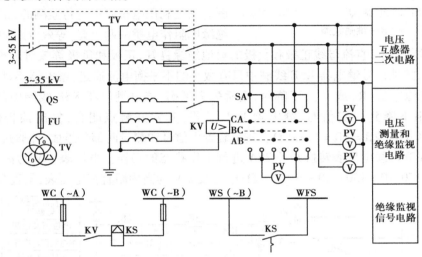

图 7.21　6 ~ 10 kV 母线的绝缘监察装置及电压测量电路

TV—电压互感器;QS—高压隔离开关及辅助触点;SA—电压转换开关;PV—电压表;

KV—电压继电器;KS—信号继电器;WC—控制小母线;WS—信号小母线;WFS—预告信号小母线

上述绝缘监察装置能够监视小电流接地系统的对地绝缘,值班人员根据信号和电压表指示可以知道发生了接地故障且知道故障相别,但不能判别是哪一条线路发生了接地故障。如果高压线路较多时,采用这种绝缘监察装置还不够。这种装置只适用于线路数目不多,并且只允许短时停电的供配电系统中。

三相三芯柱的电压互感器不能用来作绝缘监视装置,因为一次电路发生单相接地时,电压互感器的一次绕组均将出现同相的零序电压,这样的磁通不可能在铁芯内闭合,只能经附近气隙或铁壳闭合。这种零序磁通不可能与互感器的二次绕组及辅助二次绕组交链,故这时辅助二次绕组不能感应零序电压,无法反映一次电路的单相接地故障。

(2)直流绝缘监察装置

直流绝缘监视装置是用来监视直流系统的绝缘状况。

1)两点接地的危害

发电厂和变电所的直流系统比较复杂,其控制回路分布范围较广,外露部分多,容易受到外界环境因素的侵蚀,使得直流系统的绝缘水平降低,甚至可能发生绝缘损坏而接地。直流系统发生一点接地时,由于没有短路电流流过,熔断器不会熔断,仍能继续运行。但这种接地故

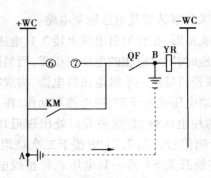

图7.22 直流系统两点接地示意图

KM—保护出口继电器；QF—断路器辅助触点；
YR—跳闸线圈

障必须及早发现，否则当发生另一点接地时，有可能引起信号回路、控制回路、继电保护回路和自动装置回路发生误动作，如图7.22所示，A,B两点接地会造成误跳闸情况。因此，发电厂和变电所的直流系统必须安装能连续工作且足够灵敏的直流绝缘监察装置，当发生一点接地时，发出预告信号，避免使事故扩大造成损失。

2) 直流绝缘监视装置回路图

如图7.23所示为直流绝缘监视装置原理接线图。它是利用电桥原理进行监测的，正负母线对地绝缘电阻作电桥的两个臂，等效电路如图7.23(a)所示。正常状态下，直流母线正极和负极的对地绝缘良好，正极和负极等效对地绝缘电阻 R_+ 和 R_- 相等，接地信号继电器 KSE 线圈中只有微小的不平衡电流通过，继电器不动作。当某一极的对地绝缘电阻（R_+ 或 R_-）下降时，电桥失去平衡，流过继电器 KSE 线圈中的电流增大。当绝缘电阻下降到一定值时，继电器 KSE 动作，其常开触点闭合，发出预告信号。在图7.23(b)中，$1R = 2R = 3R = 1\ 000\ \Omega$。整个装置由信号和测量两部分组成，并通过绝缘监视转换开关 1SA 和母线电压表转换开关 2SA 进行工作状态的切换。电压表 1V 为高内阻直流电压表，量程 150 ~ 0 ~ 150 V，0 ~ ∞ ~ 0 kΩ；电压表 2V 为高内阻直流电压表，量程 0 ~ 250 V。

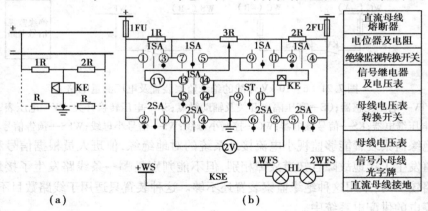

	直流母线熔断器
	电位器及电阻
	绝缘监视转换开关
	信号继电器及电压表
	母线电压表转换开关
	母线电压表
	信号小母线光字牌
	直流母线接地

(a)　　　　　(b)

图7.23 直流绝缘监视装置原理接线图

KSE—接地信号继电器；1SA—绝缘监视选择开关；2SA—母线电压表选择开关；
R_+，R_-—母线绝缘电阻；1R,2R—平衡电阻；3R—电位器

(a)等效电路；(b)原理接线图

母线电压表转换开关 2SA 有 3 个位置："母线 M"位置、"正对地 +"位置和"负对地 -"位置。正常时，其手柄在竖直的"母线 M"位置，触点⑨—⑪、②—①和⑤—⑧接通，2V 电压表接至正、负母线间，测量母线电压。若将 2SA 手柄向左旋转45°，置于"正对地 +"位置，其触点①—②和⑤—⑥接通，电压表 2V 接到正极与地之间，测量正对地电压。若将 2SA 手柄向右旋转45°，置于"负对地 -"位置，其触点⑤—⑧、①—④接通，则电压表 2V 电压表接到负极与地之间，测量负对地电压。利用转换开关 2SA 和 2V 电压表，可判别哪一极接地。若两极绝缘良

好,2 V 电压表的线圈没有形成回路,则正极对地和负极对地时,2 V 电压表指示为 0 V。如果正极接地,则正极对地电压为 0 V,而负极对地指示 220 V。反之,当负极接地时,则负极对地电压为 0 V,而正极对地指示 220 V。

绝缘监视转换开关 1SA 也有 3 个位置,即"信号 X"位置、"测量 I"位置和"测量 II"位置。正常时,其手柄置于竖直的"信号 X"位置,触点⑤—⑦和⑨—⑪接通,使电阻 3R 被短接(2SA 应置于"母线 M"位置,触点⑨—⑪接通)。接地信号继电器 KE 线圈在电桥的检流计位置上,两极绝缘正常时,两极对地绝缘电阻基本相等,电桥平衡,接地信号继电器 KE 不动作;当某极绝缘电阻下降,造成电桥不平衡,继电器 KE 动作,其常开触点闭合,光字牌亮,同时发出音响信号。运行人员听到信号后,利用转换开关 2SA 和 2 V 电压表,可判别哪一极接地或绝缘电阻下降。利用转换开关 1SA 和电压表 1 V,读直流系统总的绝缘电阻,计算每极对地绝缘电阻。

7.6　供配电系统常用自动装置与远动化

7.6.1　自动重合闸装置(ARD)

(1)概述

电力系统的运行经验证明:架空线路上的故障大多数是瞬时性短路,如雷电放电、潮湿闪络、鸟类或树枝的跨接等,这些故障虽然会引起断路器跳闸,但短路故障后,故障点的绝缘一般都能自行恢复。因此,断路器跳闸后,若断路器再合闸,有可能恢复供电,从而提高了供电的可靠性,避免因停电而给国民经济带来重大损失。自动重合闸装置(简称 ARD)是当断路器跳闸后,能够自动地将断路器重新合闸的一种装置。

自动重合闸装置主要用于架空线路,在电缆线路(电缆与架空线混合的线路除外)一般不用 ARD,因为电缆线路的电缆,电缆头或中间接头绝缘损坏故障一般为永久性故障。

自动重合闸装置按动作方法可分为机械式和电气式;按组合元件分为机电型、晶体管型和微机型;按重合次数来分为一次重合闸、二次或三次重合闸等。机械式 ARD 适于采用弹簧操作机构的断路器,可在具有交流操作电源或者虽有直流跳闸电源但没有直流合闸电源的变配电所中使用。电气式 ARD 适于采用电磁操作机构的断路器,可在具有直流操作电源的变配电所中使用。在供配电系统中,一般采用一次重合闸,因为一次重合式 ARD 比较简单经济,而且基本上能满足供电可靠性的要求。运行经验证明:ARD 的重合成功率随着重合次数的增加而显著降低。对于架空线路来说,一次重合成功率可达 60% ~ 90%,而二次重合成功率只有 15% 左右,三次重合成功率仅 3% 左右。因此供配电系统一般只采用一次重合闸。

(2)一次自动重合闸的基本原理

如图 7.24 所示为一次自动重合闸基本原理的电气简图。手动合闸时,按下合闸按钮 SB1,使合闸接触器 KO 通电动作,接通合闸线圈 YO 的回路,使断路器 QF 合闸;手动跳闸时,按下跳闸按钮 SB2,接通跳闸线圈 YR 的回路,使断路器 QF 跳闸。当线路上发生短路故障时,保护装置动作,其出口继电器触头 KM 闭合,接通跳闸线圈 YR 的回路,使断路器 QF 自动跳闸。与此同时,断路器辅助触点 QF$_{3-4}$ 闭合,重合闸继电器 KAR 启动,经整定的时限后,其延时常开触点闭合,使合闸接触器 KO 通电动作,从而使断路器 QF 重合闸。如果一次线路上的短路故障是暂时性的,且已经消除,则重合成功。如果短路故障尚未消除,则保护装置又要动作。KM 的触点闭合又使断路器 QF 再次跳闸。由于一次 ARD 采取了防跳措施(图中未表示),因此不会再次重合。

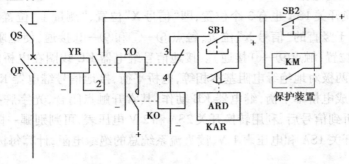

图 7.24　一次自动重合闸的原理电路图

YR—跳闸线圈;YO—合闸线圈;KO—合闸接触器;KAR—重合闸继电器;
KM—保护装置出口触点;SB1—合闸按钮;SB2—跳闸按钮

(3)对自动重合闸装置的基本要求

不论哪种自动重合闸装置,都应满足以下基本要求:

①应采用控制开关手柄位置与断路器位置"不对应原则"启动 ARD。

②用控制开关或遥控装置将断路器断开时,ARD 不应启动。

③手动合闸于故障线路时,继电保护动作使断路器跳闸后,ARD 不应动作。

④在任何情况下(包括装置本身的元件损坏,以及继电器触点粘住或拒动),自动重合闸装置的动作次数应符合预先的规定(如一次重合闸只应动作一次)。

⑤ARD 动作后应能自动复归,准备再次动作。

⑥ARD 的动作时间应尽可能短,以减少临时停电时间,一般为 0.5～1.5 s。

⑦ARD 应能实现重合闸"后加速"或"前加速",以便与继电保护配合。

ARD 与继电保护配合的主要方式目前在供配电系统为重合闸后加速保护方式。重合闸后加速保护就是当线路上发生故障时,保护首先按有选择性的方式动作跳闸。若断路器重合于永久性故障,则加速保护动作,切除故障。重合闸后加速保护方式的优点为:故障的首次切除保证了选择性,因此不会扩大停电范围。其次,重合于永久性故障线路,仍能快速、有选择性地将故障切除。

7.6.2　备用电源自动投入装置(APD)

(1)概述

在对供电可靠性要求较高的变配电所中,通常采用两路及以上的电源进线。两电源或互为备用,或一为主电源,另一为备用电源。备用电源自动投入装置(简称 APD)是当主电源线路中发生故障而断电时,能自动而且迅速将备用电源投入运行,以确保供电可靠性的装置。

APD 一般有以下两种基本接线方式:

①明备用接线方式:如图 7.25(a)所示是具有一条工作线路和一条备用线路的明备用接线方式,APD 装在备用进线断路器上。正常运行时,备用电源的断路器是断开的,当工作电源因故障或其他原因失去电压而被切除后,APD 能自动将备用线路投入。

②暗备用接线方式：如图 7.25(b)所示是具有两个独立的工作线路分别供电的暗备用接线方式，APD 装在母线分段断路器上。正常运行时，两个电源都投入工作，互为备用，分段断路器处于断开位置，当其中一路电源发生故障而被切除时，APD 能自动将分段断路器合上，由另一路电源供电给全部重要负荷。

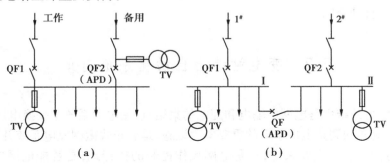

图 7.25　APD 的两种基本接线方式

(a)明备用；(b)暗备用

(2)备用电源自动投入装置的基本原理

如图 7.26 所示是说明 APD 基本原理的电气简图。假设电源进线 WL1 在工作，WL2 为备用，其断路器 QF2 断开，但其两侧的隔离开关(图上未画)是闭合的。当工作电源 WL1 断电，引起失压保护动作使 QF1 跳闸时，其辅助常开触点 $QF1_{3-4}$ 断开，使原已通电动作的时间继电器 KT 断电。其延时断开触点尚未断开前，由于断路器 QF1 的另一对辅助常闭触点 $QF1_{1-2}$ 闭合，使合闸接触器 KO 通电动作，断路器 QF2 的合闸线圈 YO 通电，使 QF2 合闸，从而使备用线路 WL2 投入运行。WL2 投入后，KT 的延时断开触点断开，切断 KO 的回路，同时 QF2 的联锁触点 $QF2_{1-2}$ 断开，防止 YO 长期通电。由此可知，双电源进线并配以 APD 时，供电可靠性相当高。

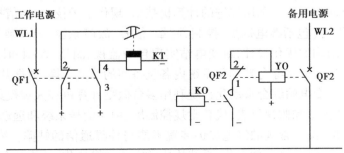

图 7.26　备用电源自动投入原理电路

F1—工作电源进线 WL1 上的断路器；QF2—备用电源进线 WL2 上的断路器；

KT—时间继电器；KO—合闸接触器；YO—合闸线圈

(3)对备用电源自动投入装置的要求

APD 应满足以下基本要求：

①工作电源不论何种原因消失(故障或误操作)时，APD 应动作。

②应保证在工作电源断开后，而备用电源电压正常时，才允许投入备用电源。

③APD 的动作时间应尽可能短，以利于电动机的自启动。

④APD 只允许动作一次，以免将备用电源重复投入永久性故障上去。

⑤当电压互感器的二次回路断线时,APD 不应误动作。

⑥若备用电源容量不足,应在 APD 动作的同时切除一部分次要负荷。

为了满足上述基本要求,APD 必须具有低电压启动机构和合闸机构。低电压启动机构用来在母线失去电压时将工作电源的断路器断开;合闸机构用来在断开工作电源后,能及时将备用电源的断路器自动合闸。

7.7 变电站综合自动化系统简介

变电站在电力系统中是电网中输电和配电的集结点,是电力系统中变换电压、接受和分配电能、控制电力流向和调整电压水平的重要电力设施,是分布式微网发电系统并入电网的接入点,是电网运行信息的最主要来源,也是电网操作控制的执行地,是智能电网"电力流、信息流、业务流"三流汇集的焦点。由于变电站在电力系统中的重要地位,其运行安全与否,将直接影响到电力系统的安全、稳定运行和供电可靠性。

随着计算机技术、控制技术和现代网络通信技术的发展及其在电力系统中的广泛应用,变电站自动化技术得到了迅速发展。我国变电站自动化技术的发展,经历了电磁式远动与保护装置、电子式远动与保护装置、微机式远动与保护装置、微机自动化、数字化和智能化几个阶段。20 世纪 80 年代中期,变电站综合自动化系统在我国开始投入运行,并随着大规模集成电路的制造技术、微计算机的应用技术及网络通信技术等新技术的应用而不断发展和完善。变电站综合自动化不仅提高了变电站系统自身的自动化水平和管理水平,取得明显的经济效益和社会效益,而且推进了配电网自动化技术水平的提高。

(1)变电站综合自动化系统的概述

变电站综合自动化系统是利用先进的计算机技术、现代电子技术、通信技术和信息处理技术,将变电站二次设备(包括继电保护、控制、测量、信号、故障录波、自动装置及远动装置等)进行功能的整合和结构的优化设计,对变电站实现自动监视、测量、控制和协调的一种综合性的自动化系统。通过变电站综合自动化系统内各设备间的信息交换、数据共享,完成变电站运行监视和控制任务。变电站综合自动化系统利用多台微型计算机和大规模集成电路组成自动化系统,代替常规的测量和监视仪表,代替常规控制屏、中央信号系统和远动屏,用微机保护代替常规的继电保护屏,改变常规的继电保护装置不能与外界通信的缺陷。变电站综合自动化系统具有功能综合化、测量显示数字化、系统构成数字化与模块化、结构分布分层化、操作监视屏幕化、通信局域网络化与光纤化、运行管理智能化的特点。

变电站综合自动化是提高变电站安全稳定运行水平、降低运行维护成本、提高经济效益、向用户提供高质量电能的一项重要技术措施。采用了变电站综合自动化技术,简化了变电站二次部分的硬件配置,简化了设计,避免了重复;简化了变电站二次设备之间的相互连线,减轻了安装施工和维护工作量;减少了占地面积,降低了工程总造价;为电力企业减员增效提高劳动产率,实现变电站无人值班,提高运行管理水平创造了良好的技术条件。总体来看,变电站综合自动化的优点如下:

①提高电力系统的运行管理水平。

②提高设备工作可靠性。

③提高供电质量,提高电压合格率。

④提高变电站的安全可靠运行水平。

⑤减少控制电缆,缩小占地面积进而降低造价,减少总投资。

⑥促进无人值班变电站管理模式的实行。

⑦减小维护工作量,缩短停电检修时间。

⑧为运行设备实现在线检测和状态检修创造条件。

(2)变电站综合自动化系统的基本功能

变电站综合自动化是一门多专业性的综合技术,它以微机为基础来实现对变电站传统的继电保护、控制方式、测量手段、通信和管理模式的全面技术改造,实现对变电站运行管理的一次变革。变电站综合自动化系统可以完成多种基本功能,它们的实现主要依靠4个子系统。

1)监控子系统

监控子系统是完成模拟量输入、数字量输入、控制输出等功能的系统,一般应用测量和控制器件对站内线路和变压器的运行参数进行测量、监视;对断路器、隔离开关、变压器分接头等设备进行投切和调整。监控子系统可以实现的主要功能如下:

①数据采集 定时采集全站模拟量、开关量和脉冲量等信号,经滤波,检出事故、故障、状态变位信号和模拟量参数变化,实时更新数据库,为监控系统提供运行状态的数据。

②控制操作 操作人员可通过 CRT 屏幕执行对断路器、隔离开关、电容器组投切、变压器分接头进行远方操作;并且所有的操作控制均能就地和远方控制,就地和远方切换相互闭锁,自动和手动相互闭锁。

③人机联系 远程终端 CRT 能为运行人员提供人机交互界面,调用各种数据报表及运行状态图、参数图等。

④事件报警 在系统发生事故或运行设备各种异常时,进行音响、语音报警,推出事件画面,画面上相应的画块闪光报警,并给出事件的性质,异常参数,也可推出相应的事件处理指导。

⑤故障录波、测距 能把故障线路的电流、电压的参数和波形进行记录,也可以计算出测量点与故障点的阻抗、电阻、距离和故障性质。

⑥系统自诊断 系统具有在线自诊断功能,可以诊断出通信通道,计算机外围设备、I/O 模块、工作电源等故障,故障时立即报警、显示,以便及时处理,从而保证了系统运行的较高可靠性。

⑦数据处理和参数修改 对收集到的各种数据实时进行动态计算和处理,分析运行设备是否处于正常状态,并能根据需要通过 CRT 修改系统所设置的上、下限参数值。

⑧报表与打印 根据运行要求进行运行参数打印、运行日志打印、操作记录打印、事件顺序记录打印、越限打印等。

⑨事件顺序记录 事件顺序记录包括断路器跳合闸记录、保护动作顺序记录和事件发生的时间记录。微机监控子系统能存放足够数量或足够长时间段的事件顺序记录。记录事件发生的时间应精确到毫秒级。

⑩谐波分析与监视 谐波是电能质量的重要指标,应限制电力系统的谐波在国标规定的范围内。谐波"污染"已成为电力系统的公害之一。故在变电站综合自动化系统中,要重视对谐波含量的分析和监视。对谐波污染严重的变电站采取适当的抑制措施,降低谐波含量,是一

个不容忽视的问题。

2）微机保护子系统

在变电站综合自动化系统中,继电器保护由微机保护所替代,微机保护系统是变电站综合自动化系统最基本、最重要的系统。微机保护包括变电站的主要设备和输电线路的全套保护,具有高压线路、主变压器、无功综合补偿装置、母线和配电线路的成套微机保护及故障录波装置等。微机保护在被保护线路和设备故障时,动作于断路器跳闸;线路故障消除后,则执行自动重合闸。为保证电力系统运行的安全可靠,微机保护应保持与通信、测量的独立性,即通信与测量方面的故障不影响保护正常工作。微机保护还要求其 CPU 及电源均保持独立。要求微机保护除了满足对继电保护选择性、快速性、可靠性、灵敏性的基本要求外,在此基础上还必须具备远方整定、远方投切、信号与复归、界面显示与打印、自动校时、自诊断等附加功能。

3）自动控制装置子系统

变电站综合自动化系统必须具有保证安全、可靠供电和提高电能质量的自动控制功能。因此,典型的变电站综合自动化系统都配置了相应的自动控制装置,如电压及无功功率综合控制装置、自动低频低压减负荷控制装置、备用电源自动投入控制装置、小电流接地选线控制装置、自动重合闸装置等。同微机保护装置一样,自动控制装置也不依赖于通信网,设备专用的装置放在相应间隔屏上。

4）远动及通信子系统

微机通信功能包括综合自动化系统的现场通信功能,即变电站层与间隔层之间的通信功能;综合自动化系统与上级调度之间的通信功能,即监控系统与调度之间的通信,包括"四遥(遥信、遥测、遥控、遥调)"的全部功能。

远动的含义是应用远程通信技术,对远方的运行设备进行监视和控制,以实现远程测量、远程信号、远程控制和远程调节等各项功能。微机远动装置的主要任务是将变电站的有关实时信息采集到调度控制中心,同时还可以把调度控制中心的命令发往各变电站,对设备进行控制和调节,通常具有以下"四遥"功能。

①遥测(YC)　即远程测量,是指将被监视变电站的主要参数远距离传送给调度,如变压器的有功和无功功率、线路的有功功率、母线电压、线路电流、系统频率及主变压器油温等。

②遥信(YX)　即远程信号,是指将被监视变电站的设备状态信号远距离传送给调度,如断路器、隔离器的位置状态,调压变压器抽头位置状态,自动装置、继电保护的动作状态等。

③遥控(YK)　即远程命令,是指从调度中心发出命令以实现远方操作和切换。遥控功能常用于断路器的分、合闸,电容器、电抗器的投切等。

④遥调(YT)　即远程调节,是指从调度中心发出命令实现远方调整变电站的运行参数。遥调常用于有载调压变压器分接头位置的调节。

此外,微机远动装置还具有事件顺序记录、系统对时、自恢复和自检测等功能。

(3)变电站综合自动化系统的结构

变电站自动化技术随着集成电路技术、微计算机技术、通信技术和网络通信技术的发展,其结构也在不断变化,性能、功能以及可靠性等也在不断提高。其结构模式根据目前在变电站中的具体应用,主要有集中式、分布式和分散(层)分布式;从安装的物理位置来划分,有集中组屏、分散组屏和全部分散在一次设备间隔层上安装等形式。

1）集中式变电站综合自动化结构模式

集中式结构的综合自动化系统是指采用不同档次的计算机,扩展其外围接口电路,集中采集变电站的模拟量、开关量和数字量等信息,集中进行计算与处理,分别完成微机监控、微机保护和一些自动控制等功能。集中式结构也并非指由一台计算机完成保护、监控等全部功能。多数集中式结构的微机保护、微机监控和与调度等通信的功能也是由不同的微型计算机完成的,只是每台微型计算机承担的任务多些。集中式系统的主要特征为单 CPU、并行总线和集中组屏。这种结构形式集保护功能、人机接口、四遥功能及自检功能于一体,有利于观察信号,方便调试,结构简单,占地面积小,价格相对较低。但运行可靠性较差,组态不灵活,耗费了大量的二次电缆,容易产生数据传输瓶颈问题,其可扩性及维护性较差。它主要出现在变电站综合自动化系统问世的初期,现在只用于 35 kV 或规模较小的变电站。

2）分层分布式系统集中组屏结构模式

所谓分布式结构是指在结构上采用主从 CPU 协同工作方式,各功能模块之间采用网络技术或串行方式实现数据通信。在分层分布式多 CPU 的变电站综合自动化系统体系结构中,将整个变电站的一次、二次设备分为变电站层(又称站控层)、间隔层和设备层(又称过程层)3层。每一层由不同的设备或不同的子系统组成,完成不同的功能。设备层(0 层)主要包含变电站中的母线、线路、变压器、电容器、断路器、隔离开关和电流、电压互感器等一次设备,这些设备是变电站综合自动化系统的监控对象。设备层是智能化电气设备的智能化部分,其主要功能分电力运行实时的电气量检测、运行设备的状态参数检测和操作控制执行与驱动 3 类。间隔层(1 层)主要由各种继电保护、自动控制装置和其他智能设备组成,一般按断路器间隔来划分。其主要功能有:汇总本间隔设备层实时数据信息;实施对一次设备保护控制功能;实施本间隔操作闭锁功能;实施操作同期及其他控制功能;对数据采集、统计运算及控制命令的发出具有优先级别的控制;承上启下的通信功能,即同时高速完成与设备层及站控层的网络通信功能。变电站层(2 层)主要由当地监控、远动终端(RTU)等组成。站控层的主要功能有:通过两级高速网络汇总全站的实时数据信息;按既定规约将有关数据信息送向调度或控制中心;接收调度或控制中心有关控制命令并转间隔层、设备层执行;具有在线可编程的全站操作闭锁控制功能;具有(或备有)站内当地监控,人机联系功能,如显示、操作、打印、报警,甚至图像、声音等多媒体功能;具有对间隔层、设备层设备的在线维护、在线组态,在线修改参数的功能;具有(或备有)变电站故障自动分析和操作培训功能。

分层分布式系统集中组屏结构是把整套综合自动化系统按其不同的功能将间隔层按对象划分组装成多个屏(柜),例如主变压器保护屏、线路保护屏、直流屏、数据采集屏、出口屏等。这些控制保护屏一般都安装在主控室中,又简称为"分布集中式结构"。这种按功能设计的分布式多 CPU 分散模块化结构形式具有与系统控制中心的通信功能,集中组屏,室内工作环境好,管理调试维护方便,继电保护相对独立,系统整体可靠性高,软件相对简单,组态灵活,其可扩展性强。但安装时需要的控制电缆相对较多,增加了电缆及其辅助投资。它可应用于有人或无人值班变电站,多数传统变电站在改造初期都采用分布集中式结构。

3）分布分散式与集中相结合的结构模式

分散与集中相结合的结构模式是目前国内外最为流行、结构最为合理的、比较先进的一种综合自动化系统。它是采用"面向对象"即面向电气一次回路或电气间隔(如一条出线、一台变压器、一组电容器等)的方法进行设计的,间隔层中各数据采集、监控单元和保护单元做在一起,设计在同一机箱中,对于 6～35 kV 的中低压线路的微机保护监控装置就地分散安装在各个开关柜上,然后通过现场总线与主控室监控机交换信息;对于高压线路或主变压器等重要设备的保护监控装置仍然采用集中组屏方式安装在主控室或保护室中。这样各间隔单元的设备相互独立,仅通过光纤或电缆网络由站控机对它们进行管理和交换信息,这是将功能分布和物理分散两者有机结合的结果。通常,能在间隔层内完成的功能一般不依赖通信网络,如保护功能本身不依赖于通信网络,这就是分散式结构。该结构模式是目前变电站综合自动化系统应用的主要结构模式,其突出优点有:简化了变电站二次部分的配置,大大缩小了控制室的面积;简化了变电站二次设备之间的互连线,节省了大量连接电缆;减少了施工和设备安装工程量;可靠性高,组态灵活,检修方便。

4)全分散式变电站综合自动化结构模式

近几年,又逐渐出现了全分散式的结构形式。它以变压器、断路器、母线等一次主设备为安装单位,将保护、控制、输入/输出、闭锁等单元就地分散安装在一次主设备的开关屏上,安装在主控制室内的主控单元通过现场总线与这些分散的单元进行通信,主控单元通过网络与监控主机联系。这种完全分散式结构的综合自动化系统在实现模式上可分为两种:一种是保护相对独立,测量和控制一体;另一种是保护、测量、控制完全合一,实现变电站自动化的高度综合。全分布分散式结构的主要特点有:系统部件完全依主设备分散安装;节约控制室面积;节约二次电缆;综合性强;简化了现场施工和安装调试工作;组态灵活;可靠性高;抗干扰能力强。

7.8 智能变电站简介

变电站智能化一般称为智能变电站(Smart Substation),是变电站发展的方向和必然趋势,是智能电网的重要组成部分,对于提高供电可靠性,扩大供电能力,提升运行管理水平,实现智能电网高效经济运行将起到积极作用。

(1)智能变电站的概述

所谓智能变电站,就是采用先进、可靠、集成、低碳、环保的智能设备,以全站信息数字化、通信平台网络化、信息共享标准化为基本要求,自动完成信息采集、测量、控制、保护、计量和监测等基本功能,并可根据需要支持电网实时自动控制、智能调节、在线分析决策、协同互动等高级功能,实现与相邻变电站、电网调度等互动的变电站。

智能变电站是智能电网运行与控制的关键。作为衔接智能电网发电、输电、变电、配电、用电和调度六大环节的关键,智能变电站是智能电网中变换电压、接受和分配电能、控制电力流向和调整电压的重要电力设施,是智能电网"电力流、信息流、业务流"三流汇集的焦点,对建设坚强智能电网具有极为重要的作用。智能变电站的重要特征体现为"智能性",即设备智能化与高级智能应用的综合。

根据国家电网公司《智能变电站技术导则》,智能变电站是采用先进的传感器、信息、通信、控制、智能等技术,以一次设备参量数字化、标准化和规范化信息平台为基础,实现变电站实时全景监测、自动运行控制、与站外系统协同互动等功能,达到提高变电可靠性、优化资产利用率、减少人工干预、支撑电网安全运行,可再生能源"即插即退"等目标的变电站。其内涵为可靠、经济、兼容、自主、互动、协同,并具有一次设备智能化、二次设备网络化、信息共享标准化、运行管理自动化、全站信息数字化、系统高度集成化、保护控制协同化、分析决策在线化、高级应用互动化等技术特征。

(2)智能变电站的功能

智能变电站除了具有数据采集和处理、事件顺序记录和报警、故障记录、故障录波和测距、操作闭锁与控制、人机联系、系统自诊断、微机保护和通信等变电站自动化的基本功能外,还可实现更多、更复杂的自动化和智能化高级应用功能。目前主要高级应用功能有:顺序控制功能、设备状态可视化功能、设备状态在线监测功能、设备状态检修功能、智能告警及分析决策功能、故障信息综合分析决策功能、经济运行与优化控制功能、站域控制功能、站域保护功能。对于现阶段不具备条件实现的高级应用功能,智能变电站将预留其远景功能接口。

(3)智能变电站的体系结构

智能变电站自动化系统的通信体系按"三层设备、两层网络"(简称"三层两网")的模式设计,通过高速网络完成变电站的信息集成。全站的智能设备在功能逻辑上分为站控层设备、间隔层设备和过程层设备;三层设备之间用分层、分布、开放式的二层网络系统实现连接,即站控层网络、过程层网络。其结构如图7.27所示。

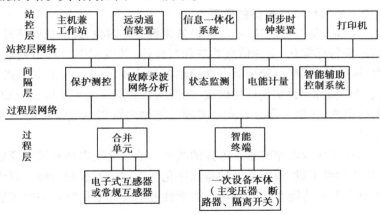

图7.27　智能变电站结构示意图

智能变电站全站设置统一的站控层网络。站控层网络主要用于实现站控层各设备之间的横向通信以及站控层与间隔层设备之间的纵向通信。智能化变电站的站控层网络通信通过DL/T 860 标准(即 IEC61850 标准)提供的特定通信服务映射(SCSM)技术映射到站控层网络的制造报文规范(MMS)来实现。

过程层网络包括面向通用对象的变电站事件(GOOSE)网和采样值(SV)网。间隔层设备通过过程层 GOOSE 网实现本层设备之间的横向通信(主要是联闭锁、保护之间的配合等),通过 GOOSE 网和 SV 网与过程层设备(智能终端、合并单元)实现纵向通信;间隔层的保护设备与过程层的智能终端、合并单元之间的通信采用交换机连接或设备通信接口直接连接方式,测控装置、故障录波等设备采用网络方式实现与过程层设备的通信。

站控层设备一般包括主机兼操作员工作站、远动通信装置、网络通信记录分析系统、保护故障信息系统子站(可选)、打印机、同步时钟装置及其他智能接口设备等。其主要功能是为变电站提供运行、管理、工程配置的界面,实现管理、控制间隔层和过程层设备等功能,形成全站的监控、管理中心,并与远方调度或控制中心通信。

间隔层设备包括测控装置、保护装置、电能计量装置、故障录波装置、状态监测装置、集中式处理装置以及其他智能接口设备等。间隔层作为智能变电站的中间支撑层,是智能变电站正常运行的重要保障。间隔层代表变电站中位于站控层之下的附加逻辑控制层,间隔层设备完成测量、控制、计量、检测、保护、录波等功能,采集来自过程层的数据,完成相关功能,并通过过程层作用于一次设备。

过程层(设备层)由一次设备及智能组件构成的智能设备、电子式互感器、合并单元、智能单元等构成。过程层作为一次设备与二次设备的结合面,是智能一次设备的智能化部分,其主要功能分为变电站运行的电气量实时采集、运行设备的状态参数在线采集、操作控制命令的执行和驱动三类。

高可靠性的智能设备是智能变电站坚强的基础,综合分析、自动协同控制是智能变电站的关键,信息数字化、功能集成化、结构紧凑化、检修状态化是智能变电站的发展方向,运行维护高效化是智能变电站的最终目标。智能变电站是一个全新的理论体系,对于传统变电站一次设备、微机保护装置、自动化系统具有挑战性,需要实现应用上的平稳发展和重点技术的突破,逐步完善。

(4)数字化变电站与智能变电站的关系

所谓数字化变电站,是以变电站一、二次设备为数字化对象,以高速网络通信平台为基础,通过对数字化信息进行标准化,实现信息共享和互操作,并以网络数据为基础,采用智能化策略实现测量监视、控制保护、信息管理等自动化功能的变电站。它是由电子式互感器、智能化终端、数字化保护测控设备、数字化计量仪表、光纤网络和双绞线网络以及IEC61850规约组成的全智能的变电站模式,按照分层分布式来实现变电站内智能电气设备间信息共享和互操作性的现代化变电站。

智能变电站与数字化变电站有密不可分的联系。数字化变电站是智能变电站的前提和基础,是智能变电站的初级阶段,智能变电站是数字化变电站的发展和升级。智能变电站拥有数字化变电站的所有自动化功能和技术特征。智能变电站与数字化变电站的区别主要体现在以下几个方面:

①要求不同 数字化变电站主要从满足变电站自身的需求出发,而智能变电站则从满足智能电网运行要求出发。

②集成化程度不同 数字化变电站具有一定程度的设备集成和功能优化的概念,在以太网通信的基础上,模糊了一、二次设备的界限,实现了一、二次设备的初步融合。而智能变电站设备集成化程度更高,可以实现一、二次设备的一体化、智能化整合和集成。

③定义不同 数字化变电站是从实现手法上来定义的,智能变电站着重从功能上定义。

④概念时间不同 数字电站这个概念是在2003年提出的,当时国家并没有引进智能电网概念;而智能电站是后来与智能电网概念一起引进的,在概念时间上要晚于数字电站,可以说数字电站就是智能电站的前身。

⑤技术特点不同 数字化变电站有两个技术特点:第一是整个变电站的控制实现了数字化;第二是测量信号实现了数字化。智能变电站在数字化变电站的基础上实现了两个技术上的跨越:第一是监测设备的智能化,重点是对开关、变压器的状态监测;第二是故障信息综合分析决策,变电站要和调度器进行信息的双向交流。

本章小结

　　本章介绍了供配电系统的二次回路及自动装置、变电站综合自动化和智能变电站,重点讲述了操作电源、二次回路的接线图、断路器控制及信号回路、中央信号回路、测量和绝缘监视回路。

　　操作电源有交流和直流之分,一般为 220 V,它为整个二次回路提供工作电源。直流操作电源可采用蓄电池,也可采用硅整流电源。交流操作电源可取自互感器二次侧或所用电变压器低压母线,但保护回路的操作电源通常取自电流互感器。

　　二次系统的接线图有二次回路原理图、二次回路展开图和二次回路安装接线图 3 种形式,二次回路安装接线图主要包括屏面布置图、端子排图和屏后接线图。最常用的接线表示方法是相对编号法。

　　断路器控制及信号回路实现对断路器的手动和自动合闸或跳闸。断路器的操作机构有电磁操作机构、弹簧操作机构、液压操作机构、气动操作机构和手动操作机构。

　　中央信号分事故信号和预告信号。事故信号由蜂鸣器或电笛发出并配以相应的灯光和光字牌等信号,预告信号用电铃或警铃发出音响信号并配以灯光和光字牌等信号。从功能上讲,有就地复归和中央复归、不重复动作和重复动作的中央事故和预告信号,能重复动作的中央信号采用信号脉冲继电器构成。

　　电测量仪表的要求和配置应符合 GB/T 50063—2008《电力装置的电测量仪表装置设计规范》的规定。测量回路在于仪表的配置和精度选用。"绝缘监察"分为直流系统绝缘监察和交流系统绝缘监察。直流系统绝缘监察主要利用电桥平衡原理来实现,监视直流系统是否存在接地隐患。交流绝缘监察装置主要用来监视小电流接地系统相对地的绝缘状况。

　　自动重合闸装置(ARD)是在线路发生短路故障时,断路器跳闸后进行的重新合闸,能提高线路供电的可靠性,主要用于架空线路。ARD 与继电保护的配合的主要方式目前在供配电系统为重合闸后加速保护方式。变配电所采用两路及以上电源进线,或一用一备,或互为备用,应安装备用电源自动投入装置(APD),以确保供电可靠性。供配电系统的远动化是实现"四遥"功能,即遥控、遥信、遥测和遥调。

　　变电站综合自动化系统具有功能综合化、测量显示数字化、系统构成数字化与模块化、结构分布分层化、操作监视屏幕化、通信局域网络化与光纤化、运行管理智能化的特点。

　　智能变电站是未来变电站发展的方向和智能电网的重要组成部分,要了解变电站综合自动化和智能变电站的基本概念和相关内容。

思考题与习题

1.什么是二次回路? 它按功能分为哪几部分? 各部分的作用是什么?

2.什么是二次回路的操作电源? 其基本要求是什么? 主要包括哪几种电源?

3.常用的直流操作电源和交流操作电源各有哪几种? 交流操作电源与直流操作电源比

较,有何主要特点?

4. 什么是二次回路的接线图?按用途分为哪几种?每一种有何特点?

5. 二次回路安装接线图包括哪些?二次回路编号的原则是什么?

6. 屏面布置图的原则和要求是什么?

7. 接线端子按用途分有哪几种?各自的用途是什么?

8. 什么叫连接导线的连续线表示法和中断线表示法(相对编号法)?

9. 断路器的控制及信号回路应满足哪些基本要求?为什么要采用防跳装置?跳跃闭锁继电器如何起到防跳作用?

10. 什么是信号回路?按用途分为哪几种?各有什么作用?

11. 什么叫中央信号回路?对中央信号回路有哪些要求?事故音响信号和预告音响信号的声响有何区别?

12. 中央事故信号的概念及其分类有哪些?中央预告信号的概念及其分类有哪些?

13. 电测量的目的是什么?对仪表的配置有何要求?

14. 直流系统绝缘监察的目的是什么?交流系统绝缘监察的目的是什么?

15. 什么叫自动重合闸?对自动重合闸的基本要求是什么?

16. 备用电源自动投入装置的作用是什么?有哪些基本要求?

17. 什么是变电站综合自动化?实现变电站综合自动化的优点是什么?

18. 简述变电站综合自动化系统的基本功能。

19. 变电站综合自动化的结构形式有哪几种?

20. 什么叫智能变电站?智能变电站的主要技术特征和功能是什么?

第 **8** 章
供配电系统电气安全、接地及防雷

8.1　电流对人体的作用

8.1.1　人体触电的原因以及危害

人体是导体,当人体某部位接触一定的电位时,就有电流流过人体,这就是触电。触电分直接触电和间接触电两类。直接触电就是人体直接接触到带电体或是靠近高压设备,间接触电是人体触及到绝缘损坏而带电的设备外壳或与之连接的金属架构。

(1)触电方式

按照人体接触带电体的方式和电流流过人体的路径,可以分为 3 种情况。

1)单相触电

单相触电是指在地面或其他接地导体上,人体某部位触及带电体,由带电体→人体某一部位→接地导体构成通路而形成的触电事故。

2)两相触电

两相触电是指人体两处同时触及同一电源的任何两带电体,由带电体→人体某一部位→人体另一部位→另一带电体构成回路而形成的触电事故。

3)跨步电压触电

当带电体接地有电流流入地下时,电流在接地点周围土壤中产生压降,人在接触接地点周围时,两脚之间的电位差即为跨步电压,由此造成的触电事故称为跨步电压触电。在低压 380/220 V 的供电网中,若有一根相线掉在水中或潮湿的地面,在此水中或潮湿的地面上就会产生跨步电压。在高压故障接地处同样会产生更加危险的跨步电压,因此在检查高压设备接地故障时,室内不得接近故障点 4 m 以内,室外(土地干燥的情况下)不得接近 8 m 以内。

（2）触电对人体的危害

触电对人体造成的伤害主要包括电击和电伤两类。

电击是指电流流过人体所造成的内伤。它可以使肌肉抽搐，内部组织损伤，造成发热发麻，神经麻痹等。严重时还会引起昏迷、窒息，甚至心脏停止跳动而死亡。通常所说的触电就是电击。触电事故死亡大部分由电击造成。

电伤是指电流的热效应、化学效应、机械效应以及电流本身作用下造成的人体外伤。常见的有电弧烧伤、电烙伤、金属溅伤等。

8.1.2　触电因素对人体的伤害程度及触电防护

电流通过人体内部，能使肌肉产生收缩效应，这不仅使触电者无法摆脱带电体，而且还会造成机械损伤。更为严重的是，电流流过人体所产生的热效应和化学效应会引起一系列急骤、严重的病理变化。热效应可使机体组织烧伤，特别是高压触电，可使骨骼烧至焦炭状。电流对心跳、呼吸的影响更大，几十毫安的电流通过呼吸中枢可使呼吸停止。直接流过心脏的电流只要达到几十毫安，就会使心脏形成心室纤维颤动而致死。因此触电时人体损伤的程度与电流大小、种类、电压、接触部位、持续时间及人体的健康状况等均有密切关系。

触电防护包括直接接触防护和间接触电防护。

（1）直接接触防护

①将带电导体绝缘。带电导体应全部用绝缘层覆盖，其绝缘层应能长期承受在运行中遇到的机械、化学、电气及热的各种不利影响。

②采用遮拦或外护物。设置防止人、畜意外触及带电体的防护措施；在可能触及带电导体的开孔处，设置"禁止触及"的标志。

③采用阻挡物。当裸带电导体采用遮拦或外护物有困难时，在电气专用房间或区域宜采用栏杆或网状屏障等阻挡物防护。

④将人可能无意识同时触及的不同电位的可导电部分置于伸臂范围之外。

（2）间接触电防护

①将故障状况下变为带电的设备外露可接近导体接地或接零。

②设置等电位联结。建筑物内的总等电位联结和局部等电位联结应符合相关规定。

③装设剩余电流保护器（俗称漏电保护器或漏电开关），故障时自动切断电源。

④采用特低电压（ELV）供电。特低电压是指相间电压或相对地电压不超过交流方均根值50 V电压。也可采用 SELV（安全特低电压）系统和 PELV（保护特低电压）系统供电。

8.2　电气安全及触电急救

电能是现代国民经济中使用极为普遍的一种能源，电气给人类社会带来了巨大的进步，但同时也常给人类带来危害。因此在用电的时候，必须安全用电，防止触电及电火灾的发生，以保证人身、电气设备和供电系统的安全。

8.2.1　安全用电的措施

①建立完整的安全管理机构。

②健全各项安全规程并严格执行。

③严格遵循设计、安装规范。电气设备和线路的设计、安装,应严格遵循相关的国家标准,做到精心设计,按图施工,确保质量,绝不留下事故隐患。

④加强运行维护和检修试验工作。应定期测量在用电气设备的绝缘电阻及接地装置的接地电阻,确保处于合格状态;对于安全用具、避雷器、保护器,也应定期检查、测试,确保其性能良好、工作可靠。

⑤采用电气安全用具。为防止电气人员在工作中发生触电事故,必须使用电气安全用具。通常将电气安全用具分成基本安全用具和辅助安全用具两大类。基本安全用具是指安全用具的绝缘强度能长期承受工作电压,如绝缘棒、绝缘夹钳、低压试电笔等;辅助安全用具是指其绝缘长度不能长期承受工作电压,常用来防止接触电压、跨步电压、电弧灼伤等危害,如高压绝缘手套、绝缘垫等。

8.2.2　触电急救处理

由于某种原因,发生人员触电事故时,对触电人员的现场急救,是抢救过程的一个关键,如果正确并及时处理,触电人员就可能获救,反之,则可能带来不可弥补的后果。因此,电气工作人员必须熟悉和掌握触电急救技术,这也是电气安全考核的重要内容。

(1)脱离电源

使触电人员尽快脱离电源是救治触电人员的首要一步,具体做法如下:

①如果开关就在附近,应迅速切断电源。

②如果电源开关不在附近,可用电工钳、干燥木柄的刀、斧等利器切断电源线。

③如果导线搭在触电者身上或身下时,可用干燥的木棒、竹竿挑开导线,使其脱离电源。

④如果人在高空触电,还必须采取安全措施,以防断电后,触电人从高空掉下。

⑤应该注意的问题是,触电者未脱离电源前,救护人员不准直接用手触及触电者。

(2)急救时应注意的问题

①触电者脱离电源后,视触电者状态确定正确的急救方案。

②被救人不能躺在潮湿冰凉的地面,要保持被救人的身体余温,防止血凝固。

③触电急救必须争分夺秒,立即在现场迅速用心肺复苏法进行抢救,抢救不得中断,在抢救时不要为方便而随意移动被救人,如确实有必要移动,抢救中断时间不应超过30 s,高压触电时应在确保救护人员安全的情况下,因地制宜采取相应的急救措施。

(3)根据触电者的状况采取正确的急救方法

①被救人若神志清醒,应使其就地平躺,严密观察,暂时不要站立或走动。

②被救人若神志清醒或呼吸困难,应使其就地仰面躺平,且确保气道通畅,迅速测心跳情况,禁止摇动被救人头部。要严密观察被救人的呼吸和心跳,并立即联系救护中心,联系车辆送往医院抢救。

③被救人如意识丧失,应在10 s内用看、听的方法判断被救人的呼吸心跳情况。如果呼吸停止,则应立即采取人工呼吸。如果呼吸、心跳都停止,则应立即在现场采用心肺复苏法抢救。

8.3　电气装置的接地

8.3.1　接地的有关概念

（1）接地和接地装置

电气设备的某部分与大地之间作良好的电气连接，称为接地。埋入土壤或混凝土基础中作散流作用的导体，称为接地体。接地体又分为人工接地体和自然接地体。为了达到接地目的，人为埋入土壤中的导体称为人工接地体；兼作接地作用的直接与大地接触的各种金属管道、金属构件、建筑物及基础中的钢筋等称为自然接地体。从接地端子、等电位联结至接地导体的连接导体，或从引下线短接卡或测试点至接地体的连接导体，称为接地线。接地体与接地线构成接地装置。由若干接地体在大地中用接地线相互连接起来的一个整体，称为接地网，如图8.1所示。

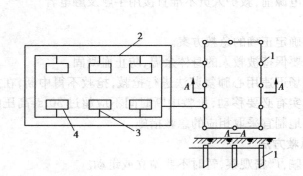

图8.1　接地网示意图
1—接地体；2—接地干线；3—接地支线；4—电气设备

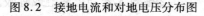

图8.2　接地电流和对地电压分布图

（2）接地电流和对地电压

电气设备发生接地故障时，电流经接地装置流入大地并作半圆球散开，这一电流称为接地电流，如图8.2中所示的 I_E。

由于半球形球面距接地越远的地方球面越大，因此距接地体越远的地方，散流电阻越小。试验表明，在单根接地体或接地故障点20 m远处，实际散流电阻已趋近于零。电位为零的地方，称为电气上的"地"或"大地"。电气设备接地部分与零电位的"大地"之间的电位差，称为

214

对地电压。如图8.2中所示的 U_E。

（3）接触电压和跨步电压

人站在发生接地故障的电气设备旁边，手触及设备外露可导电部分，此时手与脚的两点之间所呈现的电位差称为接触电压 U_{tou}。例如，如果有人站在该设备旁边，手触及带电外壳，那么手与脚之间所呈现的电位差，即为接触电压，如图8.3所示。

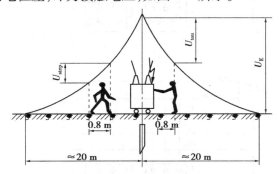

图 8.3　接触电压和跨步电压

在接地故障点附近行走，人的双脚（或牲畜前后脚）之间所呈现的电位差称为跨步电压 U_{step}，如图8.3所示。跨步电压的大小与离接地点的远近及跨步大小有关，离接地点越近，跨步越大，跨步电压就越大。离接地点达20 m时，跨步电压通常为零。

（4）工作接地、保护接地和重复接地

1）工作接地

在正常或故障情况下，为了保证电气设备可靠地运行，而将电力系统的某一点接地称为工作接地。例如电源（发电机或变压器）的中性点直接（或经消弧线圈）接地，能维持非故障相对地电压不变，电压互感器一次侧线圈的中性点接地，能保证一次系统中相对地电压侧的准确度，防雷设备的接地是为雷击时对地泄放电流。

2）保护接地

将在故障情况下可能呈现危险的对地电压的设备外露可导电部分进行接地称为保护接地。与带电部分相绝缘的电气设备金属外壳，通常因为绝缘损坏或其他原因而导致意外带电，容易造成人身触电事故，因此必须保护接地。

低压配电系统的保护接地按接地形式，分为 TN 系统、TT 系统和 IT 系统3种。

①TN 系统　TN 系统是指电力系统有一点直接接地，电气装置的外露可导电部分通过保护导体与该接地点连接。TN 系统又分为：a. TN-S 系统，系统中的 N 线与 PE 线完全分开，所有设备的外露可导电部分均接 PE 线，如图8.4(b)所示。b. TN-C 系统，系统中 N 线与 PE 线合为一根 PEN 线，所有设备的外露可导电部分均接 PEN 线，如图8.4(a)所示。c. TN-C-S 系统，系统中前面线路采用 TN-C 系统，而后面线路部分或全部采用 TN-S 系统，所有设备的外露可导电部分接 PEN 线或 PE 线，如图8.4(c)所示。

TN 系统中，设备外露可导电部分通过导体或保护中性导体接地，这种接地形式在我国习惯称为"保护接零"。TN 系统中的设备发生单相碰壳故障时，就形成单相短路回路，因该回路内不包含任何接地电阻，整个回路的阻抗就很小，故障电流很大，足以保证在最短时间内是熔丝熔断、保护装置或自动开关跳闸，从而切除故障设备的电源，保障人身安全。

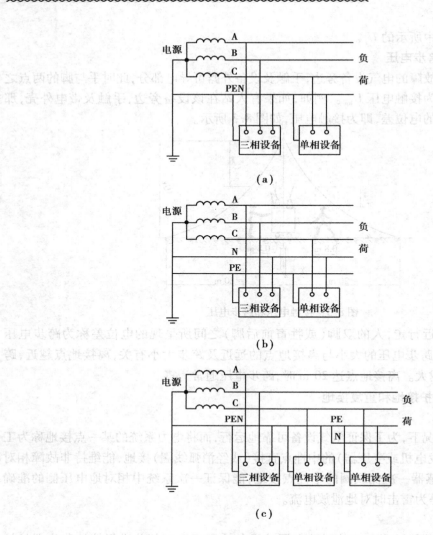

图 8.4 TN 系统示意图

(a)TN-C 系统;(b)TN-S 系统;(c)TN-C-S 系统

②TT 系统 电源中性点直接接地,系统中电气设备的外露可导电部分均经各自的 PE 线分别直接接地,如图 8.5 所示。

当设备发生一相接地故障时,就会通过保护接地装置形成单相短路电流。由于电源的相电压为 220 V,如按电源中性点接地电阻为 4 Ω 计算,故障回路将产生 27.5 A 的电流。这样大的电流对于容量较小的设备而言,会使熔丝熔断或使自动开关跳闸,从而切断电源保障人身安全。

③IT 系统 电源系统的中性点不接地或经高阻抗(约 1 000 Ω)接地,系统中电气设备的外露可导电部分均经各自的 PE 线分别直接接地,如图 8.6 所示。

当设备发生一相接地故障时,就会通过接地装置、大地、相对地电容及电源中性点接地装置形成单相接地故障电流。这时人体若触及漏电设备外壳,人体电阻和接地电阻并联,且远远大于接地电阻,故障电流远小于流经 R_E 的故障电流,极大地减小了触电的危害程度。

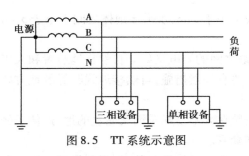

图 8.5　TT 系统示意图

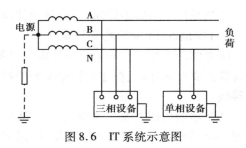

图 8.6　IT 系统示意图

3）重复接地

将保护中性线上的一处或多处通过接地装置与大地再次连接,称为重复接地。在架空线路终端及沿线 1 km 处,电缆或架空线引入建筑处都要重复接地,如图 8.7 所示。若没有采取重复接地,当发生 PE 线或 PEN 线断线,且在断线的后面又有设备发生一相碰壳时,接在断线后面的所有设备外壳上都将呈现接近于相电压的对地电压,这是很危险的。采取重复接地后,发生同样故障时,设备外壳的对地电压降低了,危险程度也大大降低了。

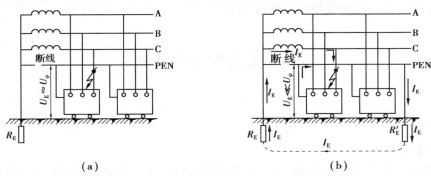

图 8.7　重复接地的作用说明
（a）无重复接地；（b）有重复接地

8.3.2　接地装置的设置

在设计和安装接地装置时,首先应当充分利用自然接地体,以节约资源。如果自然接地体能够满足接地电阻值的要求,可不必再装设人工接地装置,否则应装设人工接地装置作为补充。

（1）自然接地体

建筑物的金属构件、埋地的金属管道（可燃液体或可燃可爆气体的管道除外）及敷设于地下而数量不少于两根的电缆金属外层,均可作自然接地体。

（2）人工接地体

人工接地体的埋设有垂直埋设和水平埋设。当土壤电阻率偏高时,为降低接地电阻的接地装置,可采用下列措施:

①采用多支线外引接地装置。

②采用深埋式接地体。

③局部进行土壤置换处理,换电阻率较低的黏土或黑土,或进行土壤化学处理,填充降阻剂,或者采用专用的复合降阻剂。

④当采用多根接地体时,垂直接地体间距一般不小于 5 m,水平接地体之间不小于 5 m。

(3)接地、接零装置的安装要求

①导体的连续性。必须保证从电气设备至接地之间的导电良好。自然接地装置和人工接地装置需要可靠连接,在建筑物伸缩处的接地干线要有补偿措施;自然接地线跨界的地方要加跨接线。

②足够的机械强度。接地线、接零线应尽量安装在人不易触及而又明显的地方,便于经常检查。有震动的地方需要加减震措施,过墙时要加套管。

③要防腐蚀。接地部分最好用镀锌件,除接地体外可以涂沥青防腐,强烈腐蚀土壤中要加大接地体截面。

④地下安装距离。接地体与建筑物的距离不应小于 1.5 m,与独立避雷针的接地体之间要相距 3 m 以上。

⑤保护接地(接零)支线不得串接。这是为提高保护接地(接零)的可靠性。一般变配电所的接地,既是变压器工作接地又是高低压设备的保护接地,因此这部分也不得串联连接。变配电所最少要有两处用地线与接地体相连接。

8.4 过电压与防雷保护

8.4.1 过电压、雷电及其危害

(1)过电压种类

过电压是指在电气线路或电气设备上出现的超过正常工作电压的对绝缘有很大危害的异常电压。在电力系统中,过电压产生的原因可分为雷电过电压和内部过电压。

1)内部过电压

内部过电压是由于电力系统正常操作、事故切换、发生故障或负荷骤变时引起的过电压。分为操作过电压、弧光接地过电压及谐振过电压。内部过电压的能量来自于电力系统本身,经验证明,内部过电压一般不超过系统正常运行时额定相电压的 3~4 倍,对电力线路和电气设备绝缘的威胁不是很大。

2)雷电过电压

雷电过电压是由于电力系统中的设备或建筑物遭受来自大气中的雷击或雷电感应而引起的过电压。雷电冲击波的电压幅值可高达 1 亿伏,其电流幅值可高达几十万安,对电力系统的危害远远超过内部过电压,其可能毁坏电气设备和线路的绝缘,烧断线路,造成大面积长时间停电。因此,必须采取有效措施加以防护。

(2)雷电的形成

1)直击雷

雷击是带有电荷的"雷云"之间、"雷云"对大地或物体之间产生急剧放电的一种自然现象。关于雷云普遍的看法是:在闷热的天气里,地面的水汽蒸发上升,在高空低温影响下,水蒸气凝成冰晶。冰晶受到上升气流的冲击而破碎分裂,气流挟带一部分带正电的小冰晶上升,形成"正雷云",而另一部分较大的带负电的冰晶则下降,形成"负雷云"。由于高空气流的流动,

正雷云和负雷云均在空中飘浮不定。据观测,在地面上产生雷击的雷云多为负雷云。

当空中的雷云靠近大地时,雷云与大地之间形成一个很大的雷电场。由于静电感应作用,使地面出现与雷云的电荷极性相反的电荷。当雷云与大地之间在某一方位的电场强度达到 25 ~ 30 kV/cm 时,雷云就开始向这一方位放电,形成一个导电的空气通道,称为雷电先导,如图 8.8 所示。

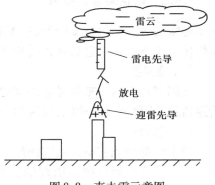

图 8.8 直击雷示意图

当其下行到离地面 100 ~ 300 m 时,就引起一个上行的迎雷先导。当上下行先导相互接近时,正、负电荷强烈吸引、中和而产生强大的雷电流,并伴有雷鸣电闪。这就是直击雷的主放电阶段,这个阶段的时间极短。主放电阶段结束后,雷云中的剩余电荷会继续沿主放电通道向大地放电,形成断续的隆隆雷声。这就是直击雷的余辉放电阶段,时间一般为 0.03 ~ 0.15 s,电流较小,约为几百安。雷电先导在主放电阶段与地面上雷击对象之间的最小空间距离,称为闪击距离。雷电的闪击距离与雷电流的幅值和陡度有关。确定直击雷防护范围的"滚球半径"大小,就与闪击距离有关。

2)感应雷

当雷云在架空线路上方时,使架空线路感应出异性电荷。雷云对其他物体放电后,架空线路上的电荷被释放,形成自由电荷流向线路两端,产生电位很高的过电压,称为感应雷过电压,如图 8.9 所示。架空线路上的感应过电压可达几万甚至几十万伏,对供电系统危害很大。

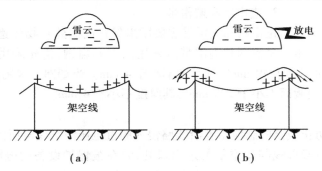

（a） （b）

图 8.9 感应雷示意图

(a)雷云在线路上;(b)雷云在放电后

(3) 雷电的危害

雷电形成伴随着巨大的电流和极高的电压,在它放电过程中会产生极大的破坏力。

①雷电的热效应。雷电放电时产生巨大的热能使金属熔化,烧毁输电导线,摧毁用电设备,甚至引起火灾和爆炸。

②雷电的力效应。雷电产生强大的力,对电力系统、建筑物、人体产生机械性破坏。

③雷电的闪络放电。雷电产生的高电压会引起绝缘子烧坏,断路器跳闸,导致供电线路停电。电气设备的绝缘损坏还会造成高压窜入低压,从而引起触电事故。巨大的雷电电流流入地下时可能造成跨步电压或接触电压触电,造成人身伤亡事故。

8.4.2 防雷装置与措施

防雷装置主要包括接闪器、避雷器、引下线和接地装置。接闪器是用来接受直接雷击的金属物体。引下线是将避雷针接受的雷电流引向接地装置的导体。

（1）接闪器

接闪器是专门用来接受直击雷的金属物体。接闪的金属杆称为避雷针；接闪的金属线称为避雷线，或称为架空地线；接闪的金属带、网称为避雷带、避雷网。

1）避雷针

避雷针的功能实质是引雷作用。它能对雷电场产生一个附加电场（该附加电场是由于雷云对避雷针产生静电感应引起的），使雷电场畸变，从而改变雷云放电的通道。雷云经避雷针、引下线和接地装置，泄放到大地中去，使被保护物免受直击雷击。

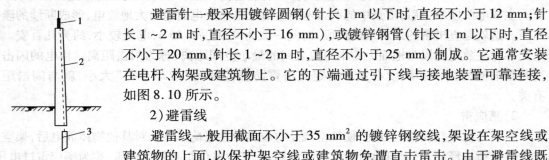

避雷针一般采用镀锌圆钢（针长 1 m 以下时，直径不小于 12 mm；针长 1 ~ 2 m 时，直径不小于 16 mm），或镀锌钢管（针长 1 m 以下时，直径不小于 20 mm，针长 1 ~ 2 m 时，直径不小于 25 mm）制成。它通常安装在电杆、构架或建筑物上。它的下端通过引下线与接地装置可靠连接，如图 8.10 所示。

2）避雷线

图 8.10　避雷针
结构示意图
1—避雷针；2—引下线；
3—接地装置

避雷线一般用截面不小于 35 mm^2 的镀锌钢绞线，架设在架空线或建筑物的上面，以保护架空线或建筑物免遭直击雷击。由于避雷线既是架空的又是接地的，也称为架空地线。

3）避雷网和避雷带

避雷网和避雷带主要用来保护高层建筑物免遭直击雷击和感应雷击。避雷网和避雷带宜采用圆钢和扁钢，优先采用圆钢。圆钢直径不小于 9 mm，扁钢截面不小于 49 mm^2，其厚度不小于 4 mm。当烟囱上采用避雷环时，其圆钢直径不小于 12 mm，扁钢截面不小于 100 mm^2，其厚度不小于 4 mm。

（2）避雷器

避雷器是用来防止线路的感应雷及沿线路侵入的过电压波对变电所内的电气设备造成的损害。它一般接于各段母线与架空线的进出口处，装在被保护设备的电源侧，与被保护设备并联。

（3）变电所防雷措施

变电所防雷的原则：其总的防雷原则是将绝大部分雷电流通过接闪器引入地下泄散（外部保护）；阻塞沿电源线或数据、信号线引入的过电压波（内部保护及过电压保护）；限制被保护设备上浪涌过压幅值（过电压保护）。

避雷针或避雷带、避雷网引下线和接地系统构成外部防雷系统，主要是为了保护建筑物免受雷击引起火灾事故及人身安全事故；而内部防雷系统则是防止雷电和其他形式的过电压侵入设备中造成损坏，这是外部防雷系统无法保证的。为了实现内部防雷，需要对进出保护区的电缆、金属管道等连接防雷过压保护器，并实行等电位联结。

本章小结

本章首先介绍了电流对人体的作用,包括人体触电的原因以及危害,触电因素对人体的伤害程度及触电防护。其次介绍了电气安全及触电急救,安全用电措施以及触电急救处理。再次描述了电气装置的接地,接地基础、设备。最后简述了过电压的危害,防雷装置以及措施。

思考题与习题

1. 人体触电的方式以及对人的危害有哪些?

2. 安全用电的措施包括哪些?

3. 触电急救处理的方法有哪些?

4. 什么是接地?什么是接地装置?有哪些接地装置?

5. 什么是过电压?过电压的种类以及危害有哪些?

6. 防雷措施主要有哪些?

7. 某厂有一座第二类防雷建筑,高10 m,其屋顶最远的一角距离高50 m的烟囱150 m远。烟囱上装有一根2.5 m高的避雷针。试计算此避雷针能否保护该建筑物。

第9章

照明技术

9.1 概 论

9.1.1 照明技术概念

工厂的照明必须满足检验与生产的需求,这两项工作的要求在某些情况下是相似的,在另一些情况下,特别是生产工序自动化的情况下,检验工作就需要相对独立的照明设备。为提高人们的劳动干劲与热情,就应该有一个相对舒适明快的工作环境。在这方面,照明也起到了相当重要的作用。

良好的工作照明意味着更好的工作环境。令人愉快的工作环境激励员工提高产品质量和产量,优秀的照明对此有着重要的贡献。

照明是一件便利的工具,其任务是确保工作环境中有良好的可见度。出色的照明使工作更安全、更轻松,从而减少事故的发生,降低故障和不合格产品等级,提高生产率。另外,照明也具有重要的情感价值,它在决定人们如何体验和鉴定工作环境时发挥着重要作用。良好的照明必将得到回报。高质量的工业照明作出了重要而积极的贡献,并因此而提高了生产率。良好的照明意味着在工作区域有足够的光线、较高的均匀度和合适的颜色特性。当然,照明也不应该产生任何眩光。下面简单介绍照明的相关概念。

(1)光和光通量

光是一种辐射能,其本质是一种电磁波,可见光的波长为 $380 \sim 780$ nm。光源在单位时间内,向周围空间辐射出的使人产生光感的能量,称为光通量,简称光通(luminous flux),符号为 Φ,其单位为流明(lm)。光通量与光辐射的强度及其波长有关。电光源每消耗 1 W 功率所发出的流明数称为光效视能(单位为 lm/W)。光效视能是衡量电光源性能优劣的重要指标,光效越高越好。

（2）发光强度

光源在某一特定方向上单位立体角内辐射的光通量，称为光源在该方向上的发光强度（luminous intensity），用符号 I 表示，单位为坎德拉（cd），简称光强。光强是反映电光源发光强弱程度的物理量。

对于向各个方向均匀辐射光通量的光源，其各个方向的发光强度相同，其值为：

$$I = \frac{\Phi}{\Omega} \qquad (9.1)$$

式中，Φ 为光源在立体角 Ω 内所辐射的总光通量；Ω 为空间立体角，$\Omega = S/r^2$，S 为 Ω 相对应的球面积，r 为球半径。

（3）照度

照度（illuminance）是表征被照面上光的强弱的物理量，用受照物体单位面积上的光通量表示。照度的符号为 E，单位是勒克斯（lx）。如果光通量均匀地投射到面积为 S 的表面上，则该表面的光通量为：

$$E = \frac{\Phi}{S} \qquad (9.2)$$

（4）亮度

发光体在视线方向单位投影面上的发光强度称为亮度（luminace），用符号 L 表示，单位为 cd/m²。如图 9.1 所示。

$$L = \frac{I_\alpha}{S_\alpha} = \frac{I \cos \alpha}{S \cos \alpha} = \frac{I}{S} \qquad (9.3)$$

式中，I_α 为光源在给定方向的单位投影面上的发光强度，单位为 cd。

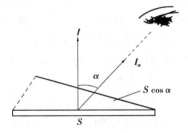

图 9.1 亮度的定义

（5）光源的显色性能

光源对被照物体颜色显现的性质称为光源的显色性能。物体的颜色以日光或与日光相当的参考光源照射下的颜色为准。光源的显色性能用被测光源照明时与由参考光源照明时物体颜色相符程度、显色指数（R_α）来衡量。日光的显色指数为100，白炽灯的显色指数为 97～99，荧光灯的显色指数为 75～90。

9.1.2 照明方式和总类

（1）照明方式

为适应生产工艺对室内照度的不同要求，通常采用以下 3 种照明方式：

1）一般照明

不考虑局部的特殊需要，为照亮整个室内而采用的照明方式。一般照明由对称排列在顶棚上的若干照明灯具组成，室内可获得较好的亮度分布和照度均匀度，所采用的光源功率较大，而且有较高的照明效率。这种照明方式耗电大，布灯形式较呆板。一般照明方式适用于无固定工作区或工作区分布密度较大的房间，以及照度要求不高但又不会导致出现不能适应的眩光和不利光向的场所，如办公室、教室等。均匀布灯的一般照明，其灯具距离与高度的比值不宜超过所选用灯具的最大允许值，并且边缘灯具与墙的距离不宜大于灯间距离的 1/2，可参考有关的照明标准设置。

为提高特定工作区照度,常采用分区一般照明。根据室内工作区布置的情况,将照明灯具集中或分区集中设置在工作区的上方,以保证工作区的照度,并将非工作区的照度适当降低为工作区的 1/3 至 1/5。分区一般照明不仅可以改善照明质量,获得较好的光环境,而且节约能源。分区一般照明适用于某一部分或几部分需要有较高照度的室内工作区,并且工作区是相对稳定的。如旅馆大门厅中的总服务台、客房,图书馆中的书库等。

2)局部照明

为满足室内某些部位的特殊需要,在一定范围内设置照明灯具的照明方式。通常将照明灯具装设在靠近工作面的上方。局部照明方式在局部范围内以较小的光源功率获得较高的照度,同时也易于调整和改变光的方向。局部照明方式常用于局部需要有较高照度的,由于遮挡而使一般照明照射不到某些范围;需要减小工作区内反射眩光;为加强某方向光照以增强建筑物质感。但在长时间持续工作的工作面上仅有局部照明容易引起视觉疲劳。

3)混合照明

由一般照明和局部照明组成的照明方式。混合照明是在一定的工作区内由一般照明和局部照明的配合起作用,保证应有的视觉工作条件。良好的混合照明方式可以做到:增加工作区的照度,减少工作面上的阴影和光斑,在垂直面和倾斜面上获得较高的照度,减少照明设施总功率,节约能源。混合照明方式的缺点是视野内亮度分布不匀。为了减少光环境中的不舒适程度,混合照明照度中的一般照明的照度应占该等级混合照明总照度的 5% ~ 10%,且不宜低于 20 lx。混合照明方式适用于有固定的工作区,照度要求较高并需要有一定可变光的方向照明的房间,如医院的妇科检查室、牙科治疗室、缝纫车间等。

(2)照明种类

照明种类按其用途可分为工作照明、事故照明、值班照明、警卫照明和障碍照明等。

①工作照明　正常工作时的室内外照明。

②事故照明　正常照明熄灭后供工作人员暂时继续作业和疏散人员使用的照明。在工作中断或误操作引起火灾、爆炸、人身伤亡的场所以及生产秩序混乱等严重事故的场所都应该有事故照明。

③值班照明　非生产时间内供值班人员使用的照明。

④警卫照明　警卫地区周界的照明。

⑤障碍照明　在高层建筑上或基建施工、开挖路段时,作为障碍标志用的照明。

9.1.3　照明质量

照明质量包括眩光限制、光源颜色、照度均匀度以及工作房间表面的反射比等内容。

(1)眩光限制

眩光是由于视野内亮度对比过强或亮度过高形成的。眩光会使人产生不舒适感或使可见度降低有不舒适感称为不舒适眩光。眩光还有直接眩光与反射眩光之别。直接眩光是由灯具、灯泡、窗户等高亮度光源直接引起的;反射眩光是由高反射系数的表面(如镜面、光泽金属表面或其他表面)反射亮度造成的。朝着眼睛方向的规则反射产生的眩光称为反射眩光,这些光反射到眼睛时掩蔽了作业体,减弱了作业体与周围物体的对比,产生视觉困难称为光幕反射。

照明分为两大类:一类为明视照明,以功能为主,要求限制眩光;另一类为气氛照明,主要为了形成较好的环境照明,满足某些特殊要求,这种场合对眩光没有限制。

决定眩光强弱有 4 个因素:①光源亮度越高、面积越大,眩光越严重;②周围环境背景越暗,眩光越严重;③光源越靠近眼睛,眩光越严重;④光源位置越靠近视线,眩光越严重。

(2)光源颜色

光的色差不仅使人不舒服,而且会使观察的颜色失真,这对于商店、织布间等需要正确变色的场所是不允许的。需要获得较好的光色,需要注意以下几点:

①采用显色指数高的光源。以日光灯的显色指数 100 表示,白炽灯、卤钨灯的显色指数为 95～99;荧光灯及金属卤化物灯为 65～85;荧光高压汞灯为 30～40,因此在需要正确辨色的场所宜采用白炽灯、荧光灯等高显色指数的光源。

②色调使人舒服。白炽灯为暖色调灯光,较低的照度就能使人舒服,而冷白荧光灯等冷色调灯光,就需要有较高的照度才能使人舒服。

③注意光谱的选择。当需要观察快速运动的对象时,就采用单色光如黄绿色光。在需要灭灯后较快适应黑暗的场所宜采用红色光。

④混光照明。荧光高压汞灯的光效高、寿命长,但光色差,为改善光色,可用白炽灯或高压钠灯等与其混光,以改善光色。

(3)照度均匀度

照度均匀度是在给定的照明区域内最小照度与平均照度的比值。

按照 DB 50034—2004 规定,工业建筑作业区域内和公共建筑的工作房间内的一般照明,其照度均匀度不应小于 0.7,而作业面临近周围的照度均匀度不应小于 0.5,上述房间或场所内的通道和其他非作业区域的一般照明的照度值不宜低于作业区域一般照明照度的 1/3。

9.2　常用电光源和灯具

9.2.1　常用的电光源

(1)光源分类

常用的电光源按发光原理可分为热辐射光源和气体放电光源两类。热辐射光源是利用物体加热时辐射发光的原理所制造的光源。热辐射光源包括白炽灯和卤钨灯。气体放电光源是利用气体放电时发光的原理所做成的光源称为气体放电光源。例如高压汞灯、高压钠灯、金属卤化物灯、氙灯等。

1)白炽灯

白炽灯是靠电流加热钨丝到白炽程度引起热辐射发光的,结构如图 9.2 所示。白炽灯的特点是构造简单,价格低,显色性好,有高度的集光性,便于光的再分配,使用方便,适于频繁开关。缺点是光效低,使用寿命短,耐振性差。

2)卤钨灯

卤钨灯是利用卤钨循环的原理,在白炽灯中充入微量的卤化物,结构如图 9.3 所示,白炽灯灯丝蒸发出来的钨和卤元素结合,生成的卤化钨分子扩散到灯丝上重新分解,使钨又回到灯丝上,从而既提高了灯的光效,又延长了使用寿命。

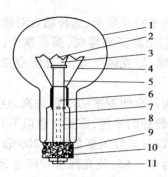

图 9.2　白炽灯结构图

1—玻壳；2—灯丝（钨丝）；3—支架（钼线）；4—电极（镍丝）；
5—玻璃芯柱；6—杜美丝（铜铁镍合金丝）；7—引入线（铜丝）；
8—抽气管；9—灯头；10—封端胶泥；11—锡焊接触端

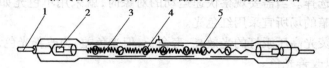

图 9.3　卤钨灯结构图

1—灯脚；2—钼箔；3—灯丝（钨丝）；4—支架；5—石英玻管（内充微量卤素）

3）荧光灯

荧光灯的结构如图 9.4 所示。它是利用汞蒸气在外加电压作用下产生电弧放电，发出少许可见光和大量紫外线，紫外线又激励管内壁涂覆的荧光粉，使之再发出大量的可见光。两者混合光色接近白色。

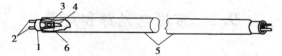

图 9.4　荧光灯结构图

1—灯头；2—灯脚；3—玻璃芯柱；4—灯丝（钨丝，电极）；
5—玻管（内壁涂荧光粉，充惰性气体）；6—汞（少量）

荧光灯的工作线路图如图 9.5 所示。由起辉器 S、镇流器 L 和电容器 C 等组成。当荧光灯接上电源后，S 首先产生辉光放电，使 U 形双金属片加热伸开，接通灯丝回路，灯丝加热后发射电子，并使管内的少量汞汽化。此时 S 的辉光放电停止，双金属片冷却收缩，突然断开灯丝加热回路，这就使 L 两端感生很高的电动势，连同电源电压加在灯管两端，使充满汞蒸气的灯管击穿，产生弧光放电，点燃灯管。

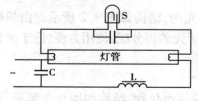

图 9.5　荧光灯的工作线路图

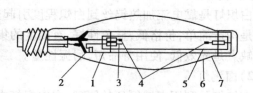

图 9.6　高压汞灯结构图

1—支架及引线；2—启动电阻；3—启动电源；4—工作电源；
5—放电管；6—内不应光负涂层；7—外玻壳

4）高压汞灯

高压汞灯的外玻壳内壁涂有荧光粉，它能将汞蒸气放电时辐射的紫外线转变为可见光，以改善光色，提高光效。

如图 9.7 所示是一种需外接镇流器的高压汞灯的工作线路图。另外一种是自镇流高压汞灯，它利用钨丝作镇流器，并将钨丝装入高压汞灯的外玻壳内，工作时镇流钨丝一方面限制放电管电流，另一方面也发出可见光。

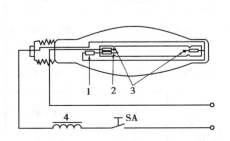

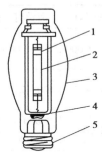

图 9.7　需外接镇流器的
高压汞灯的工作线路图

图 9.8　高压钠灯结构图

1—主电极；

2—半透明陶瓷放电管（内充钠、汞及氙或氖氩混合气体）；

3—外玻壳（内壁涂荧光粉，内外壳间充氮）；4—消气剂；5—灯头

5）高压钠灯

高压钠灯的结构图如图 9.8 所示。它是利用高压钠蒸气放电工作的，光呈淡黄色。其工作线路图和高压汞灯类似。

高压钠灯照射范围广、光效高、寿命长（比高压汞灯高一倍）、紫外线辐射少、透雾性好，但显色性也较差，启动时间（4 ~ 8 min）和再次启动时间（10 ~ 20 min）也较长，对电压波动反应较敏感。

6）金属卤化物灯

金属卤（碘、溴、氯）化物灯是在高压汞灯的基础上为改善光色而发展起来的新型光源，不仅光色好，而且光效高，受电压影响也较小，是目前比较理想的光源。

7）氙灯

氙灯为惰性气体弧光放电灯，高压氙气放电时能产生很强的白光，接近连续光谱，和太阳光十分相似，故有"人造小太阳"之美称。适用于广场、车站和大型屋外配电装置等。

（2）光源的性能及选择

选择照明光源时，一般考虑以下因素：

①对于一般性生产车间、辅助车间、仓库和站房，以及非生产性建筑物、办公楼和宿舍、厂区道路等，优先考虑选用简座日光灯。投资低廉的白炽灯因光视效能低、寿命短、能耗大等缺点已逐渐被淘汰。

②照明开闭频繁，需要及时点亮、调光和要求显色性好的场所，以及需要防止电磁波干扰的场所，宜采用白炽灯和卤钨灯。

③对显色性和照度要求较高，视看条件要求较好的场所，宜采用日光色荧光灯、白炽灯和卤钨灯。

④荧光灯、高压汞灯和高压钠灯的抗震性较好,可用于震动较大的场所。

⑤选用光源时还应考虑到照明器的安装高度。白炽灯适宜的悬挂高度为6~12 m,荧光灯为2~4 m,高压汞灯为5~18 m,卤钨灯为6~24 m。对于灯具高挂并需要大面积照明的场所,宜采用金属卤化物灯和氙灯。

⑥在同一场所,当采用一种光源的光色较差时,可考虑采用两种或多种光源混合照明。

表9.1 常用照明光源的主要技术特性比较

特性参数	白炽灯	卤钨灯	荧光灯	高压汞灯	高压钠灯	金属卤化物灯	管形氙灯
额定功率/W	15~1 000	500~2 000	6~125	50~1 000	35~1 000	125~3 500	1 500~100 000
发光效率/($lm \cdot W^{-1}$)	10~15	20~25	40~90	30~50	70~100	60~90	20~40
使用寿命/h	1 000	1 000~15 000	1 500~5 000	2 500~6 000	6 000~12 000	1 000	1 000
色温/K	2 400~2 920	3 000~3 200	3 000~6 500	5 500	2 000~4 000	4 500~7 000	5 000~6 000
一般显色指数/%	97~99	95~99	75~90	30~50	20~25	65~90	95~97
启动稳定时间	瞬时	瞬时	1~3 s	4~8 min	4~8 min	4~8 min	瞬时
再启动时间间隔	瞬时	瞬时	瞬时	5~10 min	10~15 min	10~15 min	瞬时
功率因数	1	1	0.33~0.52	0.44~0.67	0.44	0.4~0.6	0.4~0.9
电压波动不宜大于			$\pm 5\% U_N$	$\pm 5\% U_N$	低于5%自灭	$\pm 5\% U_N$	$\pm 5\% U_N$
频闪效应	无	无	有	有	有	有	有
表面亮度	大	大	小	较大	较大	大	大
电压变化对光通量的影响	大	大	较大	较大	大	较大	较大
环境温度变化对光通量的影响	小	小	大	较小	较小	较小	小
耐震性能	较差	差	较好	好	较好	好	好
需增装附件否	无	无	镇流器、启辉器	镇流器	镇流器	镇流器、触发器	镇流器、触发器
适用场所	广泛应用	厂前区、层外配电装置、广场	广泛应用	广场、车站、道路、屋外配电装置等	广场、街道、交通枢纽、展览馆等	大型广场、体育场、商场等	广场、车站、大型屋外配电装置

9.2.2 常用灯具及布置

灯具是灯泡和灯罩的统称。有了灯罩就可以使光源发出的光通量得到更充分的利用和更合理的分配,还可以限制眩光、保护灯泡、增加美感等。

(1)灯具的特性

灯具的特性主要体现在配光特性、遮光角(保护角)和灯具的效率等指标上。

1)配光特性

光源的光强在空间的分布特性通常用曲线或表格表示,即配光曲线。配光特性是衡量灯具光学特性的重要指标。常见的灯具的配光曲线有正弦分布型、广照型、漫射型、配照型和深照型 5 种形状,如图 9.9 所示。

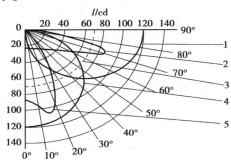

图 9.9 配光曲线示意图

1—正弦分布型;2—广照型;3—漫射型;4—配照型;5—深照型

正弦分布型的光强是角度的正弦函数,且当 $\theta = 90°$ 时光强为最大;广照型的最大光强分布在 50°~90°,可在较广的面积上形成均匀的照度;漫射型的各个角度的光强是基本一致的;配照型的光强是角度的余弦函数,且当 $\theta = 0°$ 时光强为最大;深照型的光通量和最大光强值集中在 0°~30°的立体角内。

2)灯具效率

灯具发出的总光通量与光源发出的总光通量之比称为灯具效率。由于灯罩配光时总会引起光通量损失,因此灯具的效率一般在 0.5~0.9,其大小与灯罩材料与形状、光源的中心位置有关(表9.2、表9.3)。

表9.2 荧光灯灯具的效率不应低于下列规定

灯具出光口形式	开敞式	保护罩(玻璃或塑料)		格 栅
		透 明	磨砂、棱镜	
灯具效率/%	75	65	55	60

表9.3 高强度气体放电灯灯具的效率不应低于下列规定

灯具出光口形式	开敞式	格栅或透光罩
灯具效率/%	75	60

3）遮光角

遮光角又称为保护角，光源发光体最边缘的一点和灯具出光口的连线同水平线之间的夹角，如图 9.10 所示。其值一般在 15°～30°。遮挡光源的直射光，以限制由光源引起的直接眩光（表 9.4）。

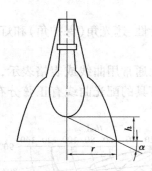

图 9.10 灯具的遮光角

表 9.4 光源平均亮度与遮光角的关系

光源平均亮度/(kcd·m⁻²)	1～20	20～50	50～500	≥500
遮光度/(°)	10	15	20	30

从表 9.4 中可以看出光源平均亮度越小其保护角越小，灯罩深度就越浅。

（2）灯具的分类

国际照明学会（CIE）采用配光分类法，它以灯具上半球和下半球发出光通量的百分比为依据，共分为 5 类，见表 9.5。

表 9.5 灯具种类的分配

灯具类别		直接型	平直接型	全漫射（直接-间接）		半间接型	间接型
光强分布							
光源分配 /%	上	0～10	10～40	40～60		60～90	90～100
	下	100～90	90～60	60～40		40～10	10～0

从表 9.5 中可以看出，直接照明类灯具，输出光通量的 90%～100% 向下半球发射，只有 0～10% 的光通量向上半球发射，深度、广照等均属于此类配光，是照明效率最高的一类灯具，广泛应用于工厂车间等场所。

（3）灯具的选择

灯具主要按其结构和光特性进行选择，一般应考虑灯罩与光源种类及功率的配套，按照对灯光的要求选择灯具，具体分为以下 6 点：

①直接配光灯具光通量集中、效率高、经济,普遍应用于厂房。灯具吊高在 4~6 m 时具有宽配光特征的配照型灯,吊灯在 6 m 以上时,常用集中配光的深照型灯。它们的缺点是在视野中亮度分布不均匀,房顶、墙壁表面的亮度比工作亮度小得多。

②漫射配光灯具光通量的大半投射于天棚和墙壁上,若天棚和墙壁的反射特性好就可以使用这种灯具。

③当悬挂高度一定时,可根据限制眩光的要求选用合适的灯具。

④灯具选用时,使之能适应正常、潮湿、多尘、防水、防火、防爆、震动等环境要求。

⑤按照经济性原则选择灯具,主要考虑投资和年运营费用等因素。

⑥灯具选用时还应充分适应建筑环境与安装条件的要求。

(4)灯具的布置

灯具布置首先要保证照度要求,要使光线射向适当、限制眩光阴影。还应考虑方便、安全、美观、经济等因素。灯具的布置方式包括均匀布置和选择布置。

1)均匀布置

灯具间距离及行间距离保持一定的布置称为均匀布置,如图 9.11 所示,适用于整个工作面要求有均匀照度的场合。照度均匀不仅符合视力工作要求,一般也符合经济型原则。均匀布置的灯具可排列成正方形或矩形,如图 9.11(a)所示。矩形布置时,也尽量使灯具 l 与 l' 相近,为了使照度更加均匀,可将灯具排列成菱形,如图 9.11(b)所示,等边三角形的菱形布置,即 $l' = \sqrt{3}\,l$ 时,照度分布最为均匀。

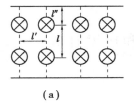 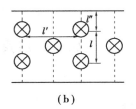

(a)　　　　　　　　　　(b)

图 9.11　均匀布置的灯具可排列成正方形、矩形或菱形

灯具间的距离应按灯具的光强分布、悬挂高度、房屋结构及照度要求等因素决定。为了使工作面上获得较为均匀的照度,灯具间距离 l 与灯具在工作面上的悬挂高度之比(简称距高比)一般不宜超过各类灯具所规定的最大距高比。GC1-A,B-G2 型工厂的距高比为 1.35。

2)选择布置

灯具布置位置与工作表面的位置相关,大多对称于工作表面,以实现在工作面上有最有利的光通方向及最大限度减少在工作表面的阴影。选择布置适用于设备分布不均匀、设备高大而复杂,采用均匀布置不能得到所要求的照度分布的房间。室内灯具的悬挂高度不宜过高也不宜过低。过高,不能满足工作面上的照度要求且维修不便;过低,则容易碰撞,而且会产生眩光,降低视力。GB 50034—1992 规定了室内一般照明灯具的最低悬挂高度,见表 9.6。

表 9.6　室内一般照明灯具距地面的最低悬挂高度

光源种类	灯具形式	灯泡容量/W	最低离地悬挂高度/m
白炽灯	带反射罩	100 及以下	2.5
		150～200	3.0
		300～500	3.5
		500 以上	4.0
	乳白玻璃漫射罩	100 及以下	2.0
		150～200	2.5
		300～500	3.0
荧光灯	无罩	40 及以下	2.0
高压汞灯	带反射罩	250 及以下	5.5
		400 及以上	6.0
高压钠灯	带反射罩	250	6.0
		400	7.0
金属卤化物灯	带反射罩	400	6.0
		1 000 及以上	14.0 以上

9.3　照度标准和照度计算

9.3.1　照度标准

为了创造良好的工作环境,提高工作效率和质量,保障人身安全,工作场所及其他活动环境的照明必须具有足够的照度。

照度标准值按 0.5,1,3,5,10,15,20,30,50,75,100,150,200,300,500,750,1 000,1 500,2 000,3 000,5 000 lx 分级,lx(勒克斯)为照度单位。照度标准值分级以在主观效果上明显感觉到照度的最小变化,照度差大约为 1.5 倍,该分级与 CIE 国际发光照明委员会标准《室内工作场所照明》S008/E—2001 的分级大体一致。

根据 GB 50034—2013 规定:在一般情况下,设计照度值与照度标准值相比较,可有 −10%～+10% 的偏差。

9.3.2　照度计算

当工业企业照明用的灯具形式、光源类型等已初步确定后,就需要计算各工作面的照度,从而来确定灯泡的容量和数量,或对已确定了容量的某点进行照度校验。

照度的计算方法,有利用系数法、概算曲线法、比功率法等。

(1)利用系数法

1)利用系数的概念

利用系数(用 u 表示)是指照明光源投射到工作面上的光通量与全部光源发出的光通量之比。它可用来表征光源的光通量有效利用的程度。

利用系数的计算公式为:

$$u = \frac{\Phi_e}{n\Phi} \tag{9.4}$$

式中,Φ_e 为投射到工作面上的总光通量;Φ 为每盏灯发出的光通量;n 为灯的个数。

利用系数 u 与下列因数有关:①与灯具的形式、光效和配光曲线有关。②灯具悬挂高度有关。悬挂越高,反射光通越多,利用系数也越高。③房间的面积及形状有关。房间的面积越大,越接近于正方形,则由于直射光通越多,因此利用系数也越高。④墙壁、顶棚及地板的颜色和洁污情况有关。颜色越浅,表面越洁净,反射的光通越多,因而利用系数也越高。

2)系数的确定

利用系数值应按墙壁和顶棚的反射系数 ρ 及房间的受照空间特征来确定。房间的受照空间特征用一个"室空间比(room cabin rate,缩写为 RCR)"的参数来表征。ρ 值可直接查表9.7,RCR 的值可按下式计算:

$$RCR = \frac{5h_{RC}(l+b)}{lb} \tag{9.5}$$

式中,h_{RC} 为室空间高度(指灯具开口平面到工作面的空间高度,如图9.12所示);l 为房间长度;b 为房间宽度。

表9.7 顶棚、地面和墙壁的反射系数近似值

反射面情况	反射系数 ρ/%
大白粉刷的墙、顶棚,白窗帘	70
大白粉刷的墙、深窗帘或没窗帘;大白粉刷的顶棚、房间潮湿;未刷白的墙和顶棚,但洁净光亮	50
水泥墙壁、顶棚,有窗子;木墙、木顶棚;有浅色墙纸的墙和顶棚;水泥地面	30
灰尘较重的墙地面、顶棚;无窗帘的玻璃窗;有深色墙纸的墙、顶棚;未粉刷的墙;广漆、沥青地面	10

3)按利用系数法计算工作面上的平均照度

依据利用系数及照度的定义,并考虑灯具使用期间光通量因光源及环境而衰减的因素,可直接写出工作面上实际平均照度为:

$$E_{av} = \frac{uKn\Phi}{S} \tag{9.6}$$

式中,K 为减光系数,按表9.8确定;u 为利用系数;n 为灯数;Φ 为每盏灯发出的光通量;S 为受照房间的面积。

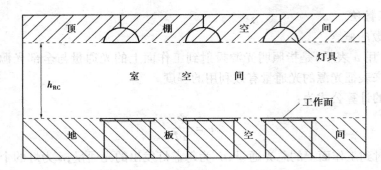

图 9.12 空间高度示意图

表 9.8 减光系数(维护系数)值

环境污染特征	类别	灯具每年擦洗次数	减光系数
清洁	仪器、仪表的装配车间,电子元器件的装配车间,实验室,办公室,设计室	2	0.8
一般	机械加工车间,机械装配车间,织布车间	2	0.7
污染严重	锻工车间,铸工车间,碳化车间,水泥厂球磨车间	3	0.6
室外	道路和广场	2	0.7

假设已经知道工作面上的平均照度标准,并已确定灯具形式和光源功率时,则可由下式确定灯具光源数:

$$n = \frac{E_{av} S}{uK\Phi} \tag{9.7}$$

例 9.1 有一机械加工车间长为 32 m,宽为 20 m,高为 5 m,柱间距 4 m。工作面的高度为 0.8 m。若采用 GC1-A-1 型工厂配照灯(电光源型号为 PZ220-150)作车间的一般照明。车间的顶棚有效反射比 ρ_c 为 50% ,墙壁的有效反射比 ρ_w 为 30% 。试确定灯具的布置方案,并计算工作面上的平均照度和实际平均照度。设该车间的照度标准为 75 lx。

解:(1)确定布置方案

查表可知,150~200 W 的白炽灯最低距地悬挂高度为 3 m,故可设灯具的悬挂高度为 0.5 m,则室空间高度为:

$$h_{RC} = 5 - 0.8 - 0.5 = 3.7(m)$$

根据附录表 2,该种灯具的最大距高比为 1.25,即 $l/h_{RC} = 1.25$,则灯具间的合理距离为:

$$l \leq 1.25 h_{RC} = 1.25 \times 3.7 = 4.625(m)$$

初步确定灯具布置方案如图 9.13 所示。

该布置方案的实际灯距为 $l = \sqrt{4 \times 4} = 4$ m < 4.625 m,满足要求。此时灯具个数为:$n = 5 \times 8 = 40$(个)。

(2)用利用系数法计算照度

①计算室空间比 RCR:$RCR = \frac{5h_{RC}(l+b)}{lb} = \frac{5 \times 3.7 \times (32+20)}{32 \times 20} = 1.5$

②确定利用系数:查附录表 2 可知:$\rho_c = 50\%$,$\rho_w = 30\%$,$RCR = 1$ 时 $u = 0.79$;$\rho_c = 50\%$,$\rho_w = 30\%$,$RCR = 2$ 时 $u = 0.66$。运用插入法可知 $\rho_c = 50\%$,$\rho_w = 30\%$,$RCR = 1.5$ 时 $u = 0.72$。

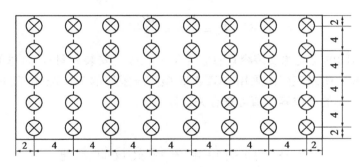

图 9.13 例 9.1 的灯具布置方案

③确定布置灯具的光通量:附录表 1 知,普通照明用的白炽灯 200 W 其光通量 $\Phi = 2\,920$ lm。

④确定减光系数:查表 9.8 可知,机械加工车间的 $K = 0.7$。

⑤计算实际平均照度:

$$E_{av} = \frac{uKn\Phi}{S} = \frac{0.72 \times 0.7 \times 40 \times 2\,920}{32 \times 20} = 91.98\,(\text{lx})$$

$$n = \frac{0.7 E_{av} N}{100 K}$$

计算结果满足照度要求。

(2)概算曲线法

1)灯具概算曲线简介

灯具概算曲线是按照利用系数导出式(9.7)进行计算而绘出的受照房间面积与所用灯数之间的关系曲线,假设的条件是:受照水平工作面的平均照度为 100 lx。

附录表 2 列出了 GC1-A,B-2G 型工厂配照灯的概算曲线图表。其他常用灯具的概算图表可查找有关照明设计手册。

2)按概算曲线法进行灯数或照度计算思路

①试选灯具和光源。

②计算受照房间面积 S。

③根据灯具形式,计算高度及墙壁、顶棚、地板的反射比和房间面积 S。查对应的灯具概算曲线,计算灯数 N。

④根据照度标准值 E_{av} 确定灯数 n。

$$n = \frac{0.7 E_{av} N}{100 K} \tag{9.8}$$

例 9.2 某车间长 48 m,宽 18 m,工作面高 0.8 m,灯具距工作面 10 m;有效顶棚反射比 $\rho_c = 0.5$,墙面平均反射比 $\rho_w = 0.3$,有效地板反射比 $\rho_{fe} = 0.2$;选用 CDG101-NG400 型灯具照明。若工作面照度要求达到 50 lx,试用灯具概算曲线计算所需灯数。

解:用灯具的概算曲线计算工作面面积 $S = 48 \times 18 = 864$ m²,计算高度 $h = 10$ m。

由曲线得 $\rho_c = 0.5$,$\rho_w = 0.3$,$\rho_{fe} = 0.2$,$h = 10$ m 时,$N = 5.5$,当照度为 50 lx 时所需灯数 $n = \frac{50}{100} \times 5.5 = 2.75$ 个,根据实际照明现场情况,取 $n = 3$ 个。

(3)比功率法

单位水平面积上照明光源的安装功率是照明光源的单位容量,又称为"比功率",即:

$$P_{\circ} = \frac{P_{\Sigma}}{S} = \frac{nP_{N}}{S} \tag{9.9}$$

式中,P_{Σ}为受照房间的总光源安装容量;P_{N}为每一光源的安装容量;n为总的光源数;S为受照房间的水平面积。附录表列出采用 GGY-125 型高压汞灯的工厂配照灯的一般照明单位容量参考值。其他灯具的单位容量值可查有关设计手册。

9.4 照明供电系统及设计基础

9.4.1 照明电压的选择

一般采用交流 220 V,少数情况下采用交流 380 V。对于以下特殊场所,应根据情况选用适当的供电电压。

①地沟、隧道或安装高度低于地面 2.4 m 且有触电危险的房间,采用 36 V 或 12 V。

②检修照明采用 36 V 或 12 V。

③由蓄电池供电时,可根据不同情况分别选用 220 V,36 V,24 V 或 12 V。

④由电压互感器供电时,可采用 100 V。

⑤特别危险场所,采用不超过 24 V 的安全电压。

⑥对于大功率(1 500 W 及以上)的高强度气体放电灯,若有 220 V 和 380 V 两种电压时,采用 380 V(可降低损耗)。照明供电电压不宜偏离额定电压的 5%。

9.4.2 照明系统供电方式

照明的供电方式与照明方式和照明种类有关,分类如下:

(1)一般工作照明

可与电力公用变压器,在"变压器-干线"系统中,当有低压联络线时,照明电源宜接在总开关后面;当没有低压联络线时,照明电源宜接在总开关前面。在放射式系统中,由变电所低压配电屏引出照明专用回路;对于距离变电所较远的建筑物,电力及照明负荷比较小时,可将照明电源接在动力配电箱前面。

(2)事故照明

为了持续工作使用的事故照明,应由独立的备用电源供电,如自备发电机。蓄电池或其他电源;疏散用的事故照明应与工作照名线路分开;在"变压器-干线"系统中,疏散用的事故照明应接在主干线总开关的前面。

(3)局部照明

机床自身带有控制线路,局部照明变压器可与其公用电源,移动照明变压器一般采用独立的分支线路供电,接在照明配电箱或动力配电箱的专用回路上。

(4)室外照明

接在室内配电屏的专用回路上。

9.4.3 照明供电系统设计基础

(1)设计的主要内容

①确定合理的照明方式和种类。

②选择照明光源和灯具,确定灯具布置方案。

③进行必要的照度计算,确定光源的安装功率。

④选择供电电压和供电方式。

⑤进行供电系统的负荷计算、照明电气设备与线路的选择计算。

⑥绘制出照明系统平面布置图及相应的供电系统图。

(2)设计的要求

①保证一定的照明质量,工作面上的照度符合规定标准,能有效限制眩光,光源的显色性满足要求。

②供电安全可靠,维护检修安全方便。

③照明装置与周围环境协调统一。

④与实际条件相结合,积极使用先进技术。

⑤合理利用资金,减少投资,节约电能。

(3)电气照明施工图

1)照明供电系统图

照明供电系统图是电气施工图中最重要的部分,它表示整体供电系统的配电关系和方案,包括所有的配电装置、配电线路和总的设备容量等,如图 9.14 所示。

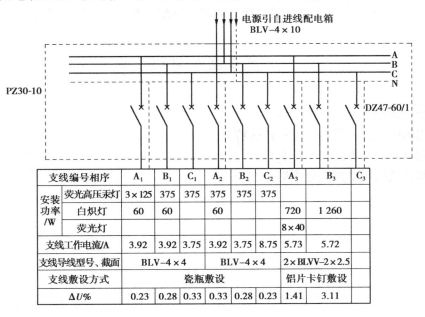

支线编号相序		A_1	B_1	C_1	A_2	B_2	C_2	A_3	B_3	C_3
安装功率 /W	荧光高压汞灯	3×125	375	375	375	375	375			
	白炽灯	60	60		60			720	1 260	
	荧光灯							8×40		
支线工作电流/A		3.92	3.92	3.75	3.92	3.75	8.75	5.73	5.72	
支线导线型号、截面		BLV-4×4			BLV-4×4			2×BLVV-2×2.5		
支线敷设方式		瓷瓶敷设						铝片卡钉敷设		
ΔU%		0.23	0.28	0.33	0.33	0.28	0.23	1.41	3.11	

图 9.14 某车间照明供电系统图

2)电气照明平面布置图

平面布置图表征了建筑物内的配电箱、灯具、开关、插座和线路等平面位置和线路走向,它是安装电器和敷设线路的依据,如图9.15所示。

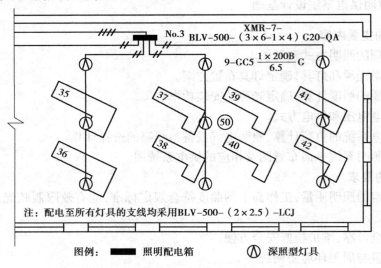

图9.15 某机械加工车间(一角)一般照明的电气平面布线图

本章小结

本章从照明技术的概念出发,介绍了照明技术的一些基本知识,常用的电光源和灯具,照度的标准是什么,怎样计算照度。最后简述如何对供配电系统进行照明设计。

思考题与习题

1. 照明方式和照明质量包括哪些?
2. 常用的电光源有哪些? 各有什么特点?
3. 室内灯具的布置要求是什么?
4. 照明系统的供电方式包含哪些?

本书常用字符表

一、电气设备的文字符号

文字符号	名　　称	旧符号	文字符号	名　　称	旧符号
A	放大器	—	PV	电压表	V
APD	备用电源自动投入装置	BZT	Q	电力开关	K
ARD	自动重合闸装置	ZCH	QF	断路器(含自动开关)	DL(ZK)
C	电容,电容器	C	QK	刀开关	DK
F	避雷器	BL	QL	负荷开关	FK
FD	跌开式熔断器	DR	QS	隔离开关	GK
FU	熔断器	RD	R	电阻,电阻器	R
G	发电机,电源	F	S	电力系统	XT
HA	蜂鸣器,警铃,电铃等	FM,JL	SA	控制开关,选择开关	KK,XK
HL	指示灯,信号灯	XD	SB	按钮	AN
HLR	红色指示灯	HD	T	变压器	B
HLG	绿色指示灯	LD	TA	电流互感器	CT,LH
HLY	黄色指示灯	UD	TAN	零序电流互感器	LLH
HLW	白色指示灯	BD	TAM	中间变流器	ZLH
K	继电器,接触器	J,C	TV	电压互感器	PT,YH
KA	电流继电器	LJ	TVM	中间变压器	ZYH
KAR	重合闸继电器	CHJ	U	交流器,整流器	BL,ZL
KD	差动继电器	CJ	V	电子管,晶体管	—

续表

文字符号	名　称	旧符号	文字符号	名　称	旧符号
KG	气体继电器	WSJ	VD	二极管	D
KM	中间继电器	ZJ	W	母线	M
KM	接触器	C	WF	闪光信号小母线	SYM
KO	合闸接触器	HC	WAS	事故音响信号小母线	SM
KR	干簧继电器	GHJ	WC	控制小母线	KM
KS	信号继电器	XJ	WFS	预告信号小母线	YBM
KT	时间继电器	SJ	WL	线路	XL
KV	电压继电器	YJ	WO	合闸电源小母线	HM
L	电感,电感线圈	L	WS	信号电源小母线	XM
L	电抗器	DK	WV	电压小母线	YM
M	电动机	D	XB	连接片,切换片	LP,QP
N	中性线	N	XT	端子板	—
PA	电流表	A	YA	电磁铁	DC
PE	保护线	—	YO	合闸线圈	HQ
PEN	保护中性线	N	YR	跳闸线圈,脱扣器	TQ
PJ	电能表	wh,varh			

二、物理量下角标的文字符号

文字符号	名　称	旧符号	文字符号	名　称	旧符号
a	年,每年	n	max	最大	max
a	有功的	a,yg	min	最小	min
Al	铝	Al	N	额定,标称	e
al	允许	yx	n	数目	n
av	平均	pj	nba	非基本	fjb
ba	基本	jb	np	非周期的	f～zq
C	电容,电容器	C	oc	断路	dl
c	计算	js	oh	架空线路	—
cab	电缆	L	OL	过负荷	gh
Cu	铜	Cu	op	动作	dz
d	需要	x	OR	过电流脱扣器	TQ
d	基准	j	p	周期性的	zq

文字符号	名 称	旧符号	文字符号	名 称	旧符号
d	差动	cd	p	有功功率	p,yg
dsp	不平衡	bp	pk	尖峰	jf
E	地,接地	d,jd	q	无功功率	q,wg
e	设备	S,SB	qb	速断	sd
e	有效的	yx	r	无功的	r,wg
ec	经济的	j,ji	r	滚球	—
eq	等效的	dx	re	返回,复归	f,fh
es	电动稳定	dw	rel	可靠性	k
Fe	铁	Fe	rem	残余	cy
FE	熔体	RT	S	系统	XT
fr	摩擦	m	s	短延时	s
h	谐波	—	saf	安全	aq
i	电流	i	sam	同型	tx
i	任一数目	i	set	整定	zd
ima	假想的	jx	sh	冲击	cj,ch
k	短路	d	st	起动,启动	q,qd
K	继电器	J	step	跨步	kp
L	电感	L	tou	接触	jc
L	负荷,负载	H,fz	u	电压	u
l	长延时	l	θ	温度	θ
m	最大,幅值	M	$\sum$	总和	$\sum$
man	人工的	rg	φ	相	φ

附　录
常用电气设备的技术数据

附录表 1　部分 10 kV 级 S9 系列电力变压器的主要技术数据

额定容量 /(kV·A)	额定电压/kV		联结组别	损耗/W		空载电流 /%	阻抗电压 /%
	一次侧	二次侧		空　载	负　载		
80	10.5,10,6.3,6	0.4	Yyn0	240	1 250	1.8	4
			Dynl1	250	1 240	4.5	4
100	10.5,10,6.3,6	0.4	Yyn0	290	1 500	1.6	4
			Dynl1	300	1 470	4.0	4
125	10.5,10,6.3,6	0.4	Yyn0	340	1 800	1.5	4
			Dynl1	360	1 720	4.0	4
160	10.5,10,6.3,6	0.4	Yyn0	400	2 200	1.4	4
			Dynl1	430	2 100	4.0	4
200	10.5,10,6.3,6	0.4	Yyn0	480	2 600	1.3	4
			Dynl1	500	2 500	3.5	4
250	10.5,10,6.3,6	0.4	Yyn0	560	3 050	1.2	4
			Dynl1	600	2 900	3.0	4
315	10.5,10,6.3,6	0.4	Yyn0	670	3 650	1.1	4
			Dynl1	720	3 450	3.0	4

续表

额定容量 /(kV·A)	额定电压/kV		联结组别	损耗/W		空载电流 /%	阻抗电压 /%
	一次侧	二次侧		空　载	负　载		
400	10.5,10,6.3,6	0.4	Yyn0	800	4 300	1.0	4
			Dynl1	870	4 200	3.0	4
500	10.5,10,6.3,6	0.4	Yyn0	960	5 100	1.0	4
			Dynl1	1 030	4 950	3.0	4
	10	6.3	Ydl1	1 030	4 950	1.5	4.5
630	10.5,10,6.3,6	0.4	Yyn0	1 200	6 200	0.9	4.5
			Dynl1	1 300	5 800	3.0	5
	10	6.3	Ydl1	1 200	6 200	1.5	4.5
800	10.5,10,6.3,6	0.4	Yyn0	1 400	7 500	0.8	4.5
			Dynl1	1 400	7 500	2.5	5
	10	6.3	Ydl1	1 400	7 500	1.4	5.5
1 000	10.5,10,6.3,6	0.4	Yyn0	1 700	10 300	0.7	4.5
			Dynl1	1 700	9 200	1.7	5
	10	6.3	Ydl1	1 700	9 200	1.4	5.5
1 250	10.5,10,6.3,6	0.4	Yyn0	1 950	12 000	0.6	4.5
			Dynl1	2 000	11 000	2.5	5
	10	6.3	Ydl1	1 950	12 000	1.3	5.5
1 600	10.5,10,6.3,6	0.4	Yyn0	2 400	14 500	0.6	4.5
			Dynl1	2 400	14 000	2.5	5
	10	6.3	Ydl1	2 400	14 500	1.3	5.5

附录表2　部分35 kV级S9系列电力变压器的主要技术数据

型　号	额定容量/(kV·A)	额定电压/kV		联结组别	损耗/kW		空载电流/%	阻抗电压/%
		一次侧	二次侧		空载	短路		
S9—200/35	200				0.44	3.33	1.55	
S9—250/35	250				0.51	3.96	1.40	
S9—315/35	315		0.4	Yyn0	0.61	4.77	1.40	
S9—400/35	400				0.73	5.76	1.30	
S9—500/35	500				0.86	6.93	1.30	6.5
S9—630/35	630				1.04	8.28	1.25	
S9—800/35	800		0.4		1.23	9.90	1.05	
S9—1000/35	1 000	35	3.15	Yyn0	1.44	12.15	1.00	
S9—1250/35	1 250		6.3	Ydl1	1.76	14.67	0.85	
S9—1600/35	1 600		10.5		2.12	17.55	0.75	
S9—2000/35	2 000				2.72	17.82	0.75	
S9—2500/35	2 500				3.20	20.70	0.75	
S9—3150/35	3 150		3.15		3.80	24.30	0.70	7
S9—4000/35	4 000		6.3	Ydl1	4.52	28.80	0.70	
S9—5000/35	5 000		10.5		5.40	33.03	0.60	
S9—6300/35	6 300				6.56	36.90	0.60	7.5

附录表3　部分BW型并联电容器的技术数据

电容器型号	额定容量/(kV·A)	额定电容/μF	电容器型号	额定容量/(kV·A)	额定电容/μF
BW0.4—12—1/3	12	240	BWF10.5—22—1W	22	0.64
BW0.4—13—1/3	13	259	BWF10.5—25—1W	25	0.72
BW0.4—14—1/3	14	280	BWF10.5—30—1W	30	0.87
BW6.3—12—1W	12	0.96	BWF10.5—40—1W	40	1.15
BW6.3—16—1W	16	1.28	BWF10.5—50—1W	50	1.44
BW10.5—12—1W	12	0.35	BWF10.5—100—1W	100	2.89
BW10.5—16—1W	16	0.46	BWF10.5—120—1W	120	3.47
BWF6.3—22—1W	22	1.76	BWF11/$\sqrt{3}$—22—1W	22	1.74
BWF6.3—25—1W	25	2	BWF11/$\sqrt{3}$—25—1W	25	1.94
BWF6.3—30—1W	30	2.4	BWF11/$\sqrt{3}$—30—1W	30	2.37
BWF6.3—40—1W	40	3.2	BWF11/$\sqrt{3}$—40—1W	40	3.16
BWF6.3—50—1W	50	4	BWF11/$\sqrt{3}$—50—1W	50	3.95
BWF6.3—100—1W	100	8	BWF11/$\sqrt{3}$—100—1W	100	7.89
BWF6.3—120—1W	120	9.63	BWF11/$\sqrt{3}$—120—1W	120	9.45

附录表4　ZLQ、ZLQ、ZLL型油浸纸绝缘铝芯电力电缆在空气中敷设时的允许载流量（单位：A）

芯数 ×截面/mm²	1～3 kV(80 ℃)				6 kV(65 ℃)				10 kV(60 ℃)			
	25 ℃	30 ℃	35 ℃	40 ℃	25 ℃	30 ℃	35 ℃	40 ℃	25 ℃	30 ℃	35 ℃	40 ℃
3 ×2.5	22	21	20	19								
3 ×4	28	26	25	24								
3 ×6	35	33	31	30								
3 ×10	48	46	43	41	43	40	37	34				
3 ×16	65	62	58	55	55	51	48	43	55	51	46	41
3 ×25	85	81	76	72	75	70	65	59	70	65	59	53
3 ×35	105	100	95	90	90	84	78	71	85	79	72	64
3 ×50	130	124	117	111	115	107	99	91	105	98	89	79
3 ×70	160	152	145	136	135	126	117	106	130	120	110	98
3 ×95	195	185	176	166	170	159	148	134	160	148	135	121
3 ×120	225	214	203	192	195	182	169	154	185	171	156	140
3 ×150	265	252	239	226	225	210	196	178	210	194	177	141
3 ×185	305	290	276	260	260	243	225	205	245	227	207	142
3 ×240	365	348	330	311	310	290	268	244	290	268	245	143

附录表5　ZLQ2、ZLQ3、ZLQ5型油浸纸绝缘电力电缆埋地敷设时的允许载流量　（单位：A）

芯数 ×截面/mm²	1 kV(80 ℃)			6 kV(65 ℃)			10 kV(60 ℃)		
	15 ℃	20 ℃	25 ℃	15 ℃	20 ℃	25 ℃	15 ℃	20 ℃	25 ℃
3 ×2.5	30	29	28						
3 ×4	39	37	36						
3 ×6	50	48	46						
3 ×10	67	65	62	61	57	54			
3 ×16	88	84	81	78	74	70	73	70	65
3 ×25	114	109	105	104	99	93	100	95	89
3 ×35	141	135	130	123	116	110	118	112	105
3 ×50	174	166	160	151	143	135	147	139	137
3 ×70	212	203	195	186	175	165	170	160	150
3 ×95	256	244	235	230	217	205	209	198	185
3 ×120	289	276	265	257	244	230	243	230	215
3 ×150	332	318	305	291	276	260	277	262	245

续表

芯数×截面/mm²	1 kV(80 ℃)			6 kV(65 ℃)			10 kV(60 ℃)		
	15 ℃	20 ℃	25 ℃	15 ℃	20 ℃	25 ℃	15 ℃	20 ℃	25 ℃
3×185	376	360	345	330	312	295	310	294	275
3×240	440	423	405	386	366	345	367	348	325

附录表6 铜、铝及钢芯铝绞线的允许载流量

铜 线			铝 线			钢芯铝绞线	
导线型号	载流量/A		导线型号	载流量/A		导线型号	屋外载流量/A
	屋 外	屋 内		屋 外	屋 内		
TJ-10	95	60	LJ-16	105	80	LGJ-16	105
TJ-16	130	100	LJ-25	135	110	LGJ-25	135
TJ-25	180	140	LJ-35	170	135	LGJ-35	170
TJ-35	220	175	LJ-50	215	170	LGJ-50	220
TJ-50	270	220	LJ-70	265	215	LGJ-70	275
TJ-70	340	280	LJ-95	325	260	LGJ-95	335
TJ-95	415	340	LJ-120	375	310	LGJ-120	380
TJ-120	485	405	LJ-150	440	370	LGJ-150	445
TJ-150	570	480	LJ-185	500	425	LGJ-185	515
TJ-185	645	550	LJ-240	610	-	LGJ-240	610
TJ-240	770	650	LJ-300	680	-	LGJ-300	700

注:表中数据为环境温度25 ℃、最高允许温度70 ℃时的值。

附录表7 矩形导体的允许载流量

导体尺寸 /(mm×mm)	单 条		双 条		多 条	
	平 放	竖 放	平 放	竖 放	平 放	竖 放
25×4	292	308				
25×5	332	350				
50×4	565	594	779	820		
50×5	637	671	884	930		
60×8	995	1 082	1 511	1 644	1 908	2 075
60×10	1 129	1 227	1 800	1 954	2 107	2 290
80×8	1 249	1 358	1 858	2 020	2 355	2 560
80×10	1 411	1 535	2 185	2 375	2 806	3 050

续表

导体尺寸/(mm×mm)	单 条		双 条		多 条	
	平放	竖放	平放	竖放	平放	竖放
100×8	1 547	1 682	2 259	2 455	2 778	3 020
100×10	1 663	1 807	2 613	2 840	3 284	3 570

注:表中数据为环境温度25 ℃、最高允许温度70 ℃时的值。

附录表 8　裸导体载流量的温度校正系数

导体额定温度/℃	实际环境温度(℃)时的载流量校正系数											
	−5	0	5	10	15	20	25	30	35	40	45	50
80	1.24	1.20	1.17	1.13	1.09	1.04	1.00	0.95	0.90	0.85	0.80	0.74
70	1.29	1.24	1.20	1.15	1.11	1.05	1.00	0.94	0.88	0.81	0.74	0.67
65	1.32	1.27	1.22	1.17	1.12	1.06	1.00	0.94	0.87	0.79	0.71	0.61
60	1.36	1.31	1.29	1.20	1.19	1.07	1.00	0.93	0.85	0.76	0.66	0.54

附录表 9　BLX 型橡皮绝缘导线穿钢管时的允许载流量(65 ℃)　　　　(单位:A)

芯数截面面积/mm²	2根单芯线 环境温度/℃				2根穿管 管径/mm		3根单芯线 环境温度/℃				3根穿管 管径/mm		4~5根单芯线 环境温度/℃				4根穿管 管径/mm		5根穿管 管径/mm	
	25	30	35	40	G	DG	25	30	35	40	G	DG	25	30	35	40	G	DG	G	DG
2.5	21	19	18	16	15	20	19	17	16	15	15	20	16	14	13	12	20	25	20	25
4	28	26	24	22	20	25	25	23	21	19	20	25	23	21	19	18	20	25	20	25
6	37	34	32	29	20	25	34	31	29	26	20	25	30	28	25	23	20	25	25	32
10	52	48	44	41	25	32	46	43	39	36	25	32	40	37	34	31	25	32	32	40
16	66	61	57	52	25	32	59	55	51	46	32	32	52	48	44	40	32	50	32	50
25	86	80	74	68	32	40	76	71	65	60	32	40	68	63	58	53	40	50	40	—
35	106	99	91	83	32	40	94	87	81	74	32	50	83	77	71	65	40	50	50	—
50	133	124	115	105	40	50	118	110	102	93	50	50	105	98	90	83	50	—	70	—
70	164	154	142	130	50	50	150	140	129	118	50	50	133	124	115	105	70	—	70	—
95	200	187	173	158	70	—	180	168	155	142	70	—	160	149	138	126	70	—	80	—
120	230	215	198	181	70	—	210	196	181	166	70	—	190	177	164	150	70	—	80	—
150	260	243	224	205	70	—	240	224	207	189	70	—	220	205	190	174	80	—	100	—
185	295	275	255	233	80	—	270	252	233	213	80	—	250	233	216	197	80	—	100	—

注:1. G 为焊接钢管(按内径计算);DG 为电线管(按外径计算)。

2. 表中 4~5 根单芯线穿管的载流量,是指三相四线制的 TN-C 系统、TN-S 系统和 TN-C-S 系统中的相线载流量。

附录表 10　BLV 型塑料绝缘导线穿钢管时的允许载流量(65 ℃)　　　　（单位：A）

芯数截面面积/mm²	2根单芯线 环境温度/℃				2根穿管 管径/mm		3根单芯线 环境温度/℃				3根穿管 管径/mm		4~5根单芯线 环境温度/℃				4根穿管 管径/mm		5根穿管 管径/mm	
	25	30	35	40	G	DG	25	30	35	40	G	DG	25	30	35	40	G	DG	G	DG
2.5	20	18	17	15	15	15	18	16	15	14	15	15	15	14	12	11	15	15	15	20
4	27	25	23	21	15	15	24	22	20	18	15	15	22	20	19	17	15	20	20	20
6	35	32	30	27	15	20	32	29	27	24	15	20	28	26	24	22	20	25	25	25
10	49	45	42	38	20	25	44	41	38	34	20	25	38	35	32	30	25	25	25	32
16	63	58	54	49	25	25	56	52	48	44	25	32	50	46	43	39	25	32	32	40
25	80	74	69	63	25	32	70	65	60	55	32	32	65	60	56	51	32	40	32	50
35	100	93	86	79	32	32	90	84	77	71	32	40	80	74	69	63	40	50	40	—
50	125	116	108	98	40	50	110	102	95	87	40	50	100	93	86	79	50	50	50	50
70	155	144	134	122	50	50	143	133	123	113	40	50	127	118	109	100	50	—	70	
95	190	177	164	150	50	50	170	158	147	134	—	50	152	142	131	120	70	—	70	
120	220	205	190	174	50	50	195	182	168	154	50	—	172	160	148	136	70	—	80	
150	250	233	216	197	70	50	225	210	194	177	70	—	200	187	173	158	70	—	80	
185	285	266	246	225	70	-5	255	238	220	201	70	—	230	215	198	181	80	—	100	—

附录表 11　BLX 型橡皮绝缘导线穿硬塑料管时的允许载流量(65 ℃)　　　　（单位：A）

芯数截面面积/mm²	2根单芯线 环境温度/℃				2根穿管管径/mm	3根单芯线 环境温度/℃				3根穿管管径/mm	4~5根单芯线 环境温度/℃				4根穿管管径/mm	5根穿管管径/mm
	25	30	35	40		25	30	35	40		25	30	35	40		
2.5	19	17	16	15	15	17	15	14	13	15	15	14	12	11	20	25
4	25	23	21	19	20	23	21	19	18	20	20	18	17	15	20	25
6	33	30	28	25	20	29	27	25	22	20	26	24	22	20	25	32
10	44	41	38	34	25	40	37	34	31	25	35	32	30	27	32	32
16	58	54	50	45	32	52	48	44	41	32	46	43	39	36	32	40
25	77	71	66	60	32	68	63	58	53	32	60	56	51	47	40	40
35	95	88	82	75	40	84	78	72	66	40	74	69	64	58	40	50
50	120	112	103	94	40	108	100	93	86	40	95	88	82	75	50	50
70	153	143	132	121	50	135	126	116	106	50	120	112	103	94	50	65
95	184	172	159	145	50	165	154	142	130	65	150	140	129	118	65	80
120	210	196	181	166	65	190	177	164	150	65	170	158	147	134	80	80
150	250	233	215	197	65	227	212	196	179	75	205	191	177	162	80	90
185	282	263	243	223	80	255	238	220	201	80	232	316	200	183	100	100

附录表 12　BLV 型塑料绝缘导线穿硬塑料管时的允许载流量(65 ℃)　　（单位:A）

芯数截面面积/mm²	2 根单芯线 环境温度/℃				2 根穿管管径/mm	3 根单芯线 环境温度/℃				3 根穿管管径/mm	4~5 根单芯线 环境温度/℃				4 根穿管管径/mm	5 根穿管管径/mm
	25	30	35	40		25	30	35	40		25	30	35	40		
2.5	18	16	15	14	15	16	14	13	12	15	14	13	12	11	20	25
4	24	22	20	18	20	22	20	19	17	20	19	17	16	15	20	25
6	31	28	26	24	20	27	25	23	21	20	25	23	21	19	25	32
10	42	39	36	33	25	38	35	32	30	25	33	30	28	26	32	32
16	55	51	47	43	32	49	45	42	38	32	44	41	38	34	32	40
25	73	68	63	57	32	65	60	56	51	40	57	53	49	45	40	50
35	90	84	77	71	40	80	74	69	63	40	70	65	60	55	50	65
50	114	106	98	90	50	102	95	88	80	50	90	84	77	71	65	65
70	145	135	125	114	50	130	121	112	102	50	115	107	99	90	65	75
95	175	163	151	138	65	158	147	136	124	65	140	130	121	110	75	75
120	206	187	173	158	65	180	168	155	142	65	160	149	138	126	75	80
150	230	215	198	181	75	207	193	179	163	75	185	172	160	146	80	90
185	265	247	229	209	75	235	219	203	185	75	212	198	183	167	90	100

附录表 13　BLX、BLV 型绝缘导线明敷时的允许载流量(65 ℃)　　（单位:A）

芯数截面面积/mm²	BLX 铝芯橡皮线				BLV 铝芯塑料线			
	25 ℃	30 ℃	35 ℃	40 ℃	25 ℃	30 ℃	35 ℃	40 ℃
2.5	27	25	23	21	25	23	21	19
4	35	32	30	27	32	29	27	25
6	45	42	38	35	42	39	36	33
10	65	60	56	51	59	55	51	46
16	85	79	73	67	80	71	69	63
25	110	102	95	87	105	98	90	83
35	138	129	119	109	130	121	112	102
50	175	163	151	138	165	151	142	130
70	220	206	190	174	205	191	177	162
95	265	247	229	209	250	233	216	197
120	310	280	268	245	283	266	246	225
150	360	336	311	284	325	303	281	257
185	420	392	363	332	380	355	328	300

附录表 14　TJ 型裸铜导线的电阻和电抗

导线型号	TJ-10	TJ-16	TJ-25	TJ-35	TJ-50	TJ-70	TJ-95	TJ-120	TJ-150	TJ-185	TJ-240
电阻/$(\Omega \cdot km^{-1})$	1.34	1.2	0.74	0.54	0.39	0.28	0.2	0.158	0.128	0.108	0.078
线间几何均距/m	\multicolumn{11}{c}{电抗/$(\Omega \cdot km^{-1})$}

线间几何均距/m	TJ-10	TJ-16	TJ-25	TJ-35	TJ-50	TJ-70	TJ-95	TJ-120	TJ-150	TJ-185	TJ-240
0.4	0.355	0.333	0.319	0.308	0.297	0.283	0.274				
0.6	0.381	0.358	0.345	0.336	0.395	0.309	0.3	0.292	0.287	0.28	
0.8	0.399	0.377	0.363	0.352	0.341	0.327	0.318	0.31	0.305	0.298	
1.0	0.413	0.391	0.377	0.366	0.355	0.341	0.332	0.324	0.319	0.313	0.305
1.3	0.427	0.405	0.391	0.38	0.369	0.355	0.346	0.338	0.333	0.32	0.319
1.5	0.438	0.416	0.402	0.391	0.38	0.366	0.357	0.349	0.344	0.338	0.33
2.0	0.457	0.437	0.421	0.41	0.398	0.385	0.376	0.368	0.363	0.357	0.349
2.5		0.449	0.435	0.424	0.413	0.99	0.39	0.382	0.377	0.371	0.363
3.0		0.46	0.446	0.435	0.423	0.41	0.401	0.393	0.388	0.382	0.374
3.5		0.47	0.456	0.445	0.433	0.42	0.411	0.408	0.398	0.392	0.384
4.0		0.478	0.464	0.453	0.441	0.428	0.419	0.411	0.406	0.4	0.392
4.5			0.471	0.46	0.448	0.435	0.496	0.418	0.413	0.407	0.399
5.0				0.467	0.456	0.442	0.433	0.425	0.42	0.414	0.406
5.5					0.462	0.448	0.439	0.433	0.426	0.42	0.412
6.0					0.468	0.454	0.445	0.437	0.432	0.428	0.418

附录表 15　LJ 型裸铝导线的电阻和电抗

导线型号	LJ-16	LJ-25	LJ-35	LJ-50	LJ-70	LJ-95	LJ-120	LJ-150	LJ-185	LJ-240
电阻/$(\Omega \cdot km^{-1})$	1.98	1.28	0.92	0.64	0.46	0.34	0.27	0.21	0.17	0.132
线间几何均距/m	\multicolumn{10}{c}{电抗/$(\Omega \cdot km^{-1})$}

线间几何均距/m	LJ-16	LJ-25	LJ-35	LJ-50	LJ-70	LJ-95	LJ-120	LJ-150	LJ-185	LJ-240
0.6	0.358	0.345	0.336	0.325	0.312	0.303	0.295	0.288	0.281	0.273
0.8	0.377	0.363	0.352	0.341	0.33	0.321	0.313	0.305	0.299	0.291
1	0.391	0.377	0.366	0.355	0.344	0.335	0.327	0.319	0.313	0.305
1.25	0.405	0.391	0.38	0.369	0.358	0.349	0.341	0.333	0.327	0.319
1.5	0.416	0.402	0.392	0.38	0.37	0.36	0.353	0.345	0.339	0.33
2	0.434	0.421	0.41	0.398	0.388	0.378	0.371	0.363	0.356	0.348
2.5	0.448	0.435	0.424	0.413	0.399	0.392	0.385	0.377	0.371	0.362
3	0.459	0.448	0.435	0.424	0.41	0.403	0.396	0.388	0.382	0.374
3.5			0.445	0.433	0.42	0.413	0.406	0.398	0.392	0.383
4			0.453	0.441	0.428	0.419	0.411	0.406	0.4	0.392

附录表16　部分高压隔离开关的主要技术数据

型　号	额定电压/kV	额定电流/A	极限通过电流峰值/kA	热稳定电流/kA 4 s	热稳定电流/kA 5 s
GN8—10T/200	10	200	25.5		10
GN8—10T/400		400	40		14
GN8—10T/600		600	52		20
GN8—10T/1000		1 000	75		30
GN10—10T/3000	10	3 000	160		75
GN10—10T/4000		4 000	160		80
GN10—10T/5000		5 000	200		100
GN19—10/400	10	400	31.5	12.5	
GN19—10/630		630	50	20	
GN19—10/1000		1 000	80	31.5	
GN19—10/1250		1 250	100	40	
GW4—35G/600	35	600	50		14
GW4—110D/600	110	600	600		14
GW4—110D/1000	110	1 000	1 000		21.5
GW5—35G/600	35	600	72	16	
GW5—35G/1000	35	1 000	83	25	
GW5—110D/600	110	600	72	16	
GW14—35/630	35	630	40	16	
GW14—35/1250	35	1 250	80	31.5	
GW14—110/630	110	630	50	20	
GW14—110/1250	110	1 250	80	31.5	

附录表17　部分高压断路器的主要技术数据

类别	型　号	额定电压/kV	额定电流/A	额定开断电流/kA	额定断流容量/(MV·A)	极限通过电流峰值/kA	热稳定电流/kA	固有分闸时间/s（不大于）	合闸时间/s（不大于）
少油断路器	SN10—10 I	10	630	16	300	40	16(4 s)	0.06	0.2
			1 000						
	SN10—10 II		1 000	31.5	500	80	31.5(2 s)		
	SN10—10 III		1 250	40	750	125	40(4 s)		
			2 000						
			3 000						

续表

类别	型号	额定电压/kV	额定电流/A	额定开断电流/kA	额定断流容量/(MV·A)	极限通过电流峰值/kA	热稳定电流/kA	固有分闸时间/s（不大于）	合闸时间/s（不大于）
少油断路器	SN10—35 I	35	1 000	16	1 000	45	16（4 s）	0.06	0.25
	SN10—35 II		1 250	20	1 250	50	20（4 s）		
	SW2—35	35	1 000	16.5	1 000	45	16.5（4 s）	0.06	0.4
			1 500	24.8	1 500	63.4	24.8（4 s）		
	SW4—110	110	1 000	18.4	3 500	55	21（5 s）	0.06	0.25
	SW4—110G		1 600	15.8	3 000				
真空断路器	ZN12—10	10	1 250	31.5		80	31.5（4 s）	0.065	0.1
			1 600						
			2 000						
			2 500						
	ZN28—10	10	1 250	25		63	25（4 s）	0.06	0.15
			1 600	31.5		80	31.5（4 s）		
			2 000	31.5		80	31.5（4 s）		
			3 150	40		100	40（4 s）		
	ZN12—35	35	1 250	25		63	25（4 s）	0.075	0.09
			1 600	31.5		80	31.5（4 s）		
			2 000	31.5		80	31.5（4 s）		
	ZN23—35	35	1 600	25		63	25（4 s）	0.06	0.075
SF6断路器	LN2—10	10	1 250	25		63	25（4 s）	0.06	0.15
	LN2—35 I	35	1 250	16		40	16（4 s）	0.06	0.15
	LN2—35 II		1 250	25		63	25（4 s）		
	LN2—35 III		1 600	25		63	25（4 s）		
	LW6—110 I	110	2 500	31.5		125	50（3 s）	0.03	0.09
	LW6—110 II		3 150	40					

附录表 18　部分低压断路器的主要技术数据

型　号	触头额定电流/A	额定电压/V	脱扣器类别	脱扣器额定电流/A	最大分断能力电流（有效值）/kA
DZ20—100Y					18
DZ20—100J	100		复式或电磁式、热脱扣	16,20,32,40,50,63,80,100	35
DZ20—100G					100
DZ20—200Y					25
DZ20—200J	200		复式或电磁式、热脱扣	100,125,160,180,200,250	42
DZ20—200G					100
DZ20—400Y					30
DZ20—400J	400		复式或电磁式、热脱扣	200,250,315,350,400	42
DZ20—400G		380			100
DZ20—630Y	630		复式或电磁式、热脱扣	250,315,350,400,500,630	30
DZ20—630J					42
DZ20—1250	1 250		复式或电磁式、热脱扣	630,700,800,1 000,1 200	50
DW15—200	200			100,160,200	20
DW15—400	400			315,400	25
DW15—630	630		过电流、失电压分励	315,400,630	30
DW48—1600	1 600			630,1 000,1 250,1 600	50
DW48—3200	3 200			2 000,2 500,3 200	65

附录表 19　部分户内高压熔断器的主要技术数据

型　号	额定电压/kV	额定电流/A	最大开断容量/(MV·A)	最大开断电流（有效值）/A	开断最大开断电流时电流峰值/A
RN1—6	6	20	200	20	5.2
		75			14
		100			19
		200			25
RN1—10	10	20	200	12	4.5
		50			8.6
		100			15.5
		200			—

续表

型　号	额定电压 /kV	额定电流 /A	最大开断容量 /(MV·A)	最大开断电流 (有效值)/A	开断最大开断电流时 电流峰值/A
RN1—35	35	10	200	3.5	1.6
		20			2.8
		30			3.6
		40			4.2
RN2—6	6	0.5	500	85	300
RN2—10	10	0.5	1 000	50	350
RN2—35	35	0.5	1 000	17	700

附录表 20　部分户外高压熔断器的主要技术数据

型　号	额定电压/kV	额定电流/A	熔体电流/A	断流容量/(MV·A) 上　限	断流容量/(MV·A) 下　限
RW4—10	10	50	2,3,5,7.5,10,15,20,25, 30,40,50,75,100	75	10
		100		100	30
		200		100	30
RW5—35	35	50	2,3,5,…	200	15
		100		400	20
		200		800	30
RW10—10	10	50		200	40
		100			
		200			
RW10—35	35	2	2	600	—
		3	3		
		5	5		

附录表 21　部分低压熔断器的主要技术数据

型　号	熔管额定电流/A	熔体额定电流/A	极限分断电流/kA	cos φ
RT0	50	5,10,15,20,30,40,50	50	0.1~0.2
	100	30,40,50,60,80,100		
	200	80,100,120,150,200		
	400	150,200,250,300,350,400		
	600	350,400,450,500,550,600		
	1 000	700,800,900,1 000		

型　号	熔管额定电流/A	熔体额定电流/A	极限分断电流/kA	cos φ
	15	6,10,15	1.2	0.8
	60	15,20,25,35,40,45,60	3.5	0.7
RM10	100	60,80,100		
	200	100,125,160,200	10	0.35
	350	200,225,260,300,350		
	600	350,430,500,600		

附录表22　部分电流互感器的主要技术数据

型　号	额定一次电流/A	级次组合	额定二次负荷/Ω				10%倍数	1 s热稳定倍数	动稳定倍数
			0.5	1	3	D			
LMZJ1—0.5	5~800	0.5/1	0.4	0.6					
LA—10	20~200	0.5/3 1/3	0.4	0.4	0.6		10 (3级)	90	160
	300,400							75	135
	500							60	110
	600~1 000							50	90
LAJ—10 LBJ—10	20~200	0.5/D 1/D D/D	0.6	1		0.6	15 (D级)	120	215
	300		0.6	1		0.6		100	180
	400		0.8	1		0.8		75	135
	500		1	1				60	110
	600,800		1	1		0.8		50	90
	1 000~1 500		1.6	1.6		1.6		50	90
	2 000~6 000		2.4	2.4		2		50	90
LQJ—10	5~100	0.5/3 1/3	0.4	0.6			6(0.5,1级) 15(3级)	90	225
	150~400			0.4	1.2			75	160
LCW—35	15~1 000	0.5/3	2	4	2	4	28(0.5级) 5(3级)	65	100
LCWD1—35	15~1 500	0.5/D	2				15	30~75	77~191

附录表23　部分电压互感器的主要技术数据

型　号	额定电压/kV			额定容量/(V·A)(cos φ=0.8)			最大容量/(V·A)
	一次侧	二次侧	辅　助	0.5	1	3	
JDG—0.5	0.38	0.1		25	40	100	200

续表

型　号	额定电压/kV			额定容量/(V·A)(cos φ = 0.8)			最大容量/(V·A)
	一次侧	二次侧	辅　助	0.5	1	3	
JDZ—6	6	0.1		50	80	200	300
JDZJ—6	$6/\sqrt{3}$	$0.1/\sqrt{3}$	0.1/3	40	60	150	300
JDJ—6	6	0.1		50	80	200	400
JSJW—6	6	0.1	0.1/3	80	150	320	640
JDZ—10	10	0.1		80	120	300	500
JDZJ—10	$10/\sqrt{3}$	$0.1/\sqrt{3}$	0.1/3	60	60	150	300
JDJ—10	10	0.1		80	150	320	640
JSJW—10	1	0.1	0.1/3	120	200	480	960
JDJ—35	35	0.1		150	250	600	1 200
JDJJ—35	$35/\sqrt{3}$	$0.1/\sqrt{3}$	0.1/3	150	250	600	1 200
JCC1—110	$110/\sqrt{3}$	$0.1/\sqrt{3}$	0.1/3	500	1 000		2 000
JCC2—110	$110/\sqrt{3}$	$0.1/\sqrt{3}$	0.1	500	1 000		2 000

附录表 24　FZ 系列及 FCZ 系列避雷器的电气特性

型　号	额定电压/kV	灭弧电压(有效值)/kV	工频放电电压(有效值)/kV		冲击放电电压峰值(预放电时间 1.5 ~ 20 μs)/kV(不大于)	波形/20 μs 下的残压峰值/kV(不大于)	
			不小于	不大于		5 kA	10 kA
FZ—6	6	7.6	9	11	30	27	30
FZ—10	10	12.7	26	31	45	45	50
FZ—35	35	41	82	98	134	134	148
FZ—110J	110	100	224	268	326	326	358
FZ—110	110	126	254	213	375	375	415
FCZ—35	35	40	72	85	108	103	
FCZ—110J	110	100	170	195	265	265	

附录表 25　GG—1A(F)型高压开关柜部分一次线路方案

方案号	03	04	07	08	11	12
一次线路方案						
用　途	电缆出线		电缆进出线电能的电缆出线		右联或左联	

方案号	17	18	54	55	73	74
一次线路方案						
用　途	受电或配电，右联；与73、74配合，可作备用电源进线		互感器、避雷器柜		与17、18配合，可兼作备用电源进线；只能左联	
方案号	58	59	61	62	95	43
一次线路方案						
用　途	电缆进出并接互感器		左联或右联并接互感器		左联或右联	电缆出线

附录表 26　常用高压开关柜的技术数据

开关柜型号		GG—1A（F）	KGN—10	JYN2—10	KYN—10	JYN1—35
类别形式		固定式		手车式		
电压等级/kV		10				35
主要电气设备	断路器	SN10—10 Ⅰ、Ⅱ、Ⅲ	SN10—10 Ⅰ、Ⅱ、Ⅲ	SN10—10 Ⅰ、Ⅱ、Ⅲ	SN10—10 Ⅰ、Ⅱ、Ⅲ	SN10—35
	隔离开关	GN6—10 GN8—10 （或 GN19—10）	GN6—10 GN8—10 （或 GN19—10）			
	电流互感器	LA—10 LAJ—10 （或 LQJ—10）	LA—10 LAJ—10 （或 LQJ—10）	LZZB6—10 LZZQB6—10	LA—10 LAJ—10	LCZ—35
	电压互感器	JDZ—10 JDZJ—10	JDZ—10 JDZJ—10	JDZ6—10 JDZJ6—10	JDZ—10 JDZJ—10	JDJ2—35 JDZJ2—35
	熔断器	RN1—10 RN2—10	RN2—10	RN2—10	RN2—10	RN2—35
	避雷器	FS—10 FZ—10 FCD—10	FCD3—10	FCD3—10	FCD3—10	FZ—35 FYZ1—35
	操动机构	CD10 CS6	CD10 CTS	CD10 CT8	CD10 CT8	CD10 CT8

附录表 27　测量仪表和继电器电流线圈的负荷值

名　称	型　号		负荷值		备　注
			/Ω	/(V·A)	
电流表	IT1—A		0.12	3	一个线圈的负荷
	46L1—A	5 A		0.35	
	16L1—A	0.5 A,1 A		0.25	
有功功率表	1D1—W		0.058	0.25	一个线圈的负荷
	46D1—W	5 A		0.6	
	16D1—W	0.5 A,1 A		0.2	
无功功率表	1D1—VAR		0.058	1.45	一个线圈的负荷
	46D1—VAR	5 A		0.6	
	16D1—VAR	0.5 A,1 A		0.2	
有功—无功功率表	1D1—W·VAR		0.06	1.5	
有功电能表	DS1		0.02	0.5	
无功电能表	DX1		0.02	0.5	
电流继电器	DL—11/0.01~0.05 DL—12/0.01~0.05 DL—13/0.01~0.05		0.003 2	0.08	在第一整定电流值时的消耗功率
	DL—11/0.26 DL—12/0.2~6 DL—13/0.2~6		0.004	0.1	
	DL—11/10,DL—12/10,DL—13/10		0.006	0.15	
	DL—11/20,DL—12/20,DL—13/20		0.01	0.25	
	DL—11/50,DL—12/50,DL—13/50		0.04	1	
	DL—11/100,DL—12/100,DL—13/100		0.1	2.5	
差动继电器	BCH—1/BCH—2			不大于 8.5/14	每相
电流继电器	GL—20			不大于15	每相

附录表 28　测量仪表和继电器电压线圈的消耗容量

名　称	型　号	线圈电压/V	$\cos \varphi$	消耗容量/(V·A)	备　注
电压表	IT1—V	100	1	4.5	
	46T1—V	100		0.3	
	16T1—V	50		0.15	

续表

名　　称	型　号	线圈电压/V	cos φ	消耗容量/(V·A)	备　注
有功功率表	1D1—W	100	1	0.75	两线圈共2× 0.75 V·A = 1.5 V·A
	46D1—W	100		0.6	
	16D1—W	50		0.3	
无功功率表	1D1—VAR	100	1	0.75	两线圈共2× 0.75 V·A = 1.5 V·A
	46D1—VAR	100		0.5	
	16D1—VAR	100		0.25	
有功—无功功率表	1D1—W·VAR	100	1	0.75	两线圈共2× 0.75 V·A = 1.5 V·A
有功电能表	DS1	100		1.5	两线圈共2× 1.5 V·A = 3 V·A
无功电能表	DX1	100		1.5	
频率表	46L1—HZ	50		1.2	
	16L1—HZ	100		1.2	
电压继电器	DJ—131/60CN	60		2.5	当30 V时
其他型号电压继电器		48		1	

附录表29　DL型电磁式电流继电器的技术数据

型　号	最大整定 电流/A	长期允许电流/A		动作电流		最小整定电流时 的功率消耗/(V·A)	返回系数
		线圈串联	线圈并联	线圈串联	线圈并联		
DL—11/2	2	4	8	0.5 ~ 1	1 ~ 2	0.1	0.8
DL—11/6	6	10	20	1.5 ~ 3	3 ~ 6	0.1	0.8
DL—11/10	10	10	20	2.5 ~ 5	5 ~ 10	0.15	0.8
DL—11/20	20	15	30	5 ~ 10	10 ~ 20	0.25	0.8
DL—11/50	50	20	40	12.5 ~ 25	25 ~ 50	1.0	0.8
DL—11/100	100	20	40	25 ~ 50	50 ~ 100	2.5	0.8

附录表 30　GL 型感应式电流继电器的主要技术数据及动作特性曲线

<table>
<tr><td rowspan="3"></td><td rowspan="2">型　号</td><td rowspan="2">额定电流/A</td><td colspan="2">整定值</td><td rowspan="2">速断电流倍数</td><td rowspan="2">返回系数</td></tr>
<tr><td>动作电流/A</td><td>动作时间/s</td></tr>
<tr><td colspan="5"></td></tr>
<tr><td rowspan="6">主要技术数据</td><td>GL—11/10</td><td>10</td><td>4,5,6,7,8,9,10</td><td rowspan="2">0,5,1,2,3,4</td><td rowspan="6">2~8</td><td rowspan="6">0.85</td></tr>
<tr><td>GL—11/5</td><td>5</td><td>2,2,5,3,3,5,4,4.5,5</td></tr>
<tr><td>GL—12/10</td><td>10</td><td>4,5,6,7,8,9,10</td><td rowspan="2">2,4,8,12,16</td></tr>
<tr><td>GL—12/5</td><td>5</td><td>2,2,5,3,3.5,4,4.5,5</td></tr>
<tr><td>GL—15/10</td><td>10</td><td>4,5,6,7,8,9,10</td><td rowspan="2">0,5,1,2,3,4</td></tr>
<tr><td>GL—15/5</td><td>5</td><td>2,2.5,3,3.5,4,4.5,5</td></tr>
<tr><td>动作特性曲线</td><td colspan="6"></td></tr>
</table>

附录表 31　用电设备组的需要系数、二项式系数及功率因数值

用电设备组名称	需要系数 K_d	二项式系数		最大容量设备台数 x[①]	$\cos\varphi$	$\tan\varphi$
		b	c			
小批生产的金属冷加工机床电动机	0.16~0.2	0.14	0.4	5	0.5	1.73
大批生产的金属冷加工机床电动机	0.18~0.25	0.14	0.5	5	0.5	1.73
小批生产的金属热加工机床电动机	0.25~0.3	0.24	0.4	5	0.6	1.33
大批生产的金属热加工机床电动机	0.3~0.35	0.26	0.5	5	0.65	1.17
通风机、水泵、空压机及电动发电机组电动机	0.7~0.8	0.65	0.25	5	0.8	0.75
非连锁的连续运输机械及铸造车间整砂机械	0.5~0.6	0.4	0.4	5	0.75	0.88

续表

用电设备组名称	需要系数 K_d	二项式系数		最大容量设备台数 $x^{①}$	$\cos \varphi$	$\tan \varphi$
		b	c			
连锁的连续运输机械及铸造车间整砂机械	0.65 ~ 0.7	0.6	0.2	5	0.75	0.88
锅炉房和机加、机修、装配等类车间的吊车($\varepsilon = 25\%$)	0.1 ~ 0.15	0.06	0.2	3	0.5	1.73
铸造车间的吊车($\varepsilon = 25\%$)	0.15 ~ 0.25	0.09	0.3	3	0.5	1.73
自动连续装料的电阻炉设备	0.75 ~ 0.8	0.7	0.3	2	0.95	0.33
实验室用的小型电热设备(电阻炉、干燥箱等)	0.7	0.7	0	—	1.0	0
工频感应电炉(未带无功补偿设备)	0.8	—	—	—	0.35	2.68
高频感应电炉(未带无功补偿设备)	0.8	—	—	—	0.6	1.33
电弧熔炉	0.9	—	—	—	0.87	0.57
点焊机、缝焊机	0.35	—	—	—	0.6	1.33
对焊机、铆钉加热机	0.35	—	—	—	0.7	1.02
自动弧焊变压器	0.5	—	—	—	0.4	2.29
单头手动弧焊变压器	0.35	—	—	—	0.35	2.68
多头手动弧焊变压器	0.4	—	—	—	0.35	2.68
单头弧焊电动发电机组	0.35	—	—	—	0.6	1.33
多头弧焊电动发电机组	0.7	—	—	—	0.75	0.88
生产厂房及办公室、阅览室、实验室照明[②]	0.8 ~ 1	—	—	—	1.0	0
变配电所、仓库照明[②]	0.5 ~ 0.7	—	—	—	1.0	0
宿舍(生活区)照明[②]	0.6 ~ 0.8	—	—	—	1.0	0
室外照明、应急照明[②]	1	—	—	—	1.0	0

注:①如果用电设备组的设备总台数 $n < 2x$ 时,则取 $x = n/2$,且按"四舍五入"的修约规则取其整数。

②这里的 $\cos \varphi$ 和 $\tan \varphi$ 值均为白炽灯照明的数值。如为荧光灯照明,则取 $\cos \varphi = 0.9$,$\tan \varphi = 0.48$;如为高压汞灯或钠灯,则取 $\cos \varphi = 0.5$,$\tan \varphi = 1.73$。

附录表 32　部分工厂的全厂需要系数、功率因数及年最大有功负荷利用小时参考值

工厂名称	需要系数	功率因数	年最大有功负荷利用小时数	工厂名称	需要系数	功率因数	年最大有功负荷利用小时数
汽轮机制造厂	0.38	0.88	5 000	量具刃具制造厂	0.26	0.60	3 800
锅炉制造厂	0.27	0.73	4 500	工具制造厂	0.34	0.65	3 800
柴油机制造厂	0.32	0.74	4 500	电机制造厂	0.33	0.65	3 000
重型机械制造厂	0.35	0.79	3 700	电器开关制造厂	0.35	0.75	3 400
重型机床制造厂	0.32	0.71	3 700	电线电缆制造厂	0.35	0.73	3 500
机床制造厂	0.20	0.65	3 200	仪器仪表制造厂	0.37	0.81	3 500
石油机械制造厂	0.45	0.78	3 500	滚珠轴承制造厂	0.28	0.70	5 800

附录表 33　并联电容器的无功补偿率

补偿前的功率因数	补偿后的功率因数				补偿前的功率因数	补偿后的功率因数			
	0.85	0.90	0.95	1.00		0.85	0.90	0.95	1.00
0.60	0.713	0.849	1.004	1.333	0.76	0.235	0.371	0.526	0.85
0.62	0.646	0.782	0.937	1.266	0.78	0.182	0.318	0.473	0.80
0.64	0.581	0.717	0.872	1.206	0.80	0.130	0.266	0.421	0.75
0.66	0.518	0.654	0.809	1.138	0.82	0.078	0.214	0.369	0.69
0.68	0.458	0.594	0.749	1.078	0.84	0.026	0.162	0.317	0.64
0.70	0.400	0.536	0.691	1.020	0.86	—	0.109	0.264	0.59
0.72	0.344	0.480	0.635	0.964	0.88		0.056	0.211	0.54
0.74	0.289	0.425	0.580	0.909	0.90	—	0.000	0.155	0.48

附录表 34　GC1—A、B—1 型配照灯的主要技术数据和概算图表

1. 主要规格数据		2. 灯具外形及配光曲线
规　格	数　据	
光源容量 避光角 灯具效率 最大距高比	白炽灯 150 W 8.7° 85% 1.25	

3. 灯具利用系数 u

顶棚反射比 ρ_c/%		70			50			30			0
墙壁反射比 ρ_w/%		50	30	10	50	30	10	50	30	10	0
室空间比	1	0.85	0.82	0.78	0.82	0.79	0.76	0.78	0.76	0.74	0.70
	2	0.73	0.68	0.63	0.70	0.66	0.61	0.68	0.63	0.60	0.57
	3	0.64	0.57	0.51	0.61	0.55	0.50	0.59	0.54	0.49	0.46
	4	0.56	0.49	0.43	0.54	0.48	0.43	0.52	0.46	0.42	0.39
	5	0.50	0.42	0.36	0.48	0.41	0.36	0.46	0.40	0.35	0.33
	6	0.44	0.36	0.31	0.43	0.36	0.31	0.41	0.35	0.30	0.28
	7	0.39	0.32	0.26	0.38	0.30	0.26	0.37	0.30	0.26	0.24
	8	0.35	0.28	0.23	0.34	0.28	0.23	0.33	0.27	0.23	0.21
	9	0.32	0.25	0.20	0.31	0.24	0.20	0.30	0.24	0.20	0.18
	10	0.29	0.22	0.17	0.28	0.22	0.17	0.27	0.21	0.17	0.16

4. 灯具概算图表

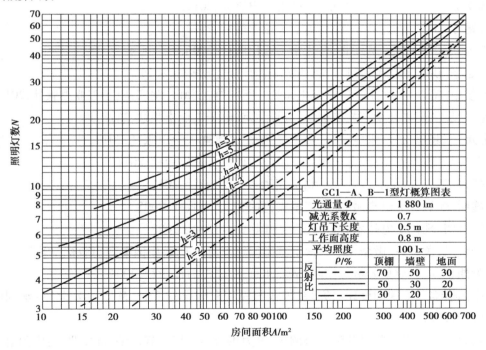

参考文献

[1] 刘介才. 工厂供电[M]. 4版. 北京:机械工业出版社,2010.

[2] 孙丽华. 供配电工程[M]. 北京:机械工业出版社,2011.

[3] 苏文成. 工厂供电[M]. 北京:机械工业出版社,2012.

[4] 姚锡禄. 工厂供电[M]. 北京:电子工业出版社,2013.

[5] 李友文. 工厂供电[M]. 北京:化学工业出版社,2006.

[6] 唐志平. 供配电技术[M]. 3版. 北京:电子工业出版社,2014.

[7] 赵俊生,拾以超. 实用工厂供配电系统运行与维护[M]. 北京:电子工业出版社,2013.

[8] 沈柏民. 供配电技术与技能训练[M]. 北京:电子工业出版社,2013.

[9] 郭媛,宋起超. 工厂供电[M]. 哈尔滨:哈尔滨工业大学出版社,2012.

[10] 莫岳平,翁双安. 供配电工程[M]. 北京:机械工业出版社,2011.

[11] 杨兴. 工厂供配电技术[M]. 北京:清华大学出版社,2011.

[12] 魏明. 建筑供配电与照明[M]. 重庆:重庆大学出版社,2005.

[13] 邹有明. 现代供电技术[M]. 北京:中国电力出版社,2008.

[14] 杨奇逊,黄少锋. 微型机继电保护基础[M]. 3版. 北京:中国电力出版社,2007.

[15] 萧湘宁. 电能质量分析与控制[M]. 北京:中国电力出版社,2004.

[16] 中国航空工业规划设计研究院. 工业与民用配电设计手册[M]. 2版. 北京:水利电力出版社,1994.

[17] 电力工业部安全监察及生产协调司. 电力供应与使用法规汇编[M]. 北京:中国电力出版社,1999.

[18] 电力标准规范汇编[M]. 2版. 北京:中国计划出版社,1999.

[19] 建筑行业标准 JGJ/T 16—1992 民用建筑电气设计规范[M]. 北京:中国计划出版社,1993.

［20］电气简图用图形符号国家标准汇编［M］.北京:中国标准出版社,2001.

［21］电气制图国家标准汇编［M］.北京:中国标准出版社,2001.

［22］全国电压电流等级和频率标准化技术委员会.电压电流频率和电能质量国家标准应用手册［M］.北京:中国电力出版社,2001.